教科ガイド

啓林館版

数学C

TEXT BOOK GUIDE

文研出版

目次

第3章 平面上の曲線

第1節 2次曲線

第2節 媒介変数表示と極座標

第4章 数学的な表現の工夫

第1節 統計グラフの活用

第2節 行列の活用

巻末広場

第1章 ベクトル

第1節 平面上のベクトルとその演算

1 平面上のベクトル

問1 右の図のように，1辺の長さが1の正六角形 ABCDEF の外接円の中心をOとする。$\overrightarrow{AB}$ に等しいベクトルを3つ答えよ。

教科書 p.7

また，$|\overrightarrow{EF}|$，$|\overrightarrow{FC}|$ を求めよ。

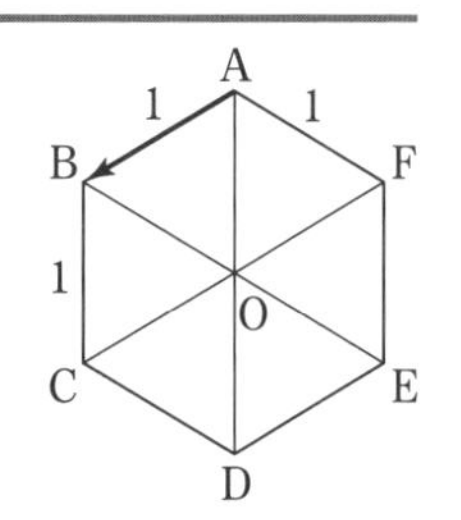

ガイド 右の図のように矢印で向きをつけた線分 AB を，Aを**始点**，Bを**終点**とする**有向線分**という。

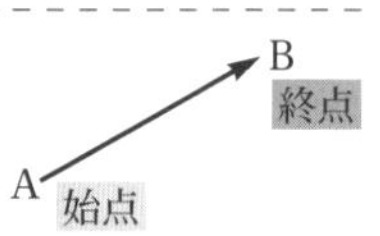

線分 AB の長さを有向線分の**大きさ**という。

有向線分で，その位置を問題にしないで向きと大きさだけを考えるとき，これを**ベクトル**という。

有向線分 AB で表されるベクトルを $\overrightarrow{\mathbf{AB}}$ と表す。

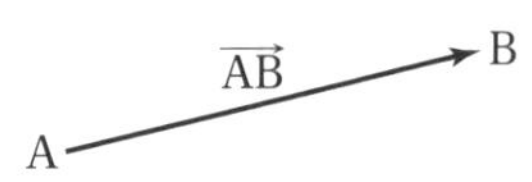

また，ベクトルは，1つの文字に矢印をつけて $\vec{\boldsymbol{a}}$ のように表すこともある。

ベクトル $\overrightarrow{AB}$ において，線分 AB の長さを $\overrightarrow{\mathbf{AB}}$ **の大きさ**といい，$|\overrightarrow{\mathbf{AB}}|$ で表す。
ベクトル $\vec{a}$ の大きさは $|\vec{\boldsymbol{a}}|$ で表す。

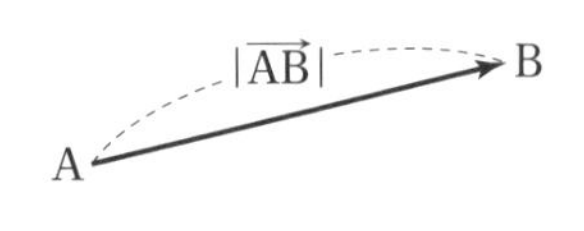

2つのベクトル $\vec{a}$，$\vec{b}$ の向きが同じで，大きさが等しいとき，$\vec{a}$ と $\vec{b}$ は**等しい**といい，

$$\vec{\boldsymbol{a}}=\vec{\boldsymbol{b}}$$

と表す。

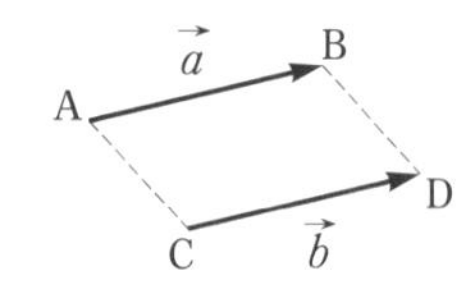

$\vec{a}=\overrightarrow{AB}$，$\vec{b}=\overrightarrow{CD}$ と表すと，$\vec{a}=\vec{b}$ ならば，有向線分 AB を平行移動して有向線分 CD に重ねることができる。

解答 $\overrightarrow{\mathrm{AB}}$ **に等しいベクトル**は,
$\overrightarrow{\mathbf{FO}}$, $\overrightarrow{\mathbf{OC}}$, $\overrightarrow{\mathbf{ED}}$

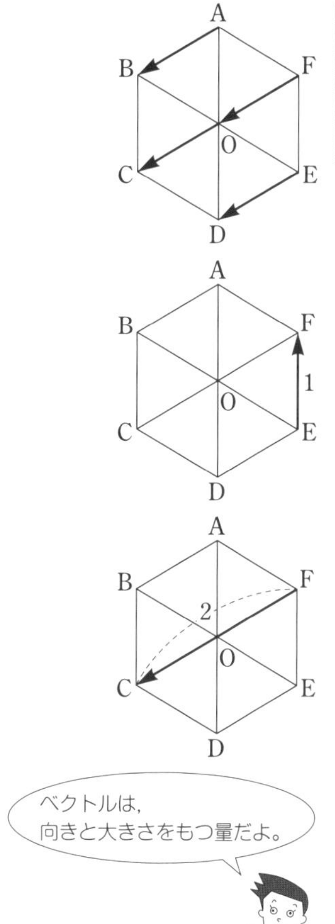

また, EF=1 より,　$|\overrightarrow{\mathbf{EF}}|=\mathbf{1}$

FC=2 より,　$|\overrightarrow{\mathbf{FC}}|=\mathbf{2}$

ベクトルは,
向きと大きさをもつ量だよ。

参考 $\overrightarrow{\mathrm{AA}}$ は始点と終点が一致したベクトルと考える。

これを, 大きさが0のベクトルと考え, **零ベクトル**といい, $\vec{0}$ と表す。すなわち,

$\overrightarrow{\mathrm{AA}}=\vec{0}$,　$|\vec{0}|=0$

ただし, 零ベクトルの向きは考えない。

また, $\vec{0}$ でないベクトル $\vec{a}$ に対して, $\vec{a}$ と向きが反対で大きさが等しいベクトルを, $\vec{a}$ の**逆ベクトル**といい, $-\vec{a}$ で表す。

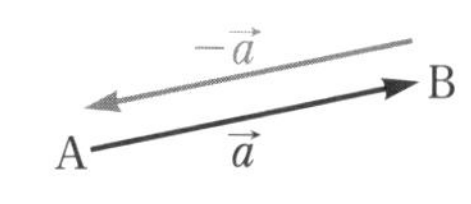

$\overrightarrow{\mathrm{AB}}=\vec{a}$ のとき, $\overrightarrow{\mathrm{BA}}=-\vec{a}$ である。

2 ベクトルの和・差・実数倍

問 2 次の図の $\vec{a}$, $\vec{b}$ に対して, $\vec{a}+\vec{b}$ を図示せよ。

教科書 p.8

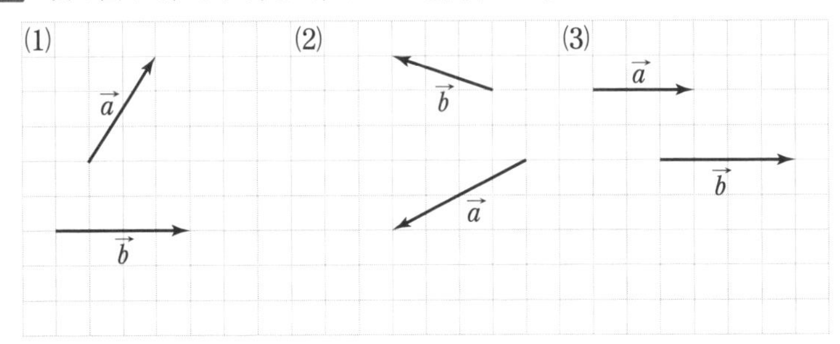

ガイド 2つのベクトル $\vec{a}$, $\vec{b}$ があるとき, 点Aを定め,

$\vec{a}=\overrightarrow{AB}$, $\vec{b}=\overrightarrow{BC}$

となるように点B, Cをとると, ベクトル $\overrightarrow{AC}$ が決まる。

これを, $\vec{a}$ と $\vec{b}$ の**和**といい, $\vec{a}+\vec{b}$ と表す。

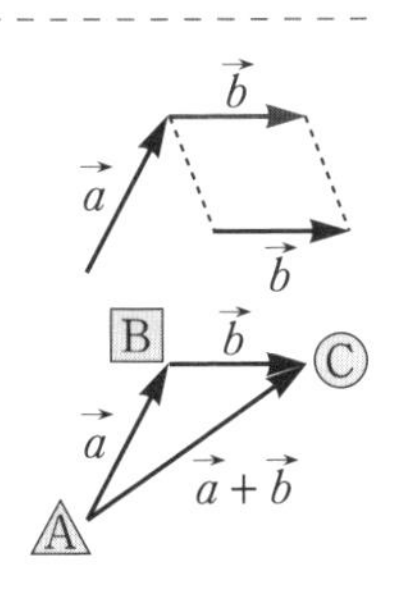

ここがポイント [ベクトルの和]

$\overrightarrow{AB}+\overrightarrow{BC}=\overrightarrow{AC}$

解答 (例)

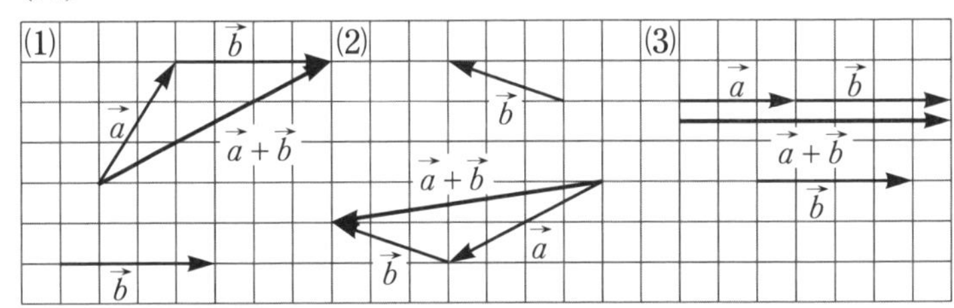

ポイントプラス [ベクトルの加法の性質]

1. $\vec{a}+\vec{b}=\vec{b}+\vec{a}$　交換法則
2. $(\vec{a}+\vec{b})+\vec{c}=\vec{a}+(\vec{b}+\vec{c})$　結合法則
3. $\vec{a}+(-\vec{a})=\vec{0}$
4. $\vec{a}+\vec{0}=\vec{0}+\vec{a}=\vec{a}$

参考 ポイントプラスの②が成り立つから，$(\vec{a}+\vec{b})+\vec{c}$ を，かっこを使わないで，$\vec{a}+\vec{b}+\vec{c}$ と表してもよい。

問 3 右の図で，$\vec{a}=\overrightarrow{\mathrm{OA}}$，$\vec{b}=\overrightarrow{\mathrm{AB}}$，$\vec{c}=\overrightarrow{\mathrm{BC}}$ とする。このとき，

$$(\vec{a}+\vec{b})+\vec{c}=\vec{a}+(\vec{b}+\vec{c})$$

が成り立つことを確かめよ。

教科書 p.9

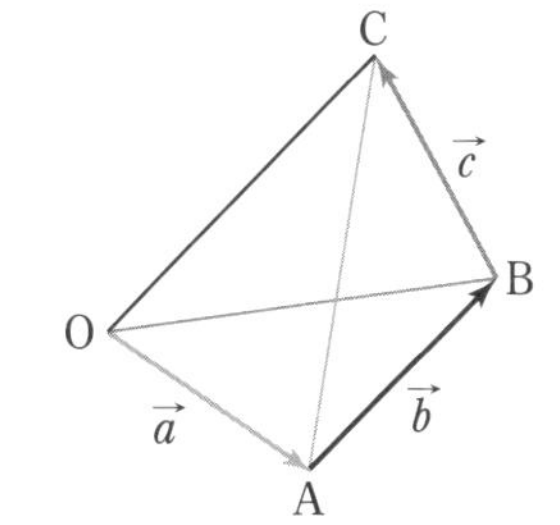

ガイド ベクトルの和の定義

$$\overrightarrow{\mathrm{AB}}+\overrightarrow{\mathrm{BC}}=\overrightarrow{\mathrm{AC}}$$

を用いる。

解答 $\vec{a}+\vec{b}=\overrightarrow{\mathrm{OA}}+\overrightarrow{\mathrm{AB}}=\overrightarrow{\mathrm{OB}}$ であるから，

$$(\vec{a}+\vec{b})+\vec{c}=\overrightarrow{\mathrm{OB}}+\overrightarrow{\mathrm{BC}}$$
$$=\overrightarrow{\mathrm{OC}}$$

また，$\vec{b}+\vec{c}=\overrightarrow{\mathrm{AB}}+\overrightarrow{\mathrm{BC}}=\overrightarrow{\mathrm{AC}}$ であるから，

$$\vec{a}+(\vec{b}+\vec{c})=\overrightarrow{\mathrm{OA}}+\overrightarrow{\mathrm{AC}}$$
$$=\overrightarrow{\mathrm{OC}}$$

よって，

$$(\vec{a}+\vec{b})+\vec{c}=\vec{a}+(\vec{b}+\vec{c})$$

問 4 4点 A，B，C，D について，次の等式が成り立つことを示せ。

$$\overrightarrow{\mathrm{DA}}+\overrightarrow{\mathrm{CD}}+\overrightarrow{\mathrm{BC}}+\overrightarrow{\mathrm{AB}}=\vec{0}$$

教科書 p.9

ガイド 始点と終点が一致することを示す。

解答 $\overrightarrow{\mathrm{DA}}+\overrightarrow{\mathrm{CD}}+\overrightarrow{\mathrm{BC}}+\overrightarrow{\mathrm{AB}}$

$$=(\overrightarrow{\mathrm{AB}}+\overrightarrow{\mathrm{BC}})+(\overrightarrow{\mathrm{CD}}+\overrightarrow{\mathrm{DA}})$$
$$=\overrightarrow{\mathrm{AC}}+\overrightarrow{\mathrm{CA}}$$
$$=\overrightarrow{\mathrm{AA}}$$
$$=\vec{0}$$

問 5 次の図の $\vec{a}$, $\vec{b}$ に対して, $\vec{b}-\vec{a}$ を図示せよ。

教科書 p.10

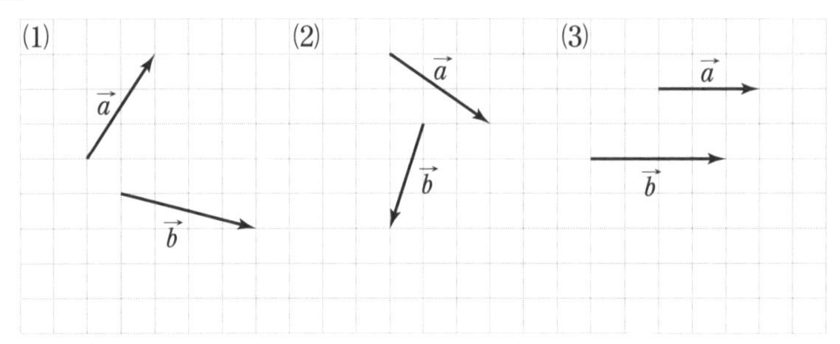

ガイド 2つのベクトル $\vec{a}$, $\vec{b}$ に対して, その**差** $\vec{b}-\vec{a}$ を次のように定める。

$$\vec{b}-\vec{a}=\vec{b}+(-\vec{a})$$

点Oを定め, $\vec{a}=\overrightarrow{OA}$, $\vec{b}=\overrightarrow{OB}$ となる点A, Bをとると, 次のことが成り立つ。

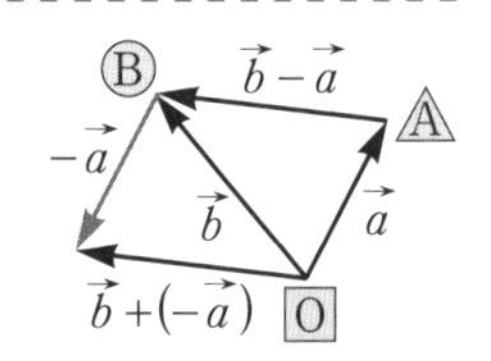

ここがポイント [ベクトルの差]

$$\overrightarrow{OB}-\overrightarrow{OA}=\overrightarrow{AB}$$

解答 (例)

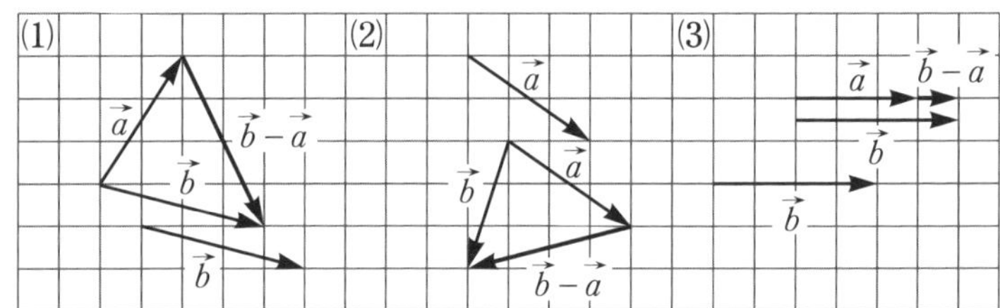

問 6 平行四辺形 ABCD において, 次のベクトルの差を1つのベクトルで表せ。

教科書 p.10

(1)　$\overrightarrow{AD}-\overrightarrow{AB}$

(2)　$\overrightarrow{BA}-\overrightarrow{BC}$

(3)　$\overrightarrow{DB}-\overrightarrow{DA}$

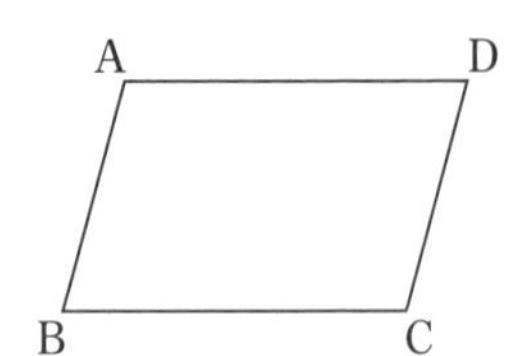

ガイド $\overrightarrow{\text{Ⓞ}Ⓑ}-\overrightarrow{\text{Ⓞ}Ⓐ}=\overrightarrow{ⒶⒷ}$

を用いる。

解答 (1) $\overrightarrow{\mathrm{AD}}-\overrightarrow{\mathrm{AB}}=\overrightarrow{\mathbf{BD}}$

(2) $\overrightarrow{\mathrm{BA}}-\overrightarrow{\mathrm{BC}}=\overrightarrow{\mathbf{CA}}$

(3) $\overrightarrow{\mathrm{DB}}-\overrightarrow{\mathrm{DA}}=\overrightarrow{\mathbf{AB}}$

問 7 右の図の $\vec{a}$, $\vec{b}$ に対して，次のベクトルを図示せよ。

教科書 p.11

(1) $3\vec{a}$　　(2) $-2\vec{b}$

(3) $-2\vec{a}+\vec{b}$　　(4) $4\vec{b}+\frac{1}{2}\vec{a}$

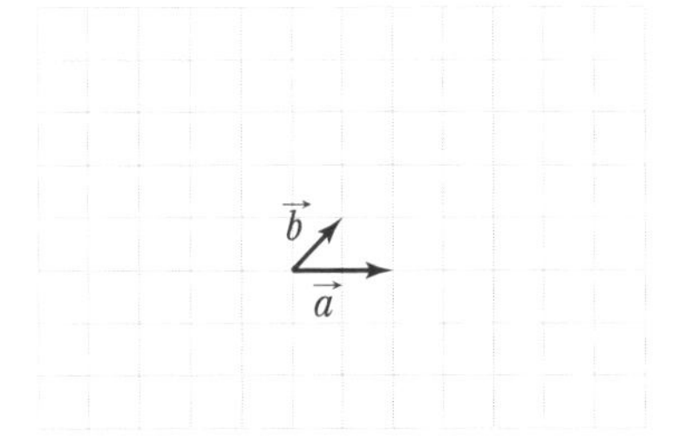

ガイド $\vec{0}$ でない $\vec{a}$ と正の実数 k に対して，$\boldsymbol{k\vec{a}}$ を次のように定める。

$k\vec{a}$ は，$\vec{a}$ と向きが同じで，大きさが $|\vec{a}|$ の k 倍のベクトル

$(-k)\vec{a}$ は，$\vec{a}$ と向きが反対で，大きさが $|\vec{a}|$ の k 倍のベクトル

$k=0$ のときは，　$0\vec{a}=\vec{0}$

また，$\vec{a}=\vec{0}$ のときは，

すべての実数 k に対して，　$k\vec{0}=\vec{0}$

と定める。

上の定義から，　$(-k)\vec{a}=-k\vec{a}$

特に，$1\vec{a}=\vec{a}$，$(-1)\vec{a}=-\vec{a}$ である。

解答 (例)

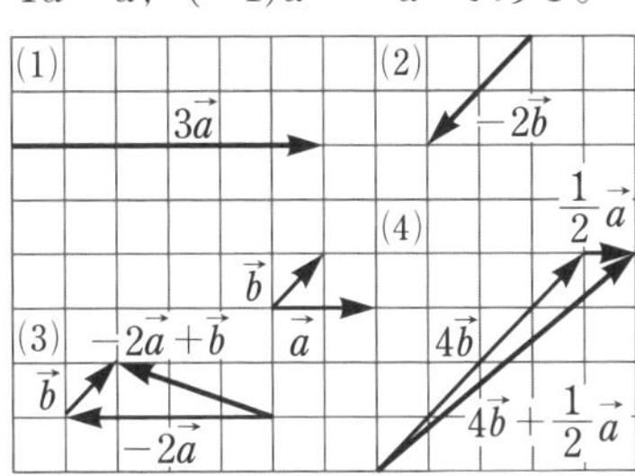

参考 $\frac{1}{2}\vec{a}$ は $\frac{\vec{a}}{2}$ と書くこともある。

問 8 次の計算をせよ。

教科書 p.12

(1) $(\vec{a}+3\vec{b})+2(3\vec{a}-\vec{b})$　　(2) $2(\vec{a}-\vec{b}+2\vec{c})-3(\vec{a}-\vec{b}-\vec{c})$

ガイド

ここがポイント [ベクトルの実数倍の性質]

k, ℓ を実数とするとき,

1. $k(\ell\vec{a})=(k\ell)\vec{a}$
2. $(k+\ell)\vec{a}=k\vec{a}+\ell\vec{a}$
3. $k(\vec{a}+\vec{b})=k\vec{a}+k\vec{b}$

ベクトルの和・差, 実数倍では, $\vec{a}$, $\vec{b}$, $\vec{c}$ などを文字式と同じように計算できる。

解答

(1) $(\vec{a}+3\vec{b})+2(3\vec{a}-\vec{b})=\vec{a}+3\vec{b}+6\vec{a}-2\vec{b}$
$=\boldsymbol{7\vec{a}+\vec{b}}$

(2) $2(\vec{a}-\vec{b}+2\vec{c})-3(\vec{a}-\vec{b}-\vec{c})=2\vec{a}-2\vec{b}+4\vec{c}-3\vec{a}+3\vec{b}+3\vec{c}$
$=\boldsymbol{-\vec{a}+\vec{b}+7\vec{c}}$

ベクトルの和・差, 実数倍の計算は, 文字式の計算と変わらないね。

問 9 次の等式を満たす $\vec{x}$ を, $\vec{a}$, $\vec{b}$ を用いて表せ。

教科書 p.12

(1) $2\vec{a}-3\vec{x}=\vec{x}+4\vec{b}$　　(2) $2(\vec{a}+\vec{x})-3(\vec{b}-\vec{x})=\vec{0}$

ガイド $\vec{x}$ を左辺に, $\vec{a}$, $\vec{b}$ を右辺に移項し, $\vec{x}$ の係数で両辺を割る。

解答

(1)
$$2\vec{a}-3\vec{x}=\vec{x}+4\vec{b}$$
$$-3\vec{x}-\vec{x}=-2\vec{a}+4\vec{b}$$
$$-4\vec{x}=-2\vec{a}+4\vec{b}$$
$$\boldsymbol{\vec{x}=\frac{1}{2}\vec{a}-\vec{b}}$$

(2)
$$2(\vec{a}+\vec{x})-3(\vec{b}-\vec{x})=\vec{0}$$
$$2\vec{a}+2\vec{x}-3\vec{b}+3\vec{x}=\vec{0}$$
$$2\vec{x}+3\vec{x}=-2\vec{a}+3\vec{b}$$
$$5\vec{x}=-2\vec{a}+3\vec{b}$$
$$\boldsymbol{\vec{x}=-\frac{2}{5}\vec{a}+\frac{3}{5}\vec{b}}$$

問10 右の図の正六角形 ABCDEF において，$\overrightarrow{AB}=\vec{a}$，$\overrightarrow{AF}=\vec{b}$ とする。次のベクトルを $\vec{a}$，$\vec{b}$ を用いて表せ。

教科書 p.13

(1)　$\overrightarrow{EO}$　　　(2)　$\overrightarrow{CF}$

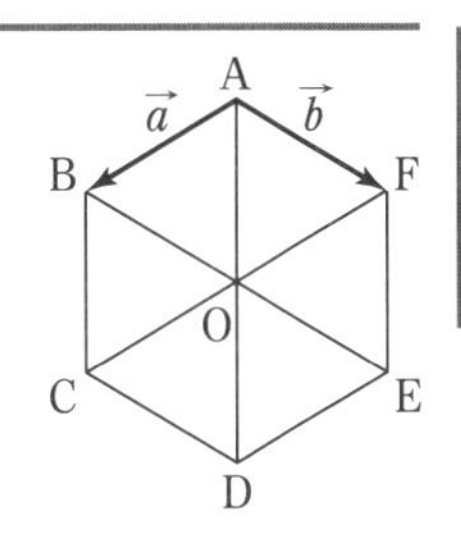

ガイド　$\vec{0}$ でない2つのベクトル $\vec{a}$，$\vec{b}$ が，同じ向きかまたは反対向きのとき，$\vec{a}$ と $\vec{b}$ は**平行**であるといい，

$$\vec{a} /\!/ \vec{b}$$

と表す。

ここがポイント **[ベクトルの平行]**

$\vec{a} \neq \vec{0}$，$\vec{b} \neq \vec{0}$ のとき，

$\vec{a} /\!/ \vec{b} \iff \vec{b}=k\vec{a}$ **となる実数 k がある**

解答　(1)　$\vec{b} /\!/ \overrightarrow{EO}$ で，　$\overrightarrow{EO}=-\vec{b}$

(2)　$\vec{a} /\!/ \overrightarrow{CF}$ で，　$\overrightarrow{CF}=-2\vec{a}$

問11 $|\vec{a}|=4$ のとき，$\vec{a}$ と平行な単位ベクトルを $\vec{a}$ を用いて表せ。

教科書 p.13

ガイド　大きさが1であるベクトルを**単位ベクトル**という。

一般に，$\vec{a} \neq \vec{0}$ のとき，$\vec{a}$ と平行な単位ベクトルは $\dfrac{1}{|\vec{a}|}\vec{a}$ と $-\dfrac{1}{|\vec{a}|}\vec{a}$ である。

解答　$|\vec{a}|=4$ のとき，$\vec{a}$ と平行な単位ベクトルは，

$\dfrac{1}{4}\vec{a}$ **と** $-\dfrac{1}{4}\vec{a}$ である。

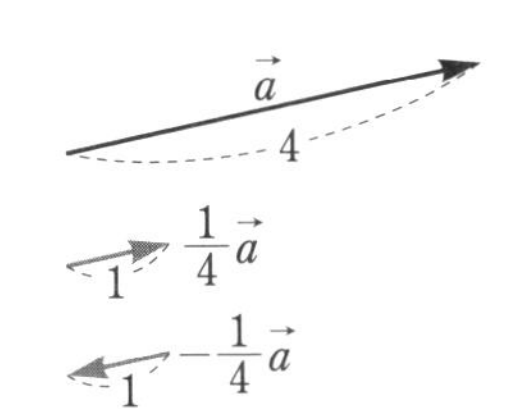

問12 右の図において，$\vec{q}$，$\vec{r}$，$\vec{s}$ を，それぞれ $\vec{a}$，$\vec{b}$ を用いて表せ。

教科書 p. 14

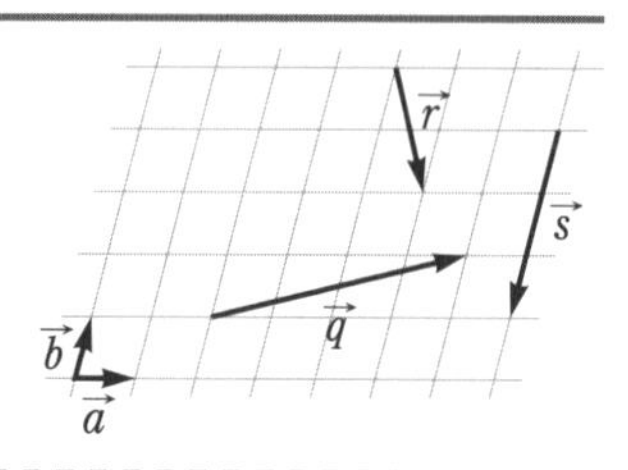

ガイド

ここがポイント [ベクトルの分解と相等]

$\vec{a}\neq\vec{0}$，$\vec{b}\neq\vec{0}$ で $\vec{a}$ と $\vec{b}$ が平行でないとき，平面上の任意のベクトル $\vec{p}$ は，次のようにただ1通りに表すことができる。

$$\vec{p}=k\vec{a}+\ell\vec{b} \quad \text{ただし，} k,\ \ell \text{ は実数}$$

また，次のことが成り立つ。

$$k\vec{a}+\ell\vec{b}=k'\vec{a}+\ell'\vec{b} \iff k=k',\ \ell=\ell'$$

特に，

$$k\vec{a}+\ell\vec{b}=\vec{0} \iff k=\ell=0$$

ただし，k，ℓ，k'，ℓ' は実数

それぞれのベクトルを，$\vec{a}$ と $\vec{b}$ の2方向に分解して考える。

例えば，$\vec{q}$ と $\vec{r}$ は，右のように分解してみる。

$$\vec{q}=\overrightarrow{AB}+\overrightarrow{BC}$$
$$\vec{r}=\overrightarrow{DE}+\overrightarrow{EF}$$

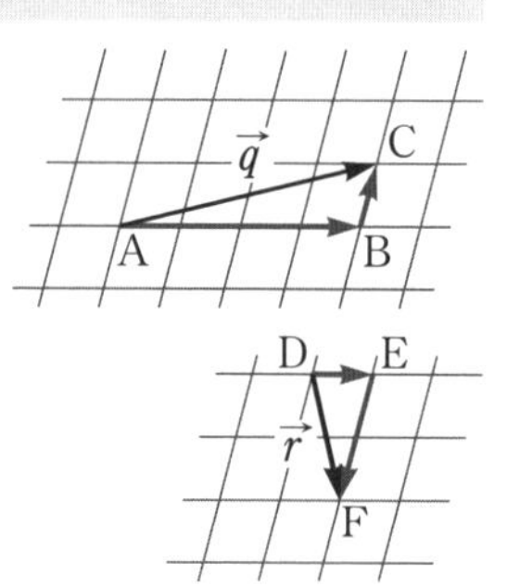

解答
$\vec{q}=4\vec{a}+\vec{b}$
$\vec{r}=\vec{a}-2\vec{b}$
$\vec{s}=-3\vec{b}$

参考 $\vec{a}\neq\vec{0}$，$\vec{b}\neq\vec{0}$ で $\vec{a}$ と $\vec{b}$ が平行でないとき，$\vec{a}$ と $\vec{b}$ は**一次独立**であるという。

平面上のベクトルは，
$\vec{0}$ でなく平行でない2つのベクトルを使って，
ただ1通りに表すことができるんだ。

3 ベクトルの成分

問13 ベクトル $\vec{a}$, $\vec{b}$, $\vec{c}$, $\vec{d}$ が右の図のような有向線分で表されている。このとき，それぞれのベクトルを成分で表し，その大きさを求めよ。

教科書 p.16

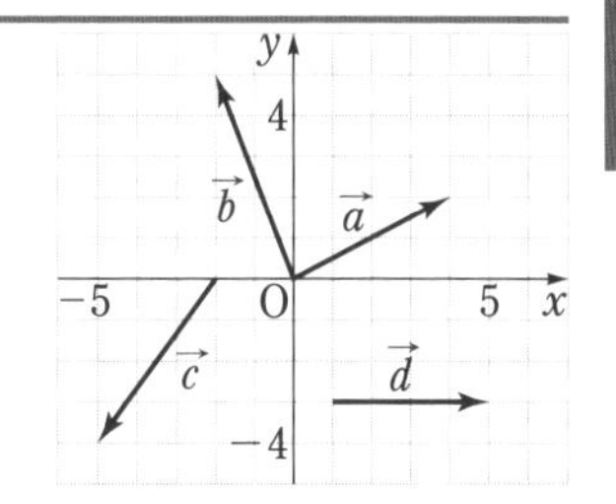

ガイド 点Oを原点とする座標平面上において，x 軸，y 軸の正の向きに，それぞれ単位ベクトル $\vec{e_1}$，$\vec{e_2}$ をとる。

このベ $\vec{e_1}$，$\vec{e_2}$ を**基本ベクトル**という。

ベクトル $\vec{a}$ に対して，$\vec{a}=\overrightarrow{OA}$ となる点 $A(a_1,\ a_2)$ をとると，$\vec{a}$ は，$\vec{a}=a_1\vec{e_1}+a_2\vec{e_2}$ とただ1通りに表すことができる。

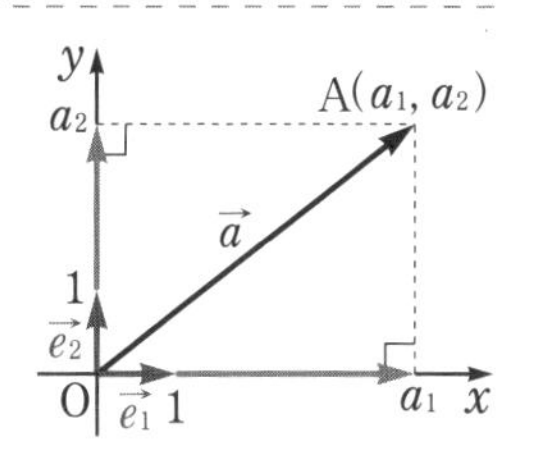

このとき，a_1，a_2 を $\vec{a}$ の**成分**といい，a_1 を $\vec{a}$ の $\boldsymbol{x}$ **成分**，a_2 を $\vec{a}$ の $\boldsymbol{y}$ **成分**という。

$\vec{a}$ を成分 a_1，a_2 を用いて，$\vec{a}=(a_1,\ a_2)$ のように表す。

基本ベクトル $\vec{e_1}$，$\vec{e_2}$ と零ベクトル $\vec{0}$ を，それぞれ成分で表すと，

$$\vec{e_1}=(1,\ 0),\ \vec{e_2}=(0,\ 1),\ \vec{0}=(0,\ 0)$$

このように，ベクトル $\vec{a}$ を，原点Oを始点とするベクトル $\overrightarrow{OA}$ で表すと，$\vec{a}$ の成分の組 $(a_1,\ a_2)$ は，終点Aの座標と一致する。

ここがポイント [ベクトルの相等と大きさ]

1. $\vec{a}=(a_1,\ a_2)$，$\vec{b}=(b_1,\ b_2)$ のとき，
   $$\vec{a}=\vec{b} \iff a_1=b_1,\ a_2=b_2$$
2. $\vec{a}=(a_1,\ a_2)$ のとき，　$|\vec{a}|=\sqrt{a_1{}^2+a_2{}^2}$

解答

$\vec{a}=(4,\ 2)$，$|\vec{a}|=\sqrt{4^2+2^2}=\sqrt{20}=2\sqrt{5}$

$\vec{b}=(-2,\ 5)$，$|\vec{b}|=\sqrt{(-2)^2+5^2}=\sqrt{29}$

$\vec{c}=(-3,\ -4)$，$|\vec{c}|=\sqrt{(-3)^2+(-4)^2}=\sqrt{25}=5$

$\vec{d}=(4,\ 0)$，$|\vec{d}|=\sqrt{4^2+0^2}=\sqrt{16}=4$

問14 $\vec{a}=(5,\ -2)$，$\vec{b}=(-6,\ 4)$ のとき，次のベクトルを成分で表せ。

教科書 p.16

(1) $\vec{a}+\vec{b}$　　(2) $2\vec{a}-\vec{b}$　　(3) $4(2\vec{a}+\vec{b})-5\vec{a}$

ガイド

ここがポイント [和・差，実数倍の成分]

$(a_1,\ a_2)+(b_1,\ b_2)=(a_1+b_1,\ a_2+b_2)$

$(a_1,\ a_2)-(b_1,\ b_2)=(a_1-b_1,\ a_2-b_2)$

$k(a_1,\ a_2)=(ka_1,\ ka_2)$　　ただし，k は実数

解答

(1) $\vec{a}+\vec{b}=(5,\ -2)+(-6,\ 4)$

$=(5-6,\ -2+4)$

$=(\mathbf{-1},\ \mathbf{2})$

(2) $2\vec{a}-\vec{b}=2(5,\ -2)-(-6,\ 4)$

$=(10,\ -4)-(-6,\ 4)$

$=(\mathbf{16},\ \mathbf{-8})$

(3) $4(2\vec{a}+\vec{b})-5\vec{a}=3\vec{a}+4\vec{b}$

$=3(5,\ -2)+4(-6,\ 4)$

$=(15,\ -6)+(-24,\ 16)$

$=(\mathbf{-9},\ \mathbf{10})$

問15 $\vec{a}=(3,\ -4)$ と同じ向きの単位ベクトルを成分で表せ。

教科書 p.17

ガイド $\vec{a}$ と同じ向きの単位ベクトルは，$\dfrac{1}{|\vec{a}|}\vec{a}$

まず $|\vec{a}|$ を求める。

解答 $|\vec{a}|=\sqrt{3^2+(-4)^2}=\sqrt{25}=5$ より，

$\dfrac{1}{|\vec{a}|}\vec{a}=\dfrac{1}{5}(3,\ -4)=\left(\mathbf{\dfrac{3}{5}},\ \mathbf{-\dfrac{4}{5}}\right)$

問16　$\vec{a}=(1,\ 3)$, $\vec{b}=(4,\ -2)$ のとき，次のベクトルを $k\vec{a}+\ell\vec{b}$ の形で表せ。

教科書 p.17

(1)　$\vec{c}=(7,\ 7)$　　(2)　$\vec{d}=(10,\ -12)$

ガイド　$k\vec{a}+\ell\vec{b}$ を成分で表し，k, ℓ に関する連立方程式をつくる。

解答　(1)　$\vec{c}=k\vec{a}+\ell\vec{b}$ とすると，

$$(7,\ 7)=k(1,\ 3)+\ell(4,\ -2)$$
$$=(k+4\ell,\ 3k-2\ell)$$

したがって，$\begin{cases} k+4\ell=7 \\ 3k-2\ell=7 \end{cases}$

これを解いて，　$k=3$, $\ell=1$

よって，　$\boldsymbol{\vec{c}=3\vec{a}+\vec{b}}$

(2)　$\vec{d}=k\vec{a}+\ell\vec{b}$ とすると，

$$(10,\ -12)=k(1,\ 3)+\ell(4,\ -2)$$
$$=(k+4\ell,\ 3k-2\ell)$$

したがって，$\begin{cases} k+4\ell=10 \\ 3k-2\ell=-12 \end{cases}$

これを解いて，　$k=-2$, $\ell=3$

よって，　$\boldsymbol{\vec{d}=-2\vec{a}+3\vec{b}}$

問17　2つのベクトル $\vec{a}=(x+7,\ x-8)$, $\vec{b}=(-2,\ 3)$ が平行であるとき，x の値を求めよ。

教科書 p.17

ガイド　$\vec{a}\neq\vec{0}$, $\vec{b}\neq\vec{0}$ で，$\vec{a}$ と $\vec{b}$ が平行であるから，$\vec{a}=k\vec{b}$ を満たす実数 k が存在する。

解答　$\vec{a}\neq\vec{0}$, $\vec{b}\neq\vec{0}$ で，$\vec{a}$ と $\vec{b}$ が平行であるから，$\vec{a}=k\vec{b}$ を満たす実数 k が存在する。

このとき，　$(x+7,\ x-8)=k(-2,\ 3)$

したがって，$\begin{cases} x+7=-2k \\ x-8=3k \end{cases}$

これを解いて，$x=-1$, $k=-3$ より，　$\boldsymbol{x=-1}$

問18 次の2点A，Bについて，$\overrightarrow{AB}$ を成分で表せ。また，その大きさを求めよ。

教科書 p.18

(1) A(3，1)，B(−2，4)　　(2) A(−2，6)，B(1，2)

ガイド

ここがポイント [$\overrightarrow{AB}$ の成分と大きさ]

2点 $A(a_1,\ a_2)$，$B(b_1,\ b_2)$ について，

$$\overrightarrow{\mathbf{AB}}=(\boldsymbol{b_1-a_1},\ \boldsymbol{b_2-a_2})$$

$$|\overrightarrow{\mathbf{AB}}|=\sqrt{(\boldsymbol{b_1-a_1})^2+(\boldsymbol{b_2-a_2})^2}$$

解答 (1) $\overrightarrow{AB}=(-2-3,\ 4-1)$

$=(\mathbf{-5,\ 3})$

$|\overrightarrow{AB}|=\sqrt{(-5)^2+3^2}=\sqrt{\mathbf{34}}$

(2) $\overrightarrow{AB}=(1-(-2),\ 2-6)$

$=(\mathbf{3,\ -4})$

$|\overrightarrow{AB}|=\sqrt{3^2+(-4)^2}=\sqrt{25}=\mathbf{5}$

問19 3点A(−2，1)，B(1，0)，C(2，4)に対して，四角形ABECが平行四辺形となるような点Eの座標を求めよ。

教科書 p.18

ガイド 四角形ABECが平行四辺形となる条件をベクトルを用いて表す。点Eの座標を $(x,\ y)$ として，x，y の値を求める。

解答 四角形ABECが平行四辺形となる条件は，$\overrightarrow{BE}=\overrightarrow{AC}$ である。

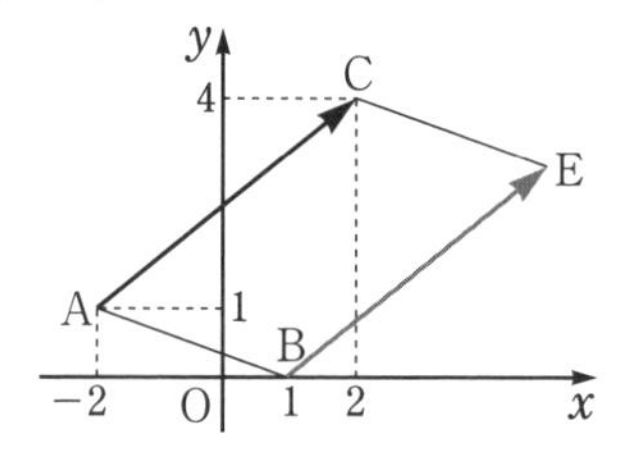

点Eの座標を $(x,\ y)$ とすると，

$\overrightarrow{BE}=(x-1,\ y-0)$

$=(x-1,\ y)$

$\overrightarrow{AC}=(2-(-2),\ 4-1)$

$=(4,\ 3)$

$\overrightarrow{BE}=\overrightarrow{AC}$ より，　$x-1=4$，$y=3$

これより，　$x=5$，$y=3$

よって，点Eの座標は，　**(5，3)**

4　ベクトルの内積

問20　$\vec{a}$ と $\vec{b}$ のなす角を θ とする。次の場合に，内積 $\vec{a}\cdot\vec{b}$ を求めよ。

教科書 p. 19

(1)　$|\vec{a}|=1$，$|\vec{b}|=3$，$\theta=30^\circ$

(2)　$|\vec{a}|=\sqrt{2}$，$|\vec{b}|=\sqrt{6}$，$\theta=135^\circ$

ガイド　$\vec{0}$ でない2つのベクトル $\vec{a}$，$\vec{b}$ に対して，1点Oを定め，

$$\vec{a}=\overrightarrow{\mathrm{OA}},\ \vec{b}=\overrightarrow{\mathrm{OB}}$$

とするとき，∠AOB の大きさ θ は，$\vec{a}$，$\vec{b}$ によって決まる。

始点をそろえて

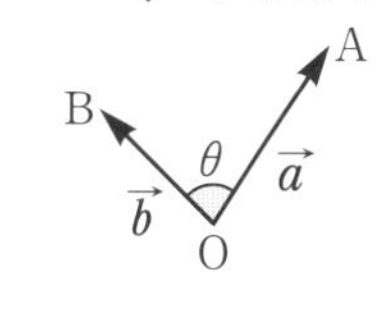

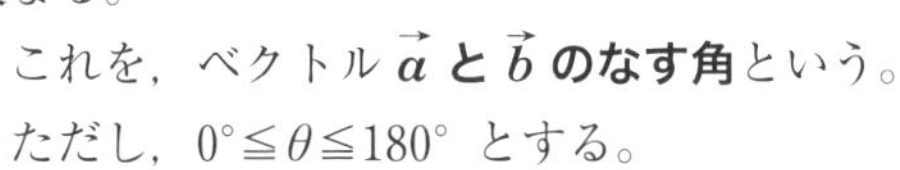

これを，**ベクトル $\vec{a}$ と $\vec{b}$ のなす角**という。

ただし，$0^\circ\leqq\theta\leqq180^\circ$ とする。

ベクトル $\vec{a}$ と $\vec{b}$ のなす角が θ のとき，

$$|\vec{a}||\vec{b}|\cos\theta$$

を $\vec{a}$ と $\vec{b}$ の**内積**といい，$\vec{a}\cdot\vec{b}$ と表す。

ここがポイント　**[内積の定義]**

$\vec{a}\cdot\vec{b}=|\vec{a}||\vec{b}|\cos\theta$　　ただし，θ は $\vec{a}$ と $\vec{b}$ のなす角

$\vec{a}=\vec{0}$ または $\vec{b}=\vec{0}$ のときは，$\vec{a}\cdot\vec{b}=0$ と定める。

また，$\vec{a}\cdot\vec{a}=|\vec{a}|^2$ である。

解答　(1)　$\vec{a}\cdot\vec{b}=|\vec{a}||\vec{b}|\cos30^\circ$

$$=1\times3\times\frac{\sqrt{3}}{2}$$

$$=\frac{3\sqrt{3}}{2}$$

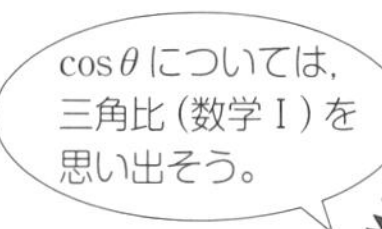

(2)　$\vec{a}\cdot\vec{b}=|\vec{a}||\vec{b}|\cos135^\circ$

$$=\sqrt{2}\times\sqrt{6}\times\left(-\frac{1}{\sqrt{2}}\right)$$

$$=-\sqrt{6}$$

参考　内積は，実数であり，ベクトルではない。

問21 1辺の長さが2の正三角形ABCがある。辺BCの中点をMとするとき，次の内積を求めよ。

教科書 p.20

(1) $\overrightarrow{CA}\cdot\overrightarrow{BC}$　　(2) $\overrightarrow{AM}\cdot\overrightarrow{BC}$　　(3) $\overrightarrow{BM}\cdot\overrightarrow{CM}$

ガイド △ABMは，∠ABM=60°，∠BAM=30°，∠AMB=90° の直角三角形であるから，AB=2 より，

$\mathrm{BM}=1,\ \mathrm{AM}=\sqrt{3}$

ベクトルを平行移動して，始点をそろえて考える。

(1)

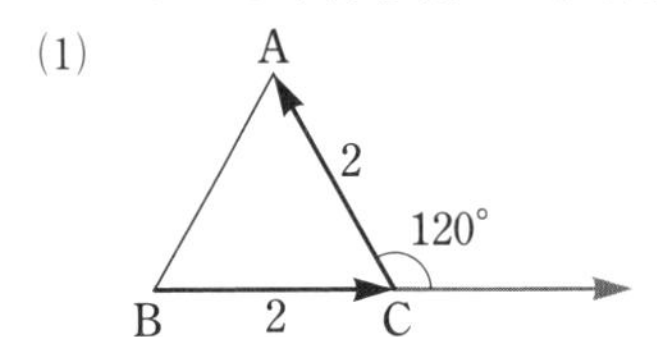

(2)

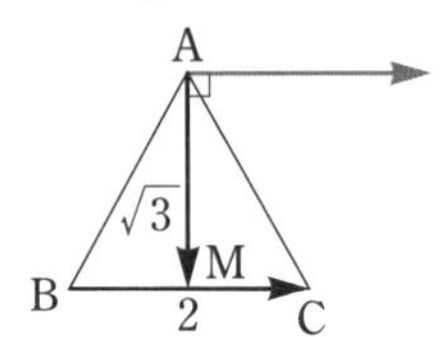

(3)

A
180°
B 1 M 1 C

解答 (1) $\overrightarrow{CA}\cdot\overrightarrow{BC}=|\overrightarrow{CA}||\overrightarrow{BC}|\cos 120°$

$=2\times 2\times\left(-\dfrac{1}{2}\right)=\mathbf{-2}$

(2) $\overrightarrow{AM}\cdot\overrightarrow{BC}=|\overrightarrow{AM}||\overrightarrow{BC}|\cos 90°$

$=\sqrt{3}\times 2\times 0=\mathbf{0}$

(3) $\overrightarrow{BM}\cdot\overrightarrow{CM}=|\overrightarrow{BM}||\overrightarrow{CM}|\cos 180°$

$=1\times 1\times(-1)=\mathbf{-1}$

参考 $\vec{0}$ でない2つのベクトル $\vec{a}$ と $\vec{b}$ のなす角が90°のとき，$\vec{a}$ と $\vec{b}$ は**垂直**であるといい，$\vec{a}\perp\vec{b}$ と表す。

ポイントプラス [ベクトルの垂直と内積]

$\vec{a}\neq\vec{0}$，$\vec{b}\neq\vec{0}$ のとき，

$$\vec{a}\perp\vec{b}\iff\vec{a}\cdot\vec{b}=0$$

問22 次の2つのベクトル $\vec{a}$, $\vec{b}$ の内積 $\vec{a}\cdot\vec{b}$ を求めよ。

教科書 p.22

(1) $\vec{a}=(-1,\ 2)$, $\vec{b}=(4,\ 3)$　　(2) $\vec{a}=(3,\ 2)$, $\vec{b}=(-2,\ 3)$

ガイド $\vec{a}=(a_1,\ a_2)$, $\vec{b}=(b_1,\ b_2)$ とするとき,

$$\vec{a}\cdot\vec{b}=\underbrace{a_1\times b_1}_{x\text{成分の積}}+\underbrace{a_2\times b_2}_{y\text{成分の積}}$$

ここがポイント [内積と成分]

$\vec{a}=(a_1,\ a_2)$, $\vec{b}=(b_1,\ b_2)$ のとき,

$$\boldsymbol{\vec{a}\cdot\vec{b}=a_1b_1+a_2b_2}$$

解答 (1) $\vec{a}\cdot\vec{b}=(-1)\times4+2\times3=\mathbf{2}$

(2) $\vec{a}\cdot\vec{b}=3\times(-2)+2\times3=\mathbf{0}$

参考 ここがポイントの式は, $\vec{a}=\vec{0}$ または $\vec{b}=\vec{0}$ のときも成り立つ。

問23 次の2つのベクトル $\vec{a}$, $\vec{b}$ のなす角 θ を求めよ。

教科書 p.22

(1) $\vec{a}=(2,\ 1)$, $\vec{b}=(1,\ 3)$　　(2) $\vec{a}=(-2,\ 0)$, $\vec{b}=(3,\ -\sqrt{3})$

ガイド

ここがポイント [ベクトルのなす角]

$\vec{a}\neq\vec{0}$, $\vec{b}\neq\vec{0}$ である2つのベクトル $\vec{a}=(a_1,\ a_2)$, $\vec{b}=(b_1,\ b_2)$ のなす角を θ とすると,

$$\boldsymbol{\cos\theta=\frac{\vec{a}\cdot\vec{b}}{|\vec{a}||\vec{b}|}=\frac{a_1b_1+a_2b_2}{\sqrt{a_1^2+a_2^2}\sqrt{b_1^2+b_2^2}}}$$

ただし, $0^\circ\leqq\theta\leqq180^\circ$

解答 (1) $\vec{a}\cdot\vec{b}=2\times1+1\times3=5$

$|\vec{a}|=\sqrt{2^2+1^2}=\sqrt{5}$

$|\vec{b}|=\sqrt{1^2+3^2}=\sqrt{10}$

であるから,

$$\cos\theta=\frac{\vec{a}\cdot\vec{b}}{|\vec{a}||\vec{b}|}=\frac{5}{\sqrt{5}\times\sqrt{10}}=\frac{1}{\sqrt{2}}$$

よって, $0^\circ\leqq\theta\leqq180^\circ$ より,　$\theta=\mathbf{45^\circ}$

(2)　$\vec{a}\cdot\vec{b}=(-2)\times3+0\times(-\sqrt{3})=-6$

$|\vec{a}|=\sqrt{(-2)^2+0^2}=\sqrt{4}=2$

$|\vec{b}|=\sqrt{3^2+(-\sqrt{3})^2}=\sqrt{12}=2\sqrt{3}$

であるから，

$$\cos\theta=\frac{\vec{a}\cdot\vec{b}}{|\vec{a}||\vec{b}|}=\frac{-6}{2\times2\sqrt{3}}=-\frac{\sqrt{3}}{2}$$

よって，$0°\leqq\theta\leqq180°$ より，　$\boldsymbol{\theta=150°}$

□ **問24**　$\vec{a}=(-2,\ 5)$，$\vec{b}=(4,\ x)$ が垂直であるとき，x の値を求めよ。

教科書 **p.23**

ガイド

ここがポイント **[ベクトルの垂直と成分]**

$\vec{a}\neq\vec{0}$，$\vec{b}\neq\vec{0}$ で，$\vec{a}=(a_1,\ a_2)$，$\vec{b}=(b_1,\ b_2)$ のとき，

$$\boldsymbol{\vec{a}\perp\vec{b}\iff a_1b_1+a_2b_2=0}$$

解答　$\vec{a}\cdot\vec{b}=(-2)\times4+5\times x=5x-8=0$ であるから，

$$\boldsymbol{x=\frac{8}{5}}$$

2つのベクトルが垂直のとき，内積は0だね。

問25 $\vec{a}=(1,\ 3)$ に垂直で，大きさが $\sqrt{5}$ のベクトル $\vec{b}$ を求めよ。

教科書 p.23

ガイド $\vec{b}=(x,\ y)$ とし，条件 $\vec{a}\perp\vec{b}$ と $|\vec{b}|=\sqrt{5}$ より，x，y についての式をつくる。

解答 $\vec{b}=(x,\ y)$ とする。

$\vec{a}\perp\vec{b}$ より $\vec{a}\cdot\vec{b}=0$ であるから，　$x+3y=0$　……①

$|\vec{b}|=\sqrt{5}$ より $|\vec{b}|^2=(\sqrt{5})^2$ であるから，　$x^2+y^2=5$　……②

①より $x=-3y$ を②に代入して，

$$(-3y)^2+y^2=5$$
$$10y^2=5$$
$$y^2=\frac{1}{2}$$

したがって，　$y=\pm\frac{\sqrt{2}}{2}$

①より，$y=\frac{\sqrt{2}}{2}$ のとき，$x=-3\times\frac{\sqrt{2}}{2}=-\frac{3\sqrt{2}}{2}$

$y=-\frac{\sqrt{2}}{2}$ のとき，$x=-3\times\left(-\frac{\sqrt{2}}{2}\right)=\frac{3\sqrt{2}}{2}$

よって，　$\vec{b}=\left(-\frac{3\sqrt{2}}{2},\ \frac{\sqrt{2}}{2}\right)$，$\left(\frac{3\sqrt{2}}{2},\ -\frac{\sqrt{2}}{2}\right)$

問26 下の③(1)の証明（省略）にならって，①，②，③(2)，④を証明せよ。

教科書 p.24

ガイド

ここがポイント **[内積の性質]**

① $\vec{a}\cdot\vec{a}=|\vec{a}|^2$

② $\vec{a}\cdot\vec{b}=\vec{b}\cdot\vec{a}$　　交換法則

③ (1) $\vec{a}\cdot(\vec{b}+\vec{c})=\vec{a}\cdot\vec{b}+\vec{a}\cdot\vec{c}$
　 (2) $(\vec{a}+\vec{b})\cdot\vec{c}=\vec{a}\cdot\vec{c}+\vec{b}\cdot\vec{c}$　　分配法則

④ $(k\vec{a})\cdot\vec{b}=\vec{a}\cdot(k\vec{b})=k(\vec{a}\cdot\vec{b})$　　ただし，k は実数

成分で表して証明する。

解答 $\vec{a}=(a_1,\ a_2)$, $\vec{b}=(b_1,\ b_2)$, $\vec{c}=(c_1,\ c_2)$ とおく。

[1] $\vec{a}\cdot\vec{a}=a_1a_1+a_2a_2=a_1{}^2+a_2{}^2=|\vec{a}|^2$

[2] $\vec{a}\cdot\vec{b}=a_1b_1+a_2b_2=b_1a_1+b_2a_2=\vec{b}\cdot\vec{a}$

[3] (2) $\vec{a}+\vec{b}=(a_1+b_1,\ a_2+b_2)$ であるから，

$$(\vec{a}+\vec{b})\cdot\vec{c}=(a_1+b_1)c_1+(a_2+b_2)c_2$$
$$=(a_1c_1+a_2c_2)+(b_1c_1+b_2c_2)=\vec{a}\cdot\vec{c}+\vec{b}\cdot\vec{c}$$

[4] $k\vec{a}=(ka_1,\ ka_2)$, $k\vec{b}=(kb_1,\ kb_2)$であるから，

$$(k\vec{a})\cdot\vec{b}=(ka_1)b_1+(ka_2)b_2=k(a_1b_1+a_2b_2)=k(\vec{a}\cdot\vec{b})$$

また， $\vec{a}\cdot(k\vec{b})=a_1(kb_1)+a_2(kb_2)=k(a_1b_1+a_2b_2)=k(\vec{a}\cdot\vec{b})$

よって， $(k\vec{a})\cdot\vec{b}=\vec{a}\cdot(k\vec{b})=k(\vec{a}\cdot\vec{b})$

参考 同様にして，$\vec{a}\cdot(\vec{b}-\vec{c})=\vec{a}\cdot\vec{b}-\vec{a}\cdot\vec{c}$，$(\vec{a}-\vec{b})\cdot\vec{c}=\vec{a}\cdot\vec{c}-\vec{b}\cdot\vec{c}$ も成り立つ。

また，[4]が成り立つから，$k(\vec{a}\cdot\vec{b})$ を $k\vec{a}\cdot\vec{b}$ と表してもよい。

□ **問27** 次の等式を証明せよ。

教科書 p.24

(1) $|\vec{a}-2\vec{b}|^2=|\vec{a}|^2-4\vec{a}\cdot\vec{b}+4|\vec{b}|^2$

(2) $(\vec{a}+\vec{b})\cdot(\vec{a}-\vec{b})=|\vec{a}|^2-|\vec{b}|^2$

ガイド 内積の性質を用いて証明する。

解答 (1)

$$|\vec{a}-2\vec{b}|^2=(\vec{a}-2\vec{b})\cdot(\vec{a}-2\vec{b})$$
$$=\vec{a}\cdot(\vec{a}-2\vec{b})-2\vec{b}\cdot(\vec{a}-2\vec{b})$$
$$=\vec{a}\cdot\vec{a}-2\vec{a}\cdot\vec{b}-2\vec{b}\cdot\vec{a}+4\vec{b}\cdot\vec{b}$$
$$=|\vec{a}|^2-4\vec{a}\cdot\vec{b}+4|\vec{b}|^2$$

(2)

$$(\vec{a}+\vec{b})\cdot(\vec{a}-\vec{b})=\vec{a}\cdot(\vec{a}-\vec{b})+\vec{b}\cdot(\vec{a}-\vec{b})$$
$$=\vec{a}\cdot\vec{a}-\vec{a}\cdot\vec{b}+\vec{b}\cdot\vec{a}-\vec{b}\cdot\vec{b}$$
$$=|\vec{a}|^2-|\vec{b}|^2$$

問28 次の問いに答えよ。

教科書 p.25

(1) $|\vec{a}|=\sqrt{2}$, $|\vec{b}|=3$, $\vec{a}\cdot\vec{b}=-1$ のとき，$|3\vec{a}+\vec{b}|$ の値を求めよ。

(2) $|\vec{a}|=1$, $|\vec{b}|=3$, $|\vec{a}+\vec{b}|=\sqrt{6}$ のとき，$\vec{a}\cdot\vec{b}$ の値を求めよ。

ガイド (1) $|3\vec{a}+\vec{b}|^2$ を考える。

(2) $|\vec{a}+\vec{b}|^2$ を考える。

解答 (1) $|3\vec{a}+\vec{b}|^2=(3\vec{a}+\vec{b})\cdot(3\vec{a}+\vec{b})=9\vec{a}\cdot\vec{a}+3\vec{a}\cdot\vec{b}+3\vec{b}\cdot\vec{a}+\vec{b}\cdot\vec{b}$

$=9|\vec{a}|^2+6\vec{a}\cdot\vec{b}+|\vec{b}|^2$

$=9\times(\sqrt{2})^2+6\times(-1)+3^2=21$

$|3\vec{a}+\vec{b}|\geqq 0$ より，　$|3\vec{a}+\vec{b}|=\sqrt{\mathbf{21}}$

(2) $|\vec{a}+\vec{b}|^2=(\vec{a}+\vec{b})\cdot(\vec{a}+\vec{b})=\vec{a}\cdot\vec{a}+\vec{a}\cdot\vec{b}+\vec{b}\cdot\vec{a}+\vec{b}\cdot\vec{b}$

$=|\vec{a}|^2+2\vec{a}\cdot\vec{b}+|\vec{b}|^2$

したがって，　$(\sqrt{6})^2=1^2+2\vec{a}\cdot\vec{b}+3^2$

よって，　$\vec{a}\cdot\vec{b}=\mathbf{-2}$

問29 $|\vec{a}|=3$, $|\vec{b}|=2$ で，$\vec{a}+\vec{b}$ と $\vec{a}-6\vec{b}$ が垂直であるとき，内積 $\vec{a}\cdot\vec{b}$ を求めよ。また，$\vec{a}$ と $\vec{b}$ のなす角 θ を求めよ。

教科書 p.25

ガイド 2つのベクトルが垂直ならば，その内積は0である。

解答 $(\vec{a}+\vec{b})\perp(\vec{a}-6\vec{b})$ より，$(\vec{a}+\vec{b})\cdot(\vec{a}-6\vec{b})=0$ であるから，

$|\vec{a}|^2-5\vec{a}\cdot\vec{b}-6|\vec{b}|^2=0$

$3^2-5\vec{a}\cdot\vec{b}-6\times2^2=0$

$9-5\vec{a}\cdot\vec{b}-24=0$

よって，　$\vec{a}\cdot\vec{b}=\mathbf{-3}$

また，　$\cos\theta=\dfrac{\vec{a}\cdot\vec{b}}{|\vec{a}||\vec{b}|}=\dfrac{-3}{3\times2}=-\dfrac{1}{2}$

$0^\circ\leqq\theta\leqq180^\circ$ より，　$\boldsymbol{\theta=120^\circ}$

研究　三角形の面積

問題　座標平面上で，次の 3 点を頂点とする三角形の面積を求めよ。

教科書 p.26

(1)　O(0,　0)，A(1,　3)，B(2,　5)

(2)　A(1,　1)，B(−2,　3)，C(3,　−3)

ガイド　$\overrightarrow{OA}=\vec{a}$，$\overrightarrow{OB}=\vec{b}$ のとき，△OAB の面積 S は，

$$\boldsymbol{S=\frac{1}{2}\sqrt{|\vec{a}|^2|\vec{b}|^2-(\vec{a}\cdot\vec{b})^2}}$$

さらに，$\vec{a}=(a_1,\ a_2)$，$\vec{b}=(b_1,\ b_2)$ のとき，

$$\boldsymbol{S=\frac{1}{2}|a_1b_2-a_2b_1|}$$

(2)　△ABC の頂点の 1 つ，例えば，点Aが原点Oに移るように△ABC を平行移動した三角形の面積を考える。

解答　求める面積を S とする。

(1)　$\overrightarrow{OA}=(1,\ 3)$，$\overrightarrow{OB}=(2,\ 5)$ であるから，

$$S=\frac{1}{2}|1\times5-3\times2|$$

$$=\frac{1}{2}\times|-1|=\boldsymbol{\frac{1}{2}}$$

(2)　点Aが原点Oに移るように△ABC を平行移動したとき，点B，Cがそれぞれ点B′，C′ に移るとすると，

$$\overrightarrow{OB'}=\overrightarrow{AB}=(-2-1,\ 3-1)$$
$$=(-3,\ 2)$$
$$\overrightarrow{OC'}=\overrightarrow{AC}=(3-1,\ -3-1)$$
$$=(2,\ -4)$$

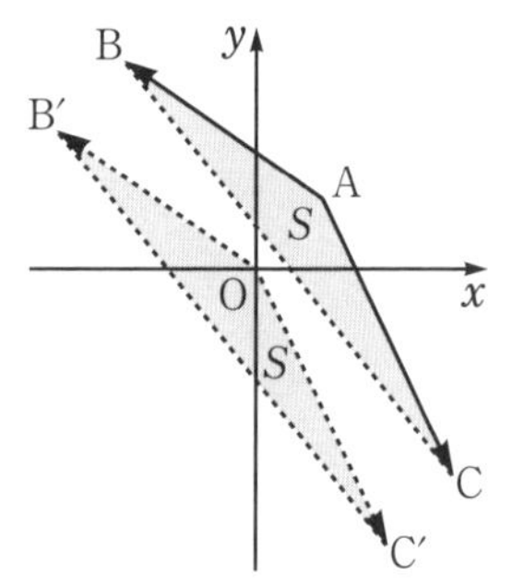

△ABC の面積と △OB′C′ の面積は等しいから，

$$S=\frac{1}{2}|(-3)\times(-4)-2\times2|$$

$$=\frac{1}{2}\times|8|=\boldsymbol{4}$$

節末問題　　第1節｜平面上のベクトルとその演算

1　教科書 p.27

平行四辺形ABCDの対角線の交点をOとし，$\overrightarrow{OA}=\vec{a}$，$\overrightarrow{OB}=\vec{b}$ とするとき，次のベクトルを $\vec{a}$，$\vec{b}$ を用いて表せ。

(1)　$\overrightarrow{AB}$　　(2)　$\overrightarrow{BD}$

(3)　$\overrightarrow{BC}$　　(4)　$\overrightarrow{CD}-\overrightarrow{AD}$

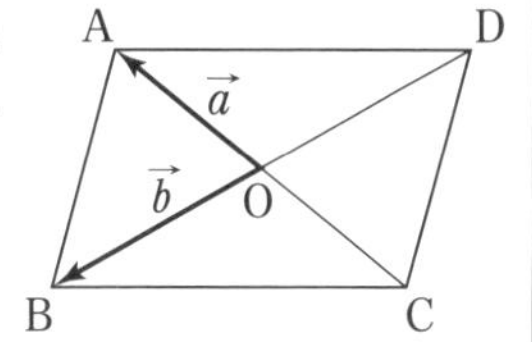

ガイド　平行四辺形の2本の対角線はそれぞれの中点で交わる。

解答　(1)　$\overrightarrow{AB}=\overrightarrow{OB}-\overrightarrow{OA}=\boldsymbol{\vec{b}-\vec{a}}$

(2)　$\overrightarrow{BD}=2\overrightarrow{BO}=-2\overrightarrow{OB}=\boldsymbol{-2\vec{b}}$

(3)　$\overrightarrow{OC}=\overrightarrow{AO}=-\overrightarrow{OA}=-\vec{a}$ であるから，

$\overrightarrow{BC}=\overrightarrow{OC}-\overrightarrow{OB}=\boldsymbol{-\vec{a}-\vec{b}}$

(4)　$\overrightarrow{CD}-\overrightarrow{AD}=\overrightarrow{CD}+\overrightarrow{DA}=\overrightarrow{CA}=2\overrightarrow{OA}=\boldsymbol{2\vec{a}}$

2　教科書 p.27

$\vec{a}+\vec{b}=(3,\ 5)$，$\vec{a}-\vec{b}=(-1,\ -7)$ のとき，次のものを求めよ。

(1)　$\vec{a}$，$\vec{b}$ の成分　　(2)　$|\vec{a}|$，$|\vec{b}|$

(3)　$\vec{a}$ と平行な単位ベクトル

ガイド　(1)　$(\vec{a}+\vec{b})+(\vec{a}-\vec{b})$ から $\vec{a}$ を，$(\vec{a}+\vec{b})-(\vec{a}-\vec{b})$ から $\vec{b}$ を求める。

解答　(1)　$\vec{a}+\vec{b}=(3,\ 5)$　……①，$\vec{a}-\vec{b}=(-1,\ -7)$　……②　とする。

①＋②より，　$2\vec{a}=(2,\ -2)$

よって，　$\boldsymbol{\vec{a}=(1,\ -1)}$

①－②より，　$2\vec{b}=(4,\ 12)$

よって，　$\boldsymbol{\vec{b}=(2,\ 6)}$

(2)　$|\vec{a}|=\sqrt{1^2+(-1)^2}=\boldsymbol{\sqrt{2}}$

$|\vec{b}|=\sqrt{2^2+6^2}=\sqrt{40}=\boldsymbol{2\sqrt{10}}$

(3)　$\dfrac{1}{|\vec{a}|}\vec{a}=\dfrac{1}{\sqrt{2}}(1,\ -1)=\left(\dfrac{\sqrt{2}}{2},\ -\dfrac{\sqrt{2}}{2}\right)$

$-\dfrac{1}{|\vec{a}|}\vec{a}=-\dfrac{1}{\sqrt{2}}(1,\ -1)=\left(-\dfrac{\sqrt{2}}{2},\ \dfrac{\sqrt{2}}{2}\right)$

よって，求める単位ベクトルは，

$$\boldsymbol{\left(\frac{\sqrt{2}}{2},\ -\frac{\sqrt{2}}{2}\right),\ \left(-\frac{\sqrt{2}}{2},\ \frac{\sqrt{2}}{2}\right)}$$

3

教科書 p.27

2つのベクトル $\vec{a}=(1,\ x-2)$，$\vec{b}=(x,\ 3)$ が平行であるとき，x の値を求めよ。

ガイド $\vec{a}\neq\vec{0}$，$\vec{b}\neq\vec{0}$ で，$\vec{a}$ と $\vec{b}$ が平行であるから，$\vec{b}=k\vec{a}$ を満たす実数 k が存在する。

解答 $\vec{a}\neq\vec{0}$，$\vec{b}\neq\vec{0}$ で，$\vec{a}$ と $\vec{b}$ が平行であるから，$\vec{b}=k\vec{a}$ を満たす実数 k が存在する。

このとき，　$(x,\ 3)=k(1,\ x-2)$

したがって，$\begin{cases} x=k & \cdots\cdots① \\ 3=k(x-2) & \cdots\cdots② \end{cases}$

①を②に代入して，

$3=x(x-2)$

$x^2-2x-3=0$

$(x-3)(x+1)=0$

よって，　$\boldsymbol{x=3,\ -1}$

4

教科書 p.27

1辺の長さが2の正六角形ABCDEFにおいて，次の内積を求めよ。

(1) $\overrightarrow{AB}\cdot\overrightarrow{AF}$　　(2) $\overrightarrow{AC}\cdot\overrightarrow{CE}$

(3) $\overrightarrow{AB}\cdot\overrightarrow{DE}$　　(4) $\overrightarrow{AC}\cdot\overrightarrow{CD}$

(5) $\overrightarrow{AC}\cdot\overrightarrow{EF}$

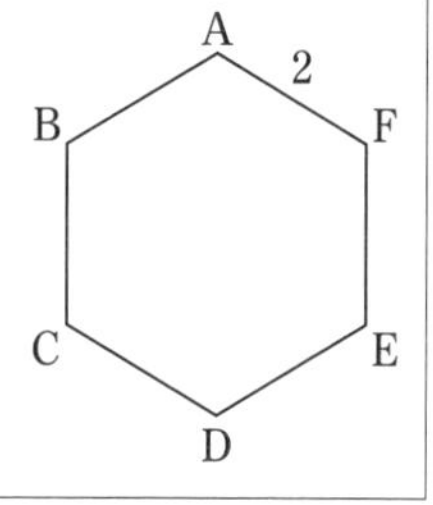

ガイド 対角線BEとACの交点をPとすると，△ABPは，∠ABP＝60°，∠BAP＝30°，∠APB＝90° の直角三角形であるから，

AB＝2 より，　$AP=\sqrt{3}$

AP＝CP より，　$AC=2AP=2\sqrt{3}$

同様にして，　$CE=2\sqrt{3}$

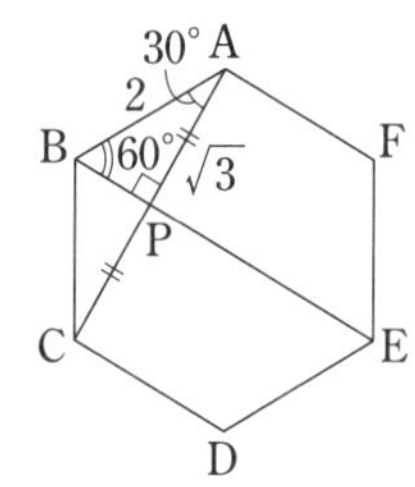

ベクトルを平行移動して，始点をそろえて考える。

なお，$\vec{a}\neq\vec{0}$，$\vec{b}\neq\vec{0}$ のとき，　$\vec{a}\perp\vec{b} \iff \vec{a}\cdot\vec{b}=0$

(1)

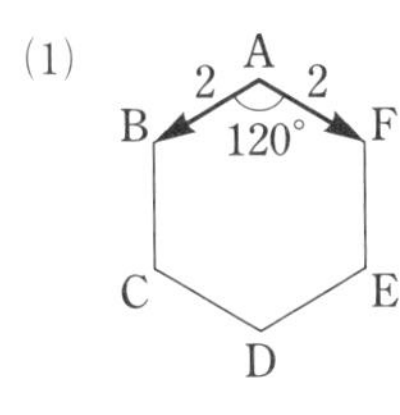

(2)

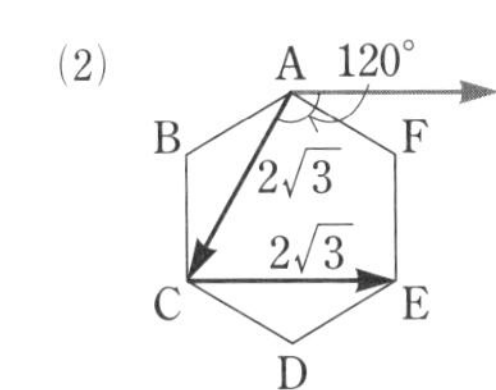

(3)

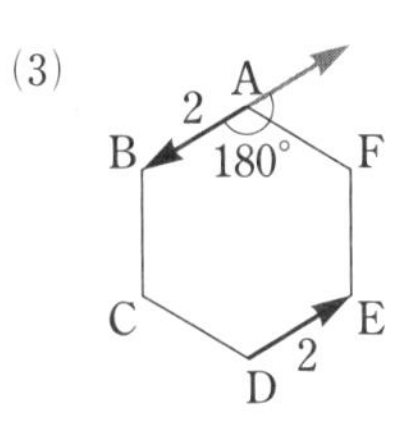

(4)

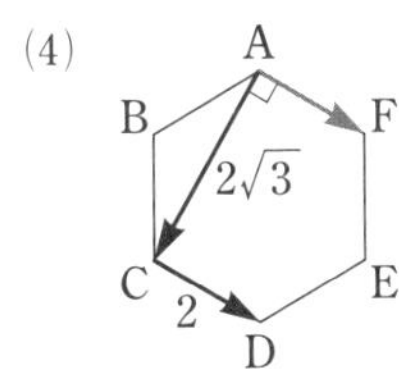

(5)

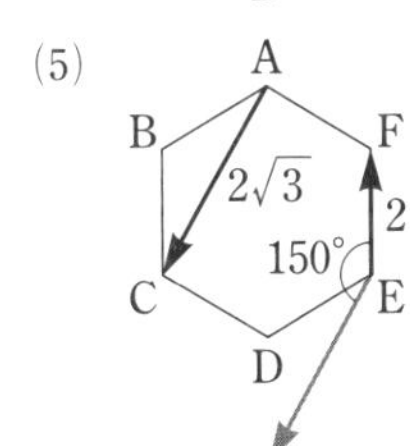

解答 (1) $\overrightarrow{AB}\cdot\overrightarrow{AF}=|\overrightarrow{AB}||\overrightarrow{AF}|\cos 120°=2\times 2\times\left(-\dfrac{1}{2}\right)=\mathbf{-2}$

(2) $\overrightarrow{AC}\cdot\overrightarrow{CE}=|\overrightarrow{AC}||\overrightarrow{CE}|\cos 120°=2\sqrt{3}\times 2\sqrt{3}\times\left(-\dfrac{1}{2}\right)=\mathbf{-6}$

(3) $\overrightarrow{AB}\cdot\overrightarrow{DE}=|\overrightarrow{AB}||\overrightarrow{DE}|\cos 180°=2\times 2\times(-1)=\mathbf{-4}$

(4) $\overrightarrow{AC}\neq\vec{0}$, $\overrightarrow{CD}\neq\vec{0}$ で，$\overrightarrow{AC}\perp\overrightarrow{CD}$ より，　$\overrightarrow{AC}\cdot\overrightarrow{CD}=\mathbf{0}$

(5) $\overrightarrow{AC}\cdot\overrightarrow{EF}=|\overrightarrow{AC}||\overrightarrow{EF}|\cos 150°=2\sqrt{3}\times 2\times\left(-\dfrac{\sqrt{3}}{2}\right)=\mathbf{-6}$

平行移動で始点を
そろえるのがポイントだね。

5　$\vec{a}=(1,\ 2)$, $\vec{b}=(3,\ 1)$ で，$\vec{c}=\vec{a}+t\vec{b}$ とするとき，次の問いに答えよ。ただし，t は実数とする。

教科書 p.27

(1)　$|\vec{c}|$ の最小値と，そのときの t の値を求めよ。

(2)　(1)で求めた t の値を t_0 とすると，$\vec{c_0}=\vec{a}+t_0\vec{b}$ は $\vec{b}$ と垂直であることを示せ。

ガイド　(1)　$|\vec{c}|^2$ を考える。

(2)　$\vec{c_0}\cdot\vec{b}=0$ を示す。

解答　(1)　$\vec{c}=\vec{a}+t\vec{b}$

$=(1,\ 2)+t(3,\ 1)$

$=(1+3t,\ 2+t)$

より，

$$|\vec{c}|^2=(1+3t)^2+(2+t)^2$$
$$=10t^2+10t+5$$
$$=10\left(t+\frac{1}{2}\right)^2+\frac{5}{2}$$

したがって，$|\vec{c}|^2$ は，$t=-\dfrac{1}{2}$ のとき，最小値 $\dfrac{5}{2}$ をとる。

$|\vec{c}|\geqq 0$ より，$|\vec{c}|^2$ が最小値をとるとき，$|\vec{c}|$ は最小値をとる。

$\sqrt{\dfrac{5}{2}}=\dfrac{\sqrt{10}}{2}$ より，$|\vec{c}|$ は，**$t=-\dfrac{1}{2}$ のとき，最小値 $\dfrac{\sqrt{10}}{2}$** をとる。

(2)　(1)より，$t_0=-\dfrac{1}{2}$ であるから，

$$\vec{c_0}=\vec{a}+t_0\vec{b}$$
$$=(1,\ 2)-\frac{1}{2}(3,\ 1)$$
$$=\left(-\frac{1}{2},\ \frac{3}{2}\right)$$

したがって，

$$\vec{c_0}\cdot\vec{b}=\left(-\frac{1}{2}\right)\times 3+\frac{3}{2}\times 1$$
$$=0$$

$\vec{c_0}\neq\vec{0}$, $\vec{b}\neq\vec{0}$ より，$\vec{c_0}$ は $\vec{b}$ と垂直である。

6　$\vec{0}$ でない2つのベクトル $\vec{a}$, $\vec{b}$ に対して，次が成り立つことを証明せよ。

教科書 p.27

$$\vec{a}\perp\vec{b} \iff |\vec{a}+\vec{b}|=|\vec{a}-\vec{b}|$$

ガイド　$\vec{a}\perp\vec{b} \Longrightarrow |\vec{a}+\vec{b}|=|\vec{a}-\vec{b}|$ の証明は，$\vec{a}\cdot\vec{b}=0$ を用いて，$|\vec{a}+\vec{b}|^2=|\vec{a}-\vec{b}|^2$ を示す。

また，$\vec{a}\perp\vec{b} \Longleftarrow |\vec{a}+\vec{b}|=|\vec{a}-\vec{b}|$ の証明は，$|\vec{a}+\vec{b}|=|\vec{a}-\vec{b}|$ の両辺を2乗して，$\vec{a}\cdot\vec{b}=0$ を示す。

解答　(i)　$\vec{a}\perp\vec{b}$ のとき，$\vec{a}\cdot\vec{b}=0$ である。

このとき，

$$|\vec{a}+\vec{b}|^2=|\vec{a}|^2+2\vec{a}\cdot\vec{b}+|\vec{b}|^2=|\vec{a}|^2+|\vec{b}|^2$$

$$|\vec{a}-\vec{b}|^2=|\vec{a}|^2-2\vec{a}\cdot\vec{b}+|\vec{b}|^2=|\vec{a}|^2+|\vec{b}|^2$$

すなわち，　$|\vec{a}+\vec{b}|^2=|\vec{a}-\vec{b}|^2$

$|\vec{a}+\vec{b}|\geqq 0$, $|\vec{a}-\vec{b}|\geqq 0$ であるから，

$$|\vec{a}+\vec{b}|=|\vec{a}-\vec{b}|$$

したがって，$\vec{a}\perp\vec{b} \Longrightarrow |\vec{a}+\vec{b}|=|\vec{a}-\vec{b}|$ が成り立つ。

(ii)　$|\vec{a}+\vec{b}|=|\vec{a}-\vec{b}|$ のとき，両辺を2乗して，

$$|\vec{a}+\vec{b}|^2=|\vec{a}-\vec{b}|^2$$

$$|\vec{a}+\vec{b}|^2-|\vec{a}-\vec{b}|^2=0$$

ここで，

$$|\vec{a}+\vec{b}|^2-|\vec{a}-\vec{b}|^2=(|\vec{a}|^2+2\vec{a}\cdot\vec{b}+|\vec{b}|^2)-(|\vec{a}|^2-2\vec{a}\cdot\vec{b}+|\vec{b}|^2)$$
$$=4\vec{a}\cdot\vec{b}$$

であるから，$4\vec{a}\cdot\vec{b}=0$ より，

$$\vec{a}\cdot\vec{b}=0$$

$\vec{a}\neq\vec{0}$, $\vec{b}\neq\vec{0}$ であるから，

$$\vec{a}\perp\vec{b}$$

したがって，$\vec{a}\perp\vec{b} \Longleftarrow |\vec{a}+\vec{b}|=|\vec{a}-\vec{b}|$ が成り立つ。

よって，(i)，(ii)より，$\vec{a}\perp\vec{b} \iff |\vec{a}+\vec{b}|=|\vec{a}-\vec{b}|$ が成り立つ。

$\vec{a}\neq\vec{0}$, $\vec{b}\neq\vec{0}$ のとき，
$\vec{a}\perp\vec{b} \iff \vec{a}\cdot\vec{b}=0$
を使う問題ね。

7 教科書 p.27

$|\vec{a}|=2$, $|\vec{b}|=3$, $|\vec{a}+\vec{b}|=\sqrt{7}$ のとき，次のものを求めよ。

(1) $\vec{a}\cdot\vec{b}$　(2) $\vec{a}$ と $\vec{b}$ のなす角 θ　(3) $|\vec{a}-3\vec{b}|$

(4) $\vec{a}+t\vec{b}$ と $\vec{a}-\vec{b}$ が垂直となるときの定数 t の値

ガイド (1) $|\vec{a}+\vec{b}|^2$ を考える。

(2) $\cos\theta$ を求める。

(3) $|\vec{a}-3\vec{b}|^2$ を考える。

(4) $(\vec{a}+t\vec{b})\cdot(\vec{a}-\vec{b})=0$ を考える。

解答 (1) $|\vec{a}+\vec{b}|^2=|\vec{a}|^2+2\vec{a}\cdot\vec{b}+|\vec{b}|^2$

したがって，　$(\sqrt{7})^2=2^2+2\vec{a}\cdot\vec{b}+3^2$

よって，　$\vec{a}\cdot\vec{b}=\mathbf{-3}$

(2) $\cos\theta=\dfrac{\vec{a}\cdot\vec{b}}{|\vec{a}||\vec{b}|}=\dfrac{-3}{2\times3}=-\dfrac{1}{2}$

よって，$0°\leqq\theta\leqq180°$ より，

$\theta=\mathbf{120°}$

(3) $|\vec{a}-3\vec{b}|^2=|\vec{a}|^2-6\vec{a}\cdot\vec{b}+9|\vec{b}|^2$

$=2^2-6\times(-3)+9\times3^2$

$=103$

$|\vec{a}-3\vec{b}|\geqq0$ より，　$|\vec{a}-3\vec{b}|=\mathbf{\sqrt{103}}$

(4) $\vec{a}+t\vec{b}$ と $\vec{a}-\vec{b}$ が垂直となるとき，

$(\vec{a}+t\vec{b})\cdot(\vec{a}-\vec{b})=0$

であるから，

$|\vec{a}|^2+(t-1)\vec{a}\cdot\vec{b}-t|\vec{b}|^2=0$

$2^2+(t-1)\times(-3)-t\times3^2=0$

$-12t+7=0$

よって，　$\boldsymbol{t=\dfrac{7}{12}}$

第2節 ベクトルと平面図形

1 位置ベクトル

問30　2点 $A(\vec{a})$, $B(\vec{b})$ に対して，線分ABを $m:n$ に外分する点Qの位置ベクトル $\vec{q}$ は，

教科書 p.29

$$\vec{q}=\frac{-n\vec{a}+m\vec{b}}{m-n}$$

であることを示せ。

$m>n$ のとき

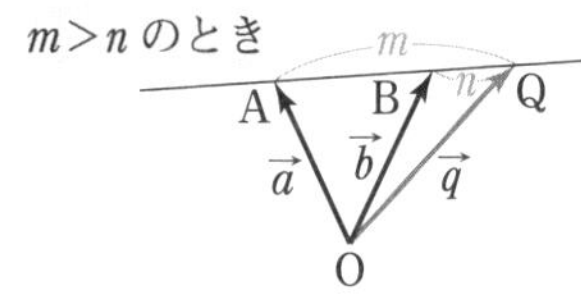

$m<n$ のとき

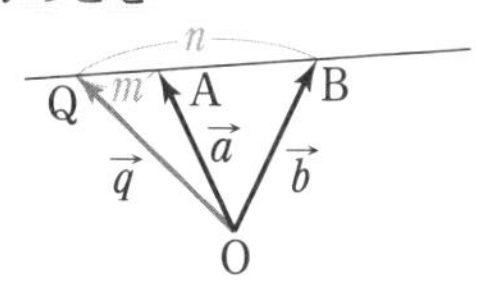

ガイド　平面上で，基準となる点Oをあらかじめ決めておくと，この平面上の点Aの位置は，$\overrightarrow{OA}=\vec{a}$ というベクトル $\vec{a}$ で定まる。

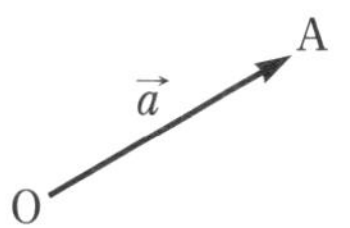

この $\vec{a}$ を，点Oを基準とするときの点Aの**位置ベクトル**という。
また，位置ベクトルが $\vec{a}$ である点Aを，$\mathbf{A(\vec{a})}$ と表す。

ここがポイント ［位置ベクトルによる表示］
2点 $A(\vec{a})$, $B(\vec{b})$ に対して，
$\overrightarrow{AB}=\vec{b}-\vec{a}$

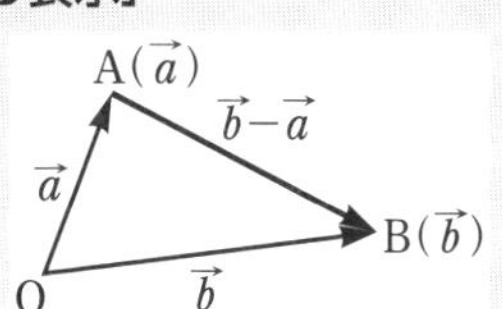

解答　$m>n$ のとき，　$\overrightarrow{AQ}=\dfrac{m}{m-n}\overrightarrow{AB}=\dfrac{m}{m-n}(\vec{b}-\vec{a})$

$m<n$ のとき，　$\overrightarrow{AQ}=\dfrac{m}{n-m}\overrightarrow{BA}=\dfrac{m}{m-n}\overrightarrow{AB}=\dfrac{m}{m-n}(\vec{b}-\vec{a})$

したがって，$\overrightarrow{AQ}=\dfrac{m}{m-n}(\vec{b}-\vec{a})$ であるから，

$$\vec{q}=\overrightarrow{OQ}=\overrightarrow{OA}+\overrightarrow{AQ}$$

$$=\vec{a}+\frac{m}{m-n}(\vec{b}-\vec{a})=\frac{(m-n)\vec{a}+m(\vec{b}-\vec{a})}{m-n}=\frac{-n\vec{a}+m\vec{b}}{m-n}$$

参考 今後，特に断らない限り，位置ベクトルは点Oを基準とするものとする。

問31 2点 A($\vec{a}$)，B($\vec{b}$) に対して，線分 AB を次の比に内分する点Pおよび外分する点Qの位置ベクトル $\vec{p}$，$\vec{q}$ を，それぞれ $\vec{a}$，$\vec{b}$ を用いて表せ。

教科書 p.29

(1) 3：1　　(2) 2：3

ガイド

ここがポイント [内分点・外分点の位置ベクトル]

2点 A($\vec{a}$)，B($\vec{b}$) に対して，線分 AB を $m：n$ に内分する点P，外分する点Qの位置ベクトルを，それぞれ $\vec{p}$，$\vec{q}$ とすると，

$$\vec{p}=\frac{n\vec{a}+m\vec{b}}{m+n},\qquad \vec{q}=\frac{-n\vec{a}+m\vec{b}}{m-n}$$

特に，線分 AB の中点Mの位置ベクトル $\vec{m}$ は，　$\vec{m}=\dfrac{\vec{a}+\vec{b}}{2}$

解答 (1) 3：1 に内分する点Pの位置ベクトルは，

$$\vec{p}=\frac{\vec{a}+3\vec{b}}{3+1}=\frac{\vec{a}+3\vec{b}}{4}$$

3：1 に外分する点Qの位置ベクトルは，

$$\vec{q}=\frac{-\vec{a}+3\vec{b}}{3-1}=\frac{-\vec{a}+3\vec{b}}{2}$$

(2) 2：3 に内分する点Pの位置ベクトルは，

$$\vec{p}=\frac{3\vec{a}+2\vec{b}}{2+3}=\frac{3\vec{a}+2\vec{b}}{5}$$

2：3 に外分する点Qの位置ベクトルは，

$$\vec{q}=\frac{-3\vec{a}+2\vec{b}}{2-3}=\frac{-3\vec{a}+2\vec{b}}{-1}=3\vec{a}-2\vec{b}$$

参考 外分の式は，内分の式において n の代わりに $-n$ とおいた式になっている。

また，一般に，2点 A($\vec{a}$)，B($\vec{b}$) に対して，直線 AB 上の任意の点Pの位置ベクトル $\vec{p}$ を $\vec{a}$，$\vec{b}$ を用いて表すと，その係数の和はつねに1になる。

2 位置ベクトルと図形

問32 △ABC の重心をGとするとき，等式 $\overrightarrow{GA}+\overrightarrow{GB}+\overrightarrow{GC}=\vec{0}$ を証明せよ。

教科書 p.30

ガイド

ここがポイント [重心の位置ベクトル]

3点 A($\vec{a}$), B($\vec{b}$), C($\vec{c}$) を頂点とする △ABC の重心Gの位置ベクトル $\vec{g}$ は，　$\vec{g}=\dfrac{\vec{a}+\vec{b}+\vec{c}}{3}$

A($\vec{a}$), G($\vec{g}$) とすると，　$\overrightarrow{GA}=\vec{a}-\vec{g}$

$\overrightarrow{GB}$, $\overrightarrow{GC}$ についても同様に考える。

解答 A($\vec{a}$), B($\vec{b}$), C($\vec{c}$), G($\vec{g}$) とすると，

点Gは △ABC の重心であるから，

$$\vec{g}=\frac{\vec{a}+\vec{b}+\vec{c}}{3}$$

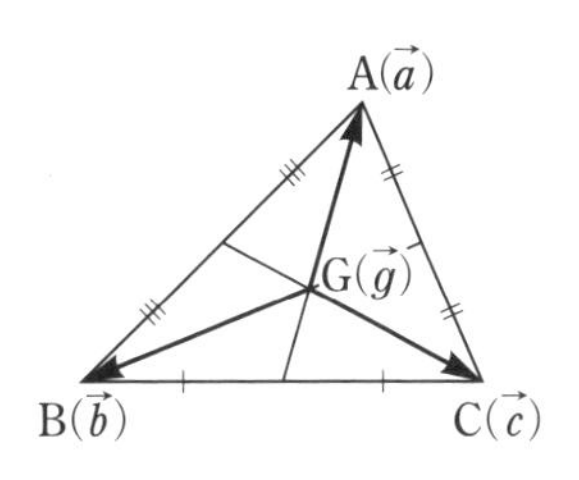

よって，

$$\begin{aligned}&\overrightarrow{GA}+\overrightarrow{GB}+\overrightarrow{GC}\\&=(\vec{a}-\vec{g})+(\vec{b}-\vec{g})+(\vec{c}-\vec{g})\\&=\vec{a}+\vec{b}+\vec{c}-3\vec{g}\\&=\vec{a}+\vec{b}+\vec{c}-3\left(\frac{\vec{a}+\vec{b}+\vec{c}}{3}\right)\\&=\vec{a}+\vec{b}+\vec{c}-(\vec{a}+\vec{b}+\vec{c})=\vec{0}\end{aligned}$$

参考 点O以外の点を基準とする場合もある。

例えば，△ABC の重心Gについて，

点Aを基準として，$\overrightarrow{AG}$ を $\overrightarrow{AB}$ と $\overrightarrow{AC}$ で表すと，

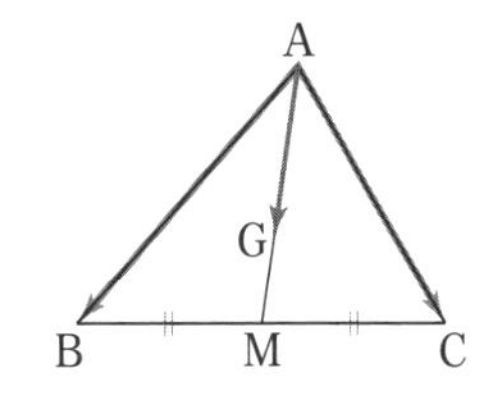

$$\overrightarrow{AG}=\frac{\overrightarrow{AA}+\overrightarrow{AB}+\overrightarrow{AC}}{3}$$

$$=\frac{\overrightarrow{AB}+\overrightarrow{AC}}{3}$$

問33 △ABC の辺 BC，CA，AB を 2：1 に内分する点を，それぞれ P，Q，R とする。△ABC の重心を G，△PQR の重心を G′ とするとき，次のことを証明せよ。

教科書 p.31

(1) G と G′ は一致する。

(2) $\overrightarrow{GP}+\overrightarrow{GQ}+\overrightarrow{GR}=\vec{0}$

ガイド 点Oを基準とする位置ベクトルで考える。

解答 A，B，C，P，Q，R，G，G′ の位置ベクトルを，それぞれ $\vec{a}$，$\vec{b}$，$\vec{c}$，$\vec{p}$，$\vec{q}$，$\vec{r}$，$\vec{g}$，$\vec{g'}$ とする。

(1) 点Gは △ABC の重心であるから，

$$\vec{g}=\frac{\vec{a}+\vec{b}+\vec{c}}{3}$$

また，$\vec{p}=\dfrac{\vec{b}+2\vec{c}}{3}$，$\vec{q}=\dfrac{\vec{c}+2\vec{a}}{3}$，$\vec{r}=\dfrac{\vec{a}+2\vec{b}}{3}$ より，

$$\begin{aligned}\vec{g'}&=\frac{\vec{p}+\vec{q}+\vec{r}}{3}\\&=\frac{1}{3}\left(\frac{\vec{b}+2\vec{c}}{3}+\frac{\vec{c}+2\vec{a}}{3}+\frac{\vec{a}+2\vec{b}}{3}\right)\\&=\frac{\vec{a}+\vec{b}+\vec{c}}{3}=\vec{g}\end{aligned}$$

よって，G と G′ は一致する。

(2) $$\begin{aligned}\overrightarrow{GP}+\overrightarrow{GQ}+\overrightarrow{GR}&=(\vec{p}-\vec{g})+(\vec{q}-\vec{g})+(\vec{r}-\vec{g})\\&=(\vec{p}+\vec{q}+\vec{r})-3\vec{g}\end{aligned}$$

よって，(1)より，

$$\begin{aligned}\overrightarrow{GP}+\overrightarrow{GQ}+\overrightarrow{GR}&=3\vec{g'}-3\vec{g}\\&=\vec{0}\end{aligned}$$

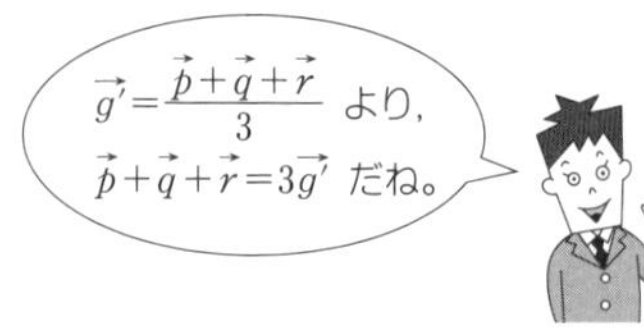

問34 平行四辺形 ABCD において，辺 AB の中点を P，対角線 AC を 2：5 に内分する点を Q，辺 AD を 2：1 に内分する点を R とする。このとき，3 点 P，Q，R は一直線上にあることを証明せよ。

教科書 p.32

ガイド

ここがポイント

2 点 A，B が異なるとき，

3 点 A，B，P が一直線上にある
$\Longleftrightarrow$ $\overrightarrow{AP}=k\overrightarrow{AB}$ となる実数 k がある

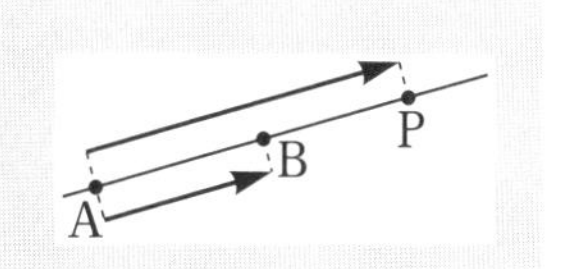

点Aを基準とする位置ベクトルで考え，$\overrightarrow{PR}=k\overrightarrow{PQ}$ となる実数 k があることを示す。

解答 $\overrightarrow{AB}=\vec{b}$，$\overrightarrow{AD}=\vec{d}$ とすると，

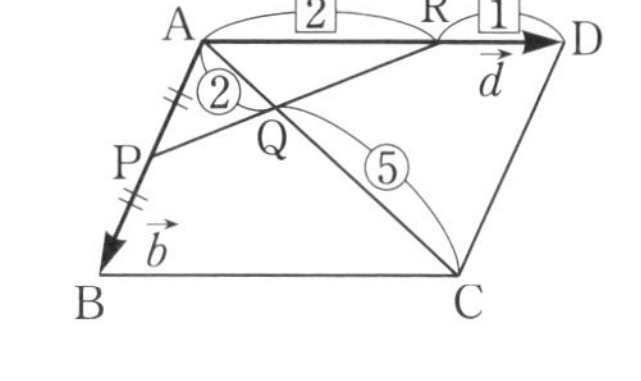

$$\overrightarrow{AP}=\frac{1}{2}\vec{b}$$

$$\overrightarrow{AQ}=\frac{2}{7}\overrightarrow{AC}=\frac{2}{7}(\overrightarrow{AB}+\overrightarrow{AD})$$

$$=\frac{2}{7}(\vec{b}+\vec{d})$$

$$\overrightarrow{AR}=\frac{2}{3}\vec{d}$$

であるから，

$$\overrightarrow{PQ}=\overrightarrow{AQ}-\overrightarrow{AP}=\frac{2}{7}(\vec{b}+\vec{d})-\frac{1}{2}\vec{b}$$

$$=\frac{1}{14}(-3\vec{b}+4\vec{d})$$

$$\overrightarrow{PR}=\overrightarrow{AR}-\overrightarrow{AP}=\frac{2}{3}\vec{d}-\frac{1}{2}\vec{b}$$

$$=\frac{1}{6}(-3\vec{b}+4\vec{d})$$

したがって，

$$\overrightarrow{PR}=\frac{14}{6}\overrightarrow{PQ}=\frac{7}{3}\overrightarrow{PQ}$$

よって，3 点 P，Q，R は一直線上にある。

問35 △ABCにおいて，辺ABの中点をM，辺ACを2：1に内分する点をN，線分BNとCMの交点をPとする。このとき，$\overrightarrow{AP}$ を $\overrightarrow{AB}=\vec{b}$，$\overrightarrow{AC}=\vec{c}$ を用いて表せ。

教科書 p.33

ガイド 線分BNとCMに着目し，$\overrightarrow{AP}$ を2通りに表す。
一般に，線分を $m:n$ に分けるとき，全体を1と考えると，実数 t を用いて，$m:n=t:(1-t)$ と表すことができる。

解答 BP：PN$=s:(1-s)$，CP：PM$=t:(1-t)$ とおくと，

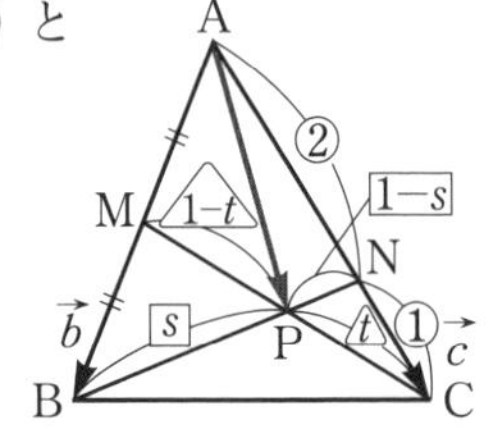

$$\overrightarrow{AP}=(1-s)\overrightarrow{AB}+s\overrightarrow{AN}$$
$$=(1-s)\vec{b}+\frac{2}{3}s\vec{c} \quad \cdots\cdots①$$
$$\overrightarrow{AP}=(1-t)\overrightarrow{AC}+t\overrightarrow{AM}$$
$$=(1-t)\vec{c}+\frac{t}{2}\vec{b} \quad \cdots\cdots②$$

①，②より，

$$(1-s)\vec{b}+\frac{2}{3}s\vec{c}=\frac{t}{2}\vec{b}+(1-t)\vec{c}$$

ここで，$\vec{b}\neq\vec{0}$，$\vec{c}\neq\vec{0}$ で $\vec{b}$ と $\vec{c}$ は平行でないから，

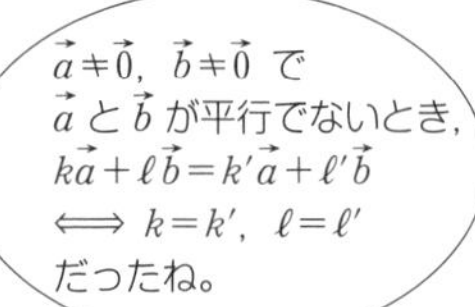

$$1-s=\frac{t}{2},\quad \frac{2}{3}s=1-t$$

$\frac{2}{3}s=1-t$ より，　$t=1-\frac{2}{3}s$

これを $1-s=\frac{t}{2}$ に代入して，

$$1-s=\frac{1}{2}\left(1-\frac{2}{3}s\right)$$

したがって，　$s=\frac{3}{4}$

このとき，　$t=1-\frac{2}{3}\times\frac{3}{4}=\frac{1}{2}$

よって，　$\boldsymbol{\overrightarrow{AP}=\frac{1}{4}\vec{b}+\frac{1}{2}\vec{c}}$

問36 ひし形ABCDの対角線AC，BDが直交することを，内積を用いて証明せよ。

教科書 p.34

ガイド $\overrightarrow{AB}=\vec{b}$，$\overrightarrow{AD}=\vec{d}$ として，$AC\perp BD$ を示す。

そのために，$\overrightarrow{AC}\cdot\overrightarrow{BD}=0$ を示す。

ひし形は平行四辺形に含まれるから，$\overrightarrow{AC}=\overrightarrow{AB}+\overrightarrow{AD}$ である。

また，ひし形は4つの辺の長さが等しい四角形であるから，$AB=AD$ である。

これらのことを用いる。

解答 $\overrightarrow{AB}=\vec{b}$，$\overrightarrow{AD}=\vec{d}$ とすると，

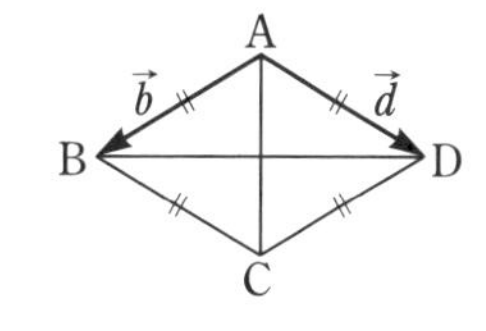

$$\overrightarrow{AC}=\overrightarrow{AB}+\overrightarrow{AD}$$
$$=\vec{b}+\vec{d}$$
$$\overrightarrow{BD}=\overrightarrow{AD}-\overrightarrow{AB}$$
$$=\vec{d}-\vec{b}$$

これより，

$$\overrightarrow{AC}\cdot\overrightarrow{BD}=(\vec{b}+\vec{d})\cdot(\vec{d}-\vec{b})$$
$$=|\vec{d}|^2-|\vec{b}|^2$$

$AB=AD$ であるから，

$$|\vec{b}|=|\vec{d}|$$

すなわち，　$|\vec{d}|^2-|\vec{b}|^2=0$

したがって，　$\overrightarrow{AC}\cdot\overrightarrow{BD}=0$

$\overrightarrow{AC}\neq\vec{0}$，$\overrightarrow{BD}\neq\vec{0}$ であるから，

$$AC\perp BD$$

よって，ひし形ABCDの対角線AC，BDは直交する。

3 ベクトル方程式

問37 点 $(-3,\ 2)$ を通り，$\vec{d}=(4,\ -1)$ に平行な直線の方程式を，媒介変数 t を用いて表せ。また，t を消去した式で表せ。

教科書 p.36

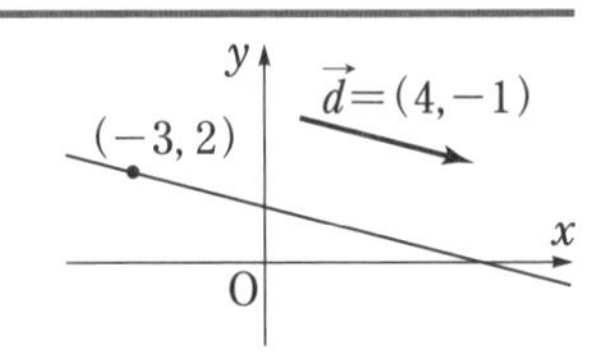

ガイド 図形上の任意の点Pの位置ベクトルが満たす方程式を，その図形の**ベクトル方程式**という。

定点 $\mathrm{A}(\vec{a})$ を通り，$\vec{0}$ でないベクトル $\vec{d}$ に平行な直線 g のベクトル方程式は $\vec{p}=\vec{a}+t\vec{d}$ であり，t を**媒介変数**，$\vec{d}$ を直線 g の**方向ベクトル**という。

直線のベクトル方程式において，点Aの座標を $(x_1,\ y_1)$，直線上の点Pの座標を $(x,\ y)$，$\vec{d}=(\ell,\ m)$ とすると，

$$\begin{cases} x=x_1+\ell t \\ y=y_1+mt \end{cases}$$

これを，直線の**媒介変数表示**という。

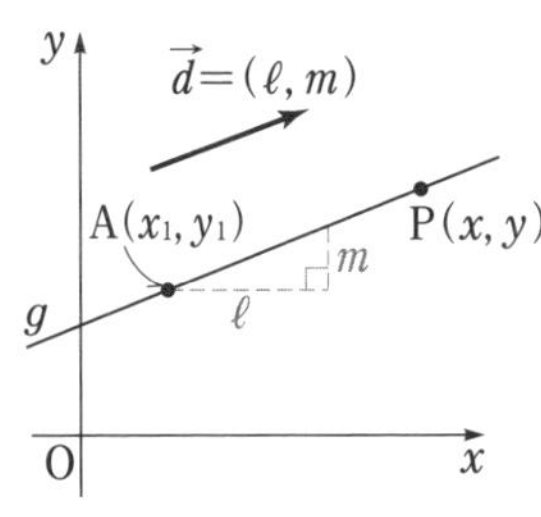

$x_1=-3,\ y_1=2,\ \ell=4,\ m=-1$ をこれに代入する。

解答 点 $(-3,\ 2)$ を通り，$\vec{d}=(4,\ -1)$ に平行な直線の方程式は，媒介変数 t を用いて表すと，

$$\begin{cases} x=-3+4t \\ y=2-t \end{cases}$$

$y=2-t$ より，　$t=2-y$

これを $x=-3+4t$ に代入すると，　$x=-3+4(2-y)$

整理すると，

$$x+4y-5=0$$

参考 $\begin{cases} x=x_1+\ell t \\ y=y_1+mt \end{cases}$ から t を消去して整理すると，$\ell \neq 0$ のとき，

$y-y_1=\dfrac{m}{\ell}(x-x_1)$ と表せる。

これは，点 $(x_1,\ y_1)$ を通り，傾きが $\dfrac{m}{\ell}$ の直線の方程式である。

問38 △OAB において，$\overrightarrow{\mathrm{OP}}=s\overrightarrow{\mathrm{OA}}+t\overrightarrow{\mathrm{OB}}$ で与えられる点Pの動く範囲を，実数 s，t が次の場合について求めよ。

教科書 p.38

(1)　$s+t=2$，$s\geqq 0$，$t\geqq 0$

(2)　$s+t=\dfrac{2}{3}$，$s\geqq 0$，$t\geqq 0$

ガイド

ここがポイント [2点を通る直線のベクトル方程式]

異なる2点 $\mathrm{A}(\vec{a})$，$\mathrm{B}(\vec{b})$ を通る直線のベクトル方程式は，

1. $\vec{p}=(1-t)\vec{a}+t\vec{b}$
2. $\vec{p}=s\vec{a}+t\vec{b}$，$s+t=1$

一般に，異なる2点 $\mathrm{A}(\vec{a})$，$\mathrm{B}(\vec{b})$ と点 $\mathrm{P}(\vec{p})$ について，次のことが成り立つ。

点Pが線分 AB 上にある
$\iff \vec{p}=(1-t)\vec{a}+t\vec{b}$，$0\leqq t\leqq 1$

$t<0$　$0<t<1$　$t>1$　$\mathrm{A}(\vec{a})$　$\mathrm{B}(\vec{b})$

$1-t=s$ とおくと，次のことが成り立つ。

点Pが線分 AB 上にある
$\iff \vec{p}=s\vec{a}+t\vec{b}$，$s+t=1$，$s\geqq 0$，$t\geqq 0$

(1)　条件より，$\dfrac{s}{2}+\dfrac{t}{2}=1$ であるから，

$\overrightarrow{\mathrm{OP}}=\dfrac{s}{2}(2\overrightarrow{\mathrm{OA}})+\dfrac{t}{2}(2\overrightarrow{\mathrm{OB}})$ と変形する。

解答 (1)　条件より，$\dfrac{s}{2}+\dfrac{t}{2}=1$ であるから，$\dfrac{s}{2}=s'$，$\dfrac{t}{2}=t'$ とおくと，

$s'+t'=1$，$s'\geqq 0$，$t'\geqq 0$　……①

$\overrightarrow{\mathrm{OP}}=s\overrightarrow{\mathrm{OA}}+t\overrightarrow{\mathrm{OB}}=\dfrac{s}{2}(2\overrightarrow{\mathrm{OA}})+\dfrac{t}{2}(2\overrightarrow{\mathrm{OB}})$

$=s'(2\overrightarrow{\mathrm{OA}})+t'(2\overrightarrow{\mathrm{OB}})$

O　$\overrightarrow{\mathrm{OA}}$　$\overrightarrow{\mathrm{OB}}$　A　B　$2\overrightarrow{\mathrm{OA}}$　$2\overrightarrow{\mathrm{OB}}$　A′　B′

よって，**$2\overrightarrow{\mathrm{OA}}=\overrightarrow{\mathrm{OA'}}$，$2\overrightarrow{\mathrm{OB}}=\overrightarrow{\mathrm{OB'}}$ とすると**，点 A′，B′ はそれぞれ線分 OA，OB を 2：1 に外分する点である。

このとき，

$\overrightarrow{\mathrm{OP}}=s'\overrightarrow{\mathrm{OA'}}+t'\overrightarrow{\mathrm{OB'}}$

よって，①より，点Pの動く範囲は，**線分 A′B′** である。

(2)　条件より，$\dfrac{3}{2}s+\dfrac{3}{2}t=1$ であるから，$\dfrac{3}{2}s=s'$，$\dfrac{3}{2}t=t'$ とおくと，　$s'+t'=1$，$s'\geqq 0$，$t'\geqq 0$　……②

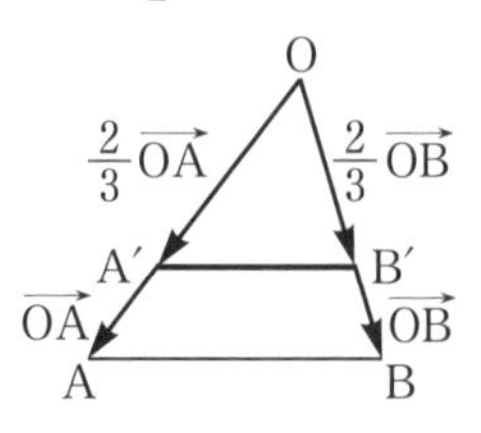

$$\begin{aligned}\overrightarrow{OP}&=s\overrightarrow{OA}+t\overrightarrow{OB}\\&=\frac{3}{2}s\left(\frac{2}{3}\overrightarrow{OA}\right)+\frac{3}{2}t\left(\frac{2}{3}\overrightarrow{OB}\right)\\&=s'\left(\frac{2}{3}\overrightarrow{OA}\right)+t'\left(\frac{2}{3}\overrightarrow{OB}\right)\end{aligned}$$

よって，$\boldsymbol{\dfrac{2}{3}\overrightarrow{OA}=\overrightarrow{OA'}}$，$\boldsymbol{\dfrac{2}{3}\overrightarrow{OB}=\overrightarrow{OB'}}$ **とすると**，点 A′，B′ はそれぞれ線分 OA，OB を 2：1 に内分する点である。

このとき，

$$\overrightarrow{OP}=s'\overrightarrow{OA'}+t'\overrightarrow{OB'}$$

よって，②より，点Pの動く範囲は，**線分 A′B′** である。

☐ **問39**　△OAB において，$\overrightarrow{OP}=s\overrightarrow{OA}+t\overrightarrow{OB}$ で与えられる点Pの動く範囲を，実数 s，t が次の場合について求めよ。

教科書 **p.39**

(1)　$s+t\leqq 2$，$s\geqq 0$，$t\geqq 0$

(2)　$s+t\leqq \dfrac{1}{2}$，$s\geqq 0$，$t\geqq 0$

ガイド　$s+t=k$ とおくと，$\dfrac{s}{k}+\dfrac{t}{k}=1$ であるから，$\dfrac{s}{k}=s'$，$\dfrac{t}{k}=t'$ とおいて，$s'+t'=1$，$s'\geqq 0$，$t'\geqq 0$ として考える。

解答　(1)　$s+t=k$ とおくと，$0<k\leqq 2$ のとき，　$\dfrac{s}{k}+\dfrac{t}{k}=1$

$\dfrac{s}{k}=s'$，$\dfrac{t}{k}=t'$ とおくと，　$s'+t'=1$，$s'\geqq 0$，$t'\geqq 0$　……①

$$\begin{aligned}\overrightarrow{OP}&=s\overrightarrow{OA}+t\overrightarrow{OB}=\frac{s}{k}(k\overrightarrow{OA})+\frac{t}{k}(k\overrightarrow{OB})\\&=s'(k\overrightarrow{OA})+t'(k\overrightarrow{OB})\end{aligned}$$

$k\overrightarrow{OA}=\overrightarrow{OA'}$，$k\overrightarrow{OB}=\overrightarrow{OB'}$ とすると，

$$\overrightarrow{OP}=s'\overrightarrow{OA'}+t'\overrightarrow{OB'}$$

①より，点Pは線分 A′B′ 上を動く。

$2\overrightarrow{OA}=\overrightarrow{OA''}$，$2\overrightarrow{OB}=\overrightarrow{OB''}$ とすると，点 A″，B″ はそれぞれ線分 OA，OB を 2：1 に外分する点である。

したがって，$0<k \leqq 2$ のとき，点Pは点Oを除く △OA″B″ の周上および内部を動く。

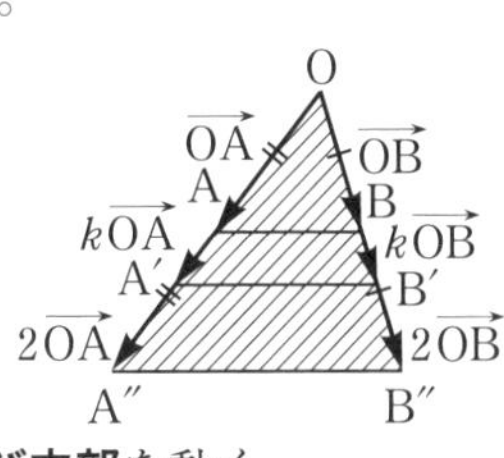

$k=0$ の場合は，$s=t=0$ となり，点Pは点Oと一致する。

よって，点Pは **△OA″B″ の周上および内部**を動く。

(2)　$s+t=k$ とおくと，$0<k \leqq \dfrac{1}{2}$ のとき，　$\dfrac{s}{k}+\dfrac{t}{k}=1$

$\dfrac{s}{k}=s'$，$\dfrac{t}{k}=t'$ とおくと，　$s'+t'=1$，$s' \geqq 0$，$t' \geqq 0$　……②

$$\overrightarrow{OP}=s\overrightarrow{OA}+t\overrightarrow{OB}=\frac{s}{k}(k\overrightarrow{OA})+\frac{t}{k}(k\overrightarrow{OB})$$
$$=s'(k\overrightarrow{OA})+t'(k\overrightarrow{OB})$$

ここで，$k\overrightarrow{OA}=\overrightarrow{OA'}$，$k\overrightarrow{OB}=\overrightarrow{OB'}$ とすると，

$$\overrightarrow{OP}=s'\overrightarrow{OA'}+t'\overrightarrow{OB'}$$

②より，点Pは線分 A′B′ 上を動く。

線分 OA，OB の中点を，それぞれ A″，B″ とすると，

$\overrightarrow{OA''}=\dfrac{\overrightarrow{OA}}{2}$，$\overrightarrow{OB''}=\dfrac{\overrightarrow{OB}}{2}$ となる。

したがって，$0<k \leqq \dfrac{1}{2}$ のとき，点Pは点Oを除く △OA″B″ の周上および内部を動く。

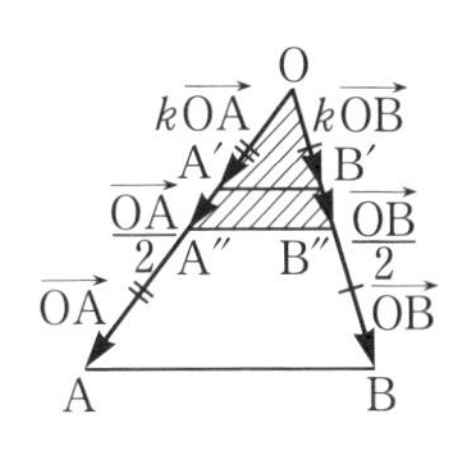

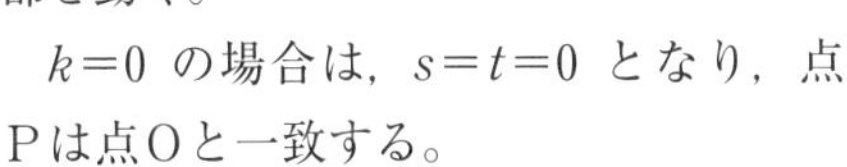

$k=0$ の場合は，$s=t=0$ となり，点Pは点Oと一致する。

よって，点Pは **△OA″B″ の周上および内部**を動く。

問40 次の点Aを通り，$\vec{n}$ を法線ベクトルとする直線の方程式を求めよ。

教科書 p.40

(1) $A(3,\ 4)$，$\vec{n}=(5,\ -2)$　　(2) $A(-3,\ 0)$，$\vec{n}=(2,\ 1)$

ガイド 直線に対して垂直なベクトルを，その直線の**法線ベクトル**という。

定点 $A(\vec{a})$ を通り，$\vec{0}$ でないベクトル $\vec{n}$ を法線ベクトルとする直線 g のベクトル方程式は，　$\boldsymbol{\vec{n}\cdot(\vec{p}-\vec{a})=0}$　……①

また，点Aの座標を $(x_1,\ y_1)$，g 上の点Pの座標を $(x,\ y)$，$\vec{n}=(a,\ b)$ とし，①を成分で表すと，　$\boldsymbol{a(x-x_1)+b(y-y_1)=0}$

これは，点 $A(x_1,\ y_1)$ を通り，$\vec{n}$ に垂直な直線の方程式であり，次のことがいえる。

直線 $\boldsymbol{ax+by+c=0}$ において，$\boldsymbol{\vec{n}=(a,\ b)}$ はこの直線の法線ベクトルの1つである。

解答 (1) $5(x-3)+(-2)(y-4)=0$

すなわち，　$\boldsymbol{5x-2y-7=0}$

(2) $2\{x-(-3)\}+1\times(y-0)=0$

すなわち，　$\boldsymbol{2x+y+6=0}$

参考 $\vec{n}$ に垂直なベクトル $\vec{d}=(-b,\ a)$，$(b,\ -a)$ は直線 $ax+by+c=0$ の方向ベクトルである。

問41 2直線 $3x-2y+1=0$，$x-5y+9=0$ のなす角 α を求めよ。ただし，$0°\leqq\alpha\leqq 90°$ とする。

教科書 p.41

ガイド 2直線の法線ベクトルのなす角から考える。

解答 直線 $3x-2y+1=0$ の法線ベクトルの1つは，　$\vec{u}=(3,\ -2)$

直線 $x-5y+9=0$ の法線ベクトルの1つは，　$\vec{v}=(1,\ -5)$

2つのベクトル $\vec{u}$ と $\vec{v}$ のなす角を θ とすると，求める角 α は，θ または $180°-\theta$ に等しい。

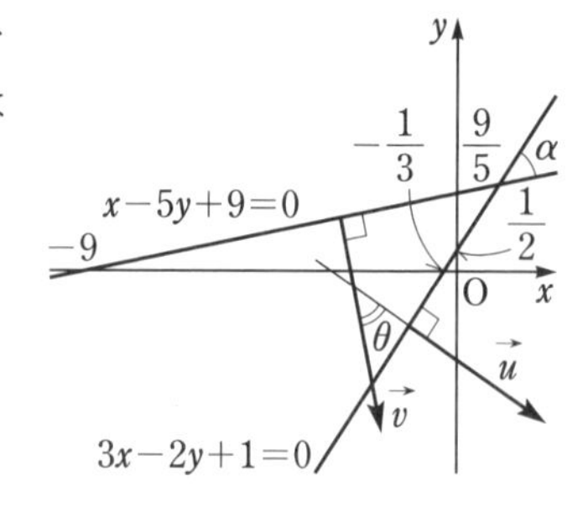

$$\cos\theta=\frac{\vec{u}\cdot\vec{v}}{|\vec{u}||\vec{v}|}$$

$$=\frac{3\times1+(-2)\times(-5)}{\sqrt{3^2+(-2)^2}\sqrt{1^2+(-5)^2}}$$

$$=\frac{13}{\sqrt{13}\sqrt{26}}=\frac{1}{\sqrt{2}}$$

$0° \leqq \theta \leqq 180°$ より，　$\theta = 45°$

よって，$0° \leqq \alpha \leqq 90°$ であるから，　$\boldsymbol{\alpha = 45°}$

問42 点Oを中心とする半径3の円のベクトル方程式を求めよ。

教科書 p.41

ガイド 定点 $C(\vec{c})$ を中心とする半径 r の円のベクトル方程式は，

$$|\vec{p} - \vec{c}| = r$$

内積を用いて表すと，

$$(\vec{p} - \vec{c}) \cdot (\vec{p} - \vec{c}) = r^2$$

解答 $|\vec{p}| = 3$

別解 $\vec{p} \cdot \vec{p} = 3^2$

すなわち，　$\vec{p} \cdot \vec{p} = 9$

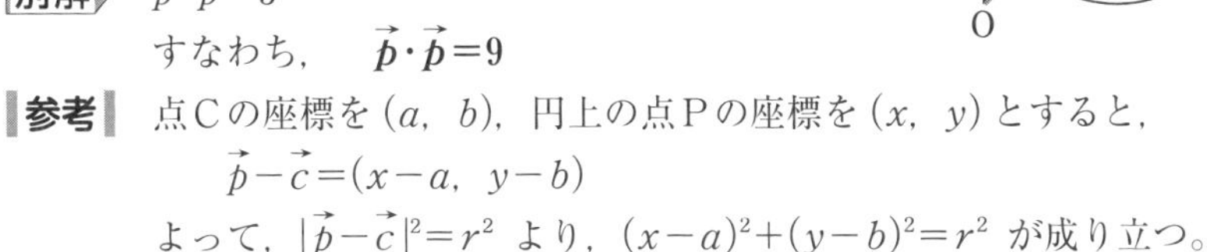

参考 点Cの座標を $(a,\ b)$，円上の点Pの座標を $(x,\ y)$ とすると，

$$\vec{p} - \vec{c} = (x - a,\ y - b)$$

よって，$|\vec{p} - \vec{c}|^2 = r^2$ より，$(x-a)^2 + (y-b)^2 = r^2$ が成り立つ。

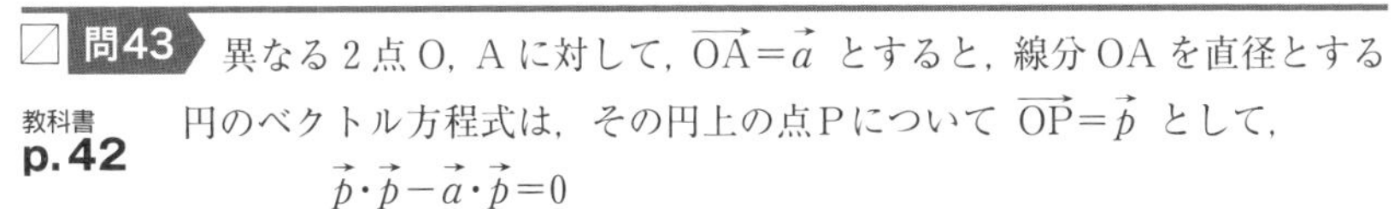

問43 異なる2点O，Aに対して，$\overrightarrow{OA} = \vec{a}$ とすると，線分OAを直径とする円のベクトル方程式は，その円上の点Pについて $\overrightarrow{OP} = \vec{p}$ として，

$$\vec{p} \cdot \vec{p} - \vec{a} \cdot \vec{p} = 0$$

で与えられることを示せ。

教科書 p.42

ガイド 異なる2点 $A(\vec{a})$，$B(\vec{b})$ があるとき，線分ABを直径とする円のベクトル方程式は，　$(\vec{p} - \vec{a}) \cdot (\vec{p} - \vec{b}) = 0$

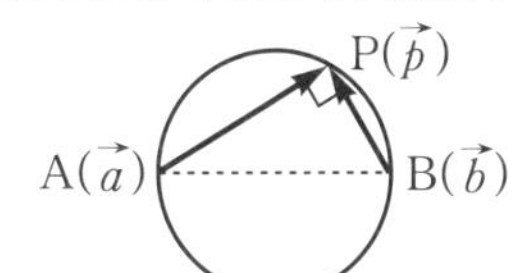

解答 点Pは線分OAを直径とする円上にあるから，$\overrightarrow{OP} \perp \overrightarrow{AP}$ または PはOかAと一致する。

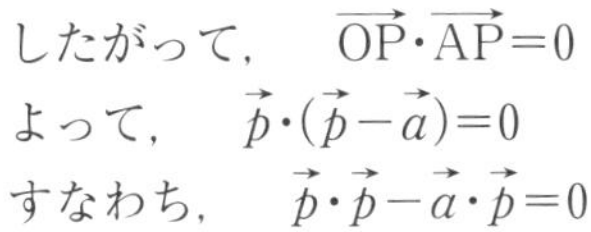

したがって，　$\overrightarrow{OP} \cdot \overrightarrow{AP} = 0$

よって，　$\vec{p} \cdot (\vec{p} - \vec{a}) = 0$

すなわち，　$\vec{p} \cdot \vec{p} - \vec{a} \cdot \vec{p} = 0$

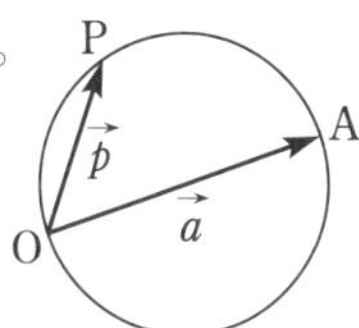

参考　異なる2点 $A(\vec{a})$, $B(\vec{b})$ があるとき，
線分ABを直径とする円のベクトル方程式は，線分ABの中点Mが中心で，半径が $\dfrac{AB}{2}$ の円と考えてもよい。

$|\overrightarrow{MP}|=\dfrac{|\overrightarrow{AB}|}{2}$ より，　$\left|\vec{p}-\dfrac{\vec{a}+\vec{b}}{2}\right|=\dfrac{|\vec{b}-\vec{a}|}{2}$

式の形は異なるが，いずれも同じ図形を表している。

問44　点 $C(\vec{c})$ を中心とする半径 r の円上の点を $A(\vec{a})$ とする。この円のAにおける接線のベクトル方程式は，その接線上の点を $P(\vec{p})$ として，

$$(\vec{p}-\vec{c})\cdot(\vec{a}-\vec{c})=r^2$$

で与えられることを示せ。

教科書 p.42

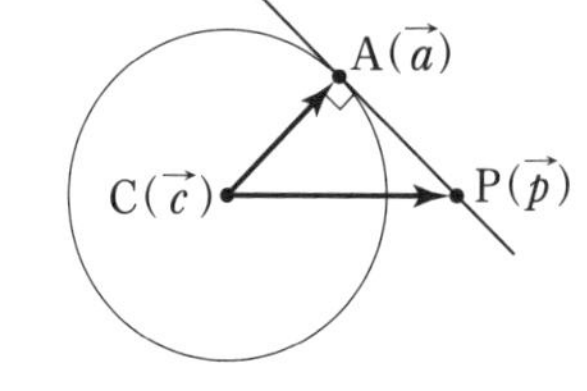

ガイド　$\angle CAP=90^\circ$ であるから，$\triangle CAP$ において，$|\overrightarrow{CP}|\cos\angle ACP=|\overrightarrow{CA}|$ と表すことができる。

解答　PがAと一致しないとき，$\triangle CAP$ は $\angle CAP=90^\circ$ より，

$$|\overrightarrow{CP}|\cos\angle ACP=|\overrightarrow{CA}|$$

これは，PがAと一致するときも成り立つ。

したがって，

$$(\vec{p}-\vec{c})\cdot(\vec{a}-\vec{c})=\overrightarrow{CP}\cdot\overrightarrow{CA}=|\overrightarrow{CP}||\overrightarrow{CA}|\cos\angle ACP$$
$$=|\overrightarrow{CP}|\cos\angle ACP\times|\overrightarrow{CA}|=|\overrightarrow{CA}|\times|\overrightarrow{CA}|=r^2$$

よって，　$(\vec{p}-\vec{c})\cdot(\vec{a}-\vec{c})=r^2$

別解　点Pは点Cを中心とする円の円上の点Aにおける接線上の点であるから，$\overrightarrow{CA}\perp\overrightarrow{AP}$ またはPはAと一致する。

したがって，　$\overrightarrow{CA}\cdot\overrightarrow{AP}=0$

よって，

$$(\vec{a}-\vec{c})\cdot(\vec{p}-\vec{a})=0$$
$$\vec{a}\cdot\vec{p}-|\vec{a}|^2-\vec{c}\cdot\vec{p}+\vec{c}\cdot\vec{a}=0$$
$$\vec{a}\cdot\vec{p}-\vec{c}\cdot\vec{p}-\vec{a}\cdot\vec{c}+|\vec{c}|^2+2\vec{a}\cdot\vec{c}-|\vec{c}|^2-|\vec{a}|^2=0$$
$$(\vec{p}-\vec{c})\cdot(\vec{a}-\vec{c})-(|\vec{a}|^2-2\vec{a}\cdot\vec{c}+|\vec{c}|^2)=0$$
$$(\vec{p}-\vec{c})\cdot(\vec{a}-\vec{c})-|\vec{a}-\vec{c}|^2=0$$
$$(\vec{p}-\vec{c})\cdot(\vec{a}-\vec{c})-r^2=0$$

すなわち，　$(\vec{p}-\vec{c})\cdot(\vec{a}-\vec{c})=r^2$

節末問題

第2節｜ベクトルと平面図形

1 教科書 p.43

平行四辺形OACBにおいて，辺OAの中点をD，辺AC，BOを2：1に内分する点を，それぞれE，Fとし，BDとEFの交点をPとする。

$\overrightarrow{OA}=\vec{a}$，$\overrightarrow{OB}=\vec{b}$ とするとき，次の問いに答えよ。

(1) $\overrightarrow{OD}$，$\overrightarrow{OE}$，$\overrightarrow{OF}$ を，それぞれ $\vec{a}$，$\vec{b}$ を用いて表せ。

(2) $\overrightarrow{OP}$ を $\vec{a}$，$\vec{b}$ を用いて表し，EP：PF，BP：PD を求めよ。

ガイド (2) EP：PF$=s:(1-s)$，BP：PD$=t:(1-t)$ とおいて，$\overrightarrow{OP}$ を $\vec{a}$，$\vec{b}$ を用いて2通りに表す。

解答 (1) $\overrightarrow{OD}=\dfrac{1}{2}\vec{a}$，$\overrightarrow{OE}=\overrightarrow{OA}+\dfrac{2}{3}\overrightarrow{AC}=\vec{a}+\dfrac{2}{3}\vec{b}$，$\overrightarrow{OF}=\dfrac{1}{3}\vec{b}$

(2) EP：PF$=s:(1-s)$，BP：PD$=t:(1-t)$ とおくと，

$$\overrightarrow{OP}=(1-s)\overrightarrow{OE}+s\overrightarrow{OF}$$
$$=(1-s)\left(\vec{a}+\frac{2}{3}\vec{b}\right)+\frac{s}{3}\vec{b}$$
$$=(1-s)\vec{a}+\frac{2-s}{3}\vec{b} \quad \cdots\cdots①$$

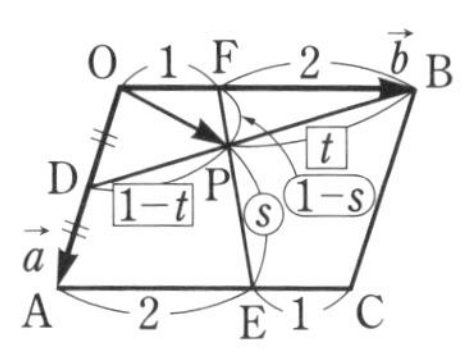

$$\overrightarrow{OP}=(1-t)\overrightarrow{OB}+t\overrightarrow{OD}=(1-t)\vec{b}+\frac{t}{2}\vec{a} \quad \cdots\cdots②$$

①，②より，　$(1-s)\vec{a}+\dfrac{2-s}{3}\vec{b}=\dfrac{t}{2}\vec{a}+(1-t)\vec{b}$

ここで，$\vec{a}\neq\vec{0}$，$\vec{b}\neq\vec{0}$ で $\vec{a}$ と $\vec{b}$ は平行でないから，

$$1-s=\frac{t}{2},\quad \frac{2-s}{3}=1-t$$

$1-s=\dfrac{t}{2}$ より，　$t=2-2s$

これを $\dfrac{2-s}{3}=1-t$ に代入して，　$\dfrac{2-s}{3}=1-(2-2s)$

したがって，　$s=\dfrac{5}{7}$

このとき，　$t=2-2\times\dfrac{5}{7}=\dfrac{4}{7}$　　よって，　$\overrightarrow{OP}=\dfrac{2}{7}\vec{a}+\dfrac{3}{7}\vec{b}$

また，　**EP：PF**$=\dfrac{5}{7}:\dfrac{2}{7}=$**5：2**，**BP：PD**$=\dfrac{4}{7}:\dfrac{3}{7}=$**4：3**

2 教科書 p.43

△OAB において，$\overrightarrow{\mathrm{OP}}=\frac{1}{3}\overrightarrow{\mathrm{OA}}+\frac{1}{2}\overrightarrow{\mathrm{OB}}$ とするとき，次の問いに答えよ。

(1) 直線 OP と辺 AB の交点を Q とするとき，$\overrightarrow{\mathrm{OQ}}$ を $\overrightarrow{\mathrm{OA}}$，$\overrightarrow{\mathrm{OB}}$ を用いて表せ。

(2) OP：PQ を求めよ。

ガイド (1) AQ：QB$=s:(1-s)$，OP：OQ$=1:t$ とおいて，$\overrightarrow{\mathrm{OQ}}$ を $\overrightarrow{\mathrm{OA}}$，$\overrightarrow{\mathrm{OB}}$ を用いて 2 通りに表す。

解答 (1) AQ：QB$=s:(1-s)$ とおくと，

$$\overrightarrow{\mathrm{OQ}}=(1-s)\overrightarrow{\mathrm{OA}}+s\overrightarrow{\mathrm{OB}} \quad \cdots\cdots①$$

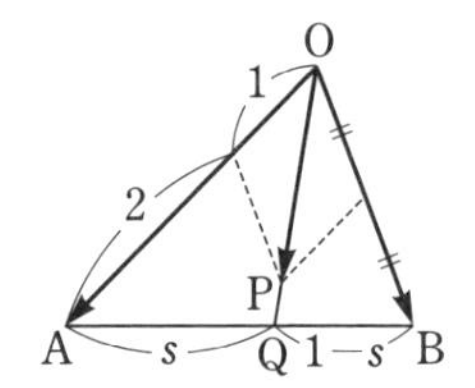

また，OP：OQ$=1:t$ とおくと，

$\overrightarrow{\mathrm{OQ}}=t\overrightarrow{\mathrm{OP}}$ であるから，

$$\overrightarrow{\mathrm{OQ}}=t\overrightarrow{\mathrm{OP}}$$

$$=t\left(\frac{1}{3}\overrightarrow{\mathrm{OA}}+\frac{1}{2}\overrightarrow{\mathrm{OB}}\right)=\frac{t}{3}\overrightarrow{\mathrm{OA}}+\frac{t}{2}\overrightarrow{\mathrm{OB}} \quad \cdots\cdots②$$

①，②より，　$(1-s)\overrightarrow{\mathrm{OA}}+s\overrightarrow{\mathrm{OB}}=\frac{t}{3}\overrightarrow{\mathrm{OA}}+\frac{t}{2}\overrightarrow{\mathrm{OB}}$

ここで，$\overrightarrow{\mathrm{OA}}\neq\vec{0}$，$\overrightarrow{\mathrm{OB}}\neq\vec{0}$ で $\overrightarrow{\mathrm{OA}}$ と $\overrightarrow{\mathrm{OB}}$ は平行でないから，

$$1-s=\frac{t}{3},\quad s=\frac{t}{2}$$

$s=\frac{t}{2}$ を $1-s=\frac{t}{3}$ に代入して，　$1-\frac{t}{2}=\frac{t}{3}$

したがって，　$t=\frac{6}{5}$　　このとき，　$s=\frac{1}{2}\cdot\frac{6}{5}=\frac{3}{5}$

よって，　$\boldsymbol{\overrightarrow{\mathrm{OQ}}=\frac{2}{5}\overrightarrow{\mathrm{OA}}+\frac{3}{5}\overrightarrow{\mathrm{OB}}}$

(2) (1)より，$\overrightarrow{\mathrm{OQ}}=\frac{6}{5}\overrightarrow{\mathrm{OP}}$ であるから，　OP：PQ$=$**5：1**

3 教科書 p.43

△ABC の外心 O を基準とするときの頂点 A，B，C の位置ベクトルを，それぞれ $\vec{a}$，$\vec{b}$，$\vec{c}$ とし，$\vec{h}=\vec{a}+\vec{b}+\vec{c}$ で与えられる $\vec{h}$ を位置ベクトルとする点を H とするとき，次のことを証明せよ。

(1) △ABC の重心を G とすると，3 点 O，G，H は一直線上にある。

(2) H は △ABC の垂心である。

ガイド (1) $\overrightarrow{\mathrm{OH}}=k\overrightarrow{\mathrm{OG}}$ となる実数 k が存在することを示す。

(2) AH⊥BC，BH⊥CA などを示す。

解答 (1)　$\overrightarrow{OG}=\dfrac{\vec{a}+\vec{b}+\vec{c}}{3}$，$\overrightarrow{OH}=\vec{a}+\vec{b}+\vec{c}$

したがって，　$\overrightarrow{OH}=3\overrightarrow{OG}$

よって，3点O，G，Hは一直線上にある。

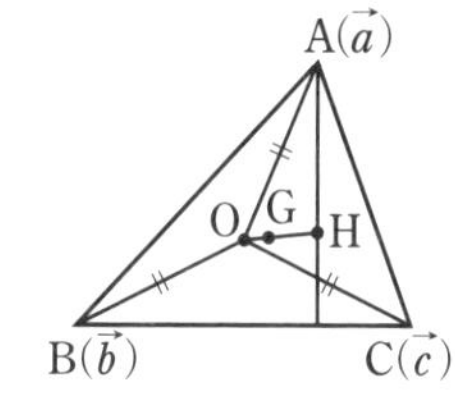

(2)　点Oは△ABCの外心であるから，　$|\overrightarrow{OA}|=|\overrightarrow{OB}|=|\overrightarrow{OC}|$

したがって，

$$\overrightarrow{AH}\cdot\overrightarrow{BC}=(\vec{h}-\vec{a})\cdot(\vec{c}-\vec{b})=\{(\vec{a}+\vec{b}+\vec{c})-\vec{a}\}\cdot(\vec{c}-\vec{b})$$
$$=(\vec{b}+\vec{c})\cdot(\vec{c}-\vec{b})=|\vec{c}|^2-|\vec{b}|^2=|\overrightarrow{OC}|^2-|\overrightarrow{OB}|^2=0$$

$\overrightarrow{AH}\cdot\overrightarrow{BC}=0$ より，$\overrightarrow{AH}\perp\overrightarrow{BC}$ または，点Hは点Aと一致する。

$$\overrightarrow{BH}\cdot\overrightarrow{CA}=(\vec{h}-\vec{b})\cdot(\vec{a}-\vec{c})=\{(\vec{a}+\vec{b}+\vec{c})-\vec{b}\}\cdot(\vec{a}-\vec{c})$$
$$=(\vec{a}+\vec{c})\cdot(\vec{a}-\vec{c})=|\vec{a}|^2-|\vec{c}|^2=|\overrightarrow{OA}|^2-|\overrightarrow{OC}|^2=0$$

$\overrightarrow{BH}\cdot\overrightarrow{CA}=0$ より，$\overrightarrow{BH}\perp\overrightarrow{CA}$ または，点Hは点Bと一致する。

以上より，Hは△ABCの垂心である。

参考　点Hが点Aに一致するとき，$\overrightarrow{BH}\perp\overrightarrow{CA}$ であれば，右の図のように，$\overrightarrow{CH}\perp\overrightarrow{AB}$ も成り立つ。

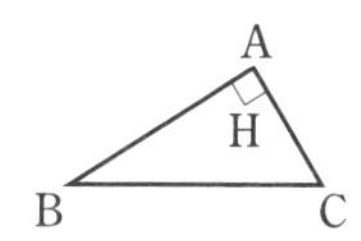

4　教科書 p.43

△OABにおいて，$\overrightarrow{OP}=s\overrightarrow{OA}+t\overrightarrow{OB}$ で与えられる点Pの動く範囲を，実数 s，t が次の場合について求めよ。

(1)　$2s+t=1$

(2)　$1\leqq s+t\leqq 2$，$s\geqq 0$，$t\geqq 0$

ガイド (1)　$2s+t=1$ より，$s\overrightarrow{OA}=2s\left(\dfrac{\overrightarrow{OA}}{2}\right)$ と考える。

解答 (1)　条件より，$2s+t=1$ であるから，

$2s=s'$ とおくと，$s'+t=1$ で，

$$\overrightarrow{OP}=s\overrightarrow{OA}+t\overrightarrow{OB}=2s\left(\frac{\overrightarrow{OA}}{2}\right)+t\overrightarrow{OB}$$
$$=s'\left(\frac{\overrightarrow{OA}}{2}\right)+t\overrightarrow{OB}$$

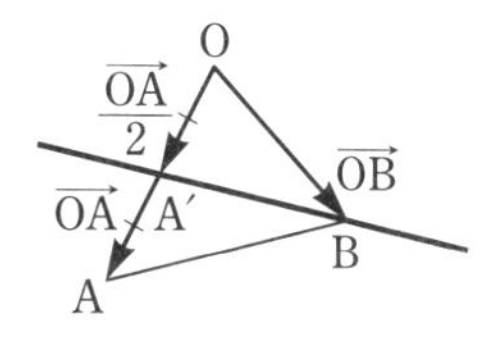

よって，**線分OAの中点をA′とすると**，$\dfrac{\overrightarrow{OA}}{2}=\overrightarrow{OA'}$ となるから，点Pの動く範囲は，**直線A′B**である。

(2)　$s+t=k$ とおくと，$1 \leqq k \leqq 2$ のとき，　$\dfrac{s}{k}+\dfrac{t}{k}=1$

$\dfrac{s}{k}=s'$，$\dfrac{t}{k}=t'$ とおくと，　$s'+t'=1$，$s' \geqq 0$，$t' \geqq 0$　……①

$$\overrightarrow{\mathrm{OP}}=s\overrightarrow{\mathrm{OA}}+t\overrightarrow{\mathrm{OB}}=\frac{s}{k}(k\overrightarrow{\mathrm{OA}})+\frac{t}{k}(k\overrightarrow{\mathrm{OB}})$$
$$=s'(k\overrightarrow{\mathrm{OA}})+t'(k\overrightarrow{\mathrm{OB}})$$

$k\overrightarrow{\mathrm{OA}}=\overrightarrow{\mathrm{OA'}}$，$k\overrightarrow{\mathrm{OB}}=\overrightarrow{\mathrm{OB'}}$ とすると，

$$\overrightarrow{\mathrm{OP}}=s'\overrightarrow{\mathrm{OA'}}+t'\overrightarrow{\mathrm{OB'}}$$

①より，点Pは線分 A'B' 上を動く。

したがって，$1 \leqq k \leqq 2$ のとき，

$2\overrightarrow{\mathrm{OA}}=\overrightarrow{\mathrm{OA''}}$，$2\overrightarrow{\mathrm{OB}}=\overrightarrow{\mathrm{OB''}}$ とすると，
点Pは**四角形 AA″B″B の周上および内部**を動く。

5　教科書 p.43

平面上の異なる3つの定点O，A，Bと任意の点Pに対して，$\overrightarrow{\mathrm{OA}}=\vec{a}$，$\overrightarrow{\mathrm{OB}}=\vec{b}$，$\overrightarrow{\mathrm{OP}}=\vec{p}$ とするとき，次のベクトル方程式はどのような図形を表すか。

(1)　$|2\vec{p}-\vec{a}|=|\vec{a}|$　　　(2)　$(\vec{p}-\vec{b})\cdot(\vec{a}-\vec{b})=0$

ガイド　(1)　$|2\vec{p}-\vec{a}|=|\vec{a}|$ より，　$\left|\vec{p}-\dfrac{1}{2}\vec{a}\right|=\left|\dfrac{1}{2}\vec{a}\right|$

(2)　$(\vec{p}-\vec{b})\cdot(\vec{a}-\vec{b})=0$ より，　$\overrightarrow{\mathrm{BP}}\cdot\overrightarrow{\mathrm{BA}}=0$

解答　(1)　$|2\vec{p}-\vec{a}|=|\vec{a}|$ より，　$\left|\vec{p}-\dfrac{1}{2}\vec{a}\right|=\left|\dfrac{1}{2}\vec{a}\right|$

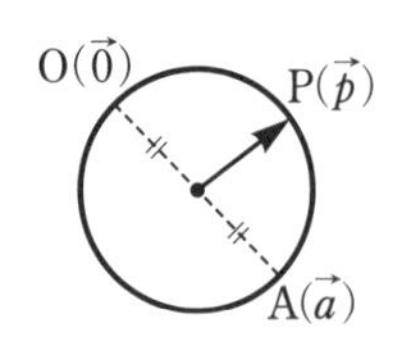

よって，**線分 OA を直径とする円**$\left(\text{**線分 OA の中点を中心とし，半径 }\dfrac{1}{2}\text{OA の円**}\right)$を表す。

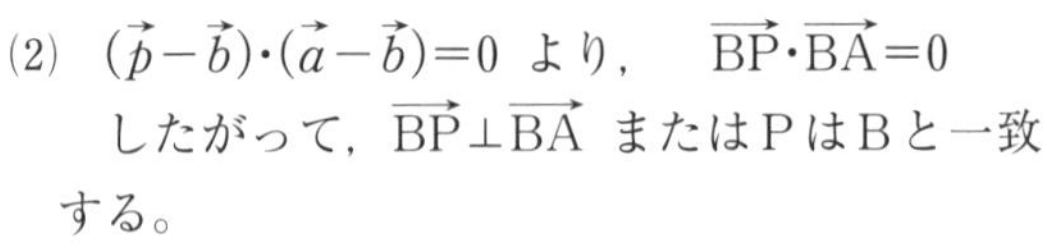

(2)　$(\vec{p}-\vec{b})\cdot(\vec{a}-\vec{b})=0$ より，　$\overrightarrow{\mathrm{BP}}\cdot\overrightarrow{\mathrm{BA}}=0$

したがって，$\overrightarrow{\mathrm{BP}}\perp\overrightarrow{\mathrm{BA}}$ またはPはBと一致する。

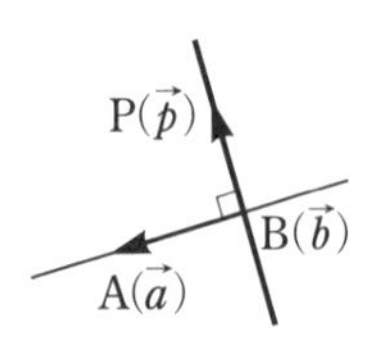

よって，**点Bを通り，直線 AB に垂直な直線**を表す。

第3節　空間のベクトル

1　空間の点の座標

問45　点 A(1, 2, 3) に対して，次の点の座標を求めよ。

教科書 p.45

(1)　xy 平面に関して対称な点　　(2)　zx 平面に関して対称な点

(3)　x 軸に関して対称な点　　(4)　原点に関して対称な点

ガイド　右の図のように，空間に点Oを定め，Oで互いに直交する3直線をとる。これらを，それぞれ x 軸，y 軸，z 軸といい，これらの3つの軸をまとめて**座標軸**という。

また，

x 軸と y 軸で定まる平面を xy 平面，
y 軸と z 軸で定まる平面を yz 平面，
z 軸と x 軸で定まる平面を zx 平面

といい，これらの3つの平面をまとめて**座標平面**という。

空間に点Aがあるとき，Aを通って各座標軸に垂直な3つの平面を作る。それらが x 軸，y 軸，z 軸と交わる点を，それぞれ A_1，A_2，A_3 とし，それぞれの軸上での座標を x_1，y_1，z_1 とする。この3つの実数の組

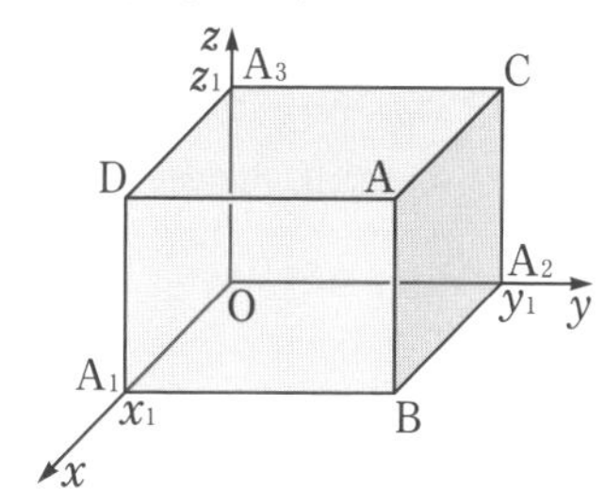

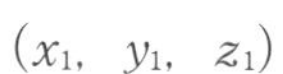

$$(x_1,\ y_1,\ z_1)$$

を点Aの**座標**といい，x_1 を x 座標，y_1 を y 座標，z_1 を z 座標という。

このように点の座標が定められた空間を**座標空間**という。

(1)　xy 平面に関して対称な点の座標は，z 座標の符号が変わる。

(3)　x 軸に関して対称な点の座標は，y 座標，z 座標の符号が変わる。

(4)　原点に関して対称な点の座標は，x 座標，y 座標，z 座標すべての符号が変わる。

解答 (1) xy 平面に関して対称な点の座標は，

$(1,\ 2,\ -3)$

(2) zx 平面に関して対称な点の座標は，

$(1,\ -2,\ 3)$

(3) x 軸に関して対称な点の座標は，

$(1,\ -2,\ -3)$

(4) 原点に関して対称な点の座標は，

$(-1,\ -2,\ -3)$

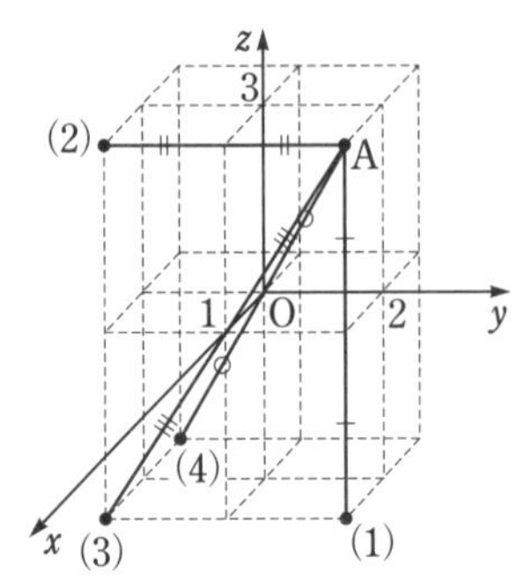

問46 点 $(3,\ 4,\ 5)$ を通り，各座標平面に平行な平面の方程式を求めよ。

教科書 p.45

ガイド 点 $(0,\ 0,\ c)$ を通り，xy 平面に平行な平面 α を考えると，平面 α は，方程式

$$z=c$$

を満たす点 $\mathrm{P}(x,\ y,\ z)$ の集合である。

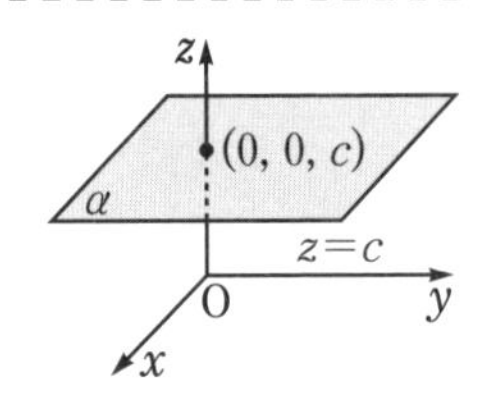

そこで，$z=c$ をこの**平面 α の方程式**という。

平面 α は z 軸に垂直な平面である。また，xy 平面の方程式は $z=0$ である。

同様に，

点 $(a,\ 0,\ 0)$ を通り，yz 平面に平行な平面の方程式は，　$x=a$

点 $(0,\ b,\ 0)$ を通り，zx 平面に平行な平面の方程式は，　$y=b$

である。

解答 **xy 平面に平行な平面の方程式は，$z=5$**

yz 平面に平行な平面の方程式は，$x=3$

zx 平面に平行な平面の方程式は，$y=4$

問47 次の2点間の距離を求めよ。

教科書 p.46

(1) A(2, 5, 3), B(4, 2, 9)

(2) O(0, 0, 0), A(1, −2, 3)

ガイド

ここがポイント [空間における2点間の距離]

原点Oと2点 $A(x_1, y_1, z_1)$, $B(x_2, y_2, z_2)$ に対して,

1 $\mathbf{AB}=\sqrt{(x_2-x_1)^2+(y_2-y_1)^2+(z_2-z_1)^2}$

2 $\mathbf{OA}=\sqrt{x_1^2+y_1^2+z_1^2}$

解答 (1) $AB=\sqrt{(4-2)^2+(2-5)^2+(9-3)^2}=\sqrt{49}=\mathbf{7}$

(2) $OA=\sqrt{1^2+(-2)^2+3^2}=\mathbf{\sqrt{14}}$

問48 3点 A(−1, −1, 1), B(1, −2, −1), C(0, −3, 3) を頂点とする三角形は, 直角二等辺三角形であることを示せ。

教科書 p.46

ガイド 各辺の長さを求めて,

・長さが等しい辺があること

・三平方の定理が成り立つこと

を用いて示す。

解答 $AB=\sqrt{\{1-(-1)\}^2+\{-2-(-1)\}^2+(-1-1)^2}=\sqrt{9}=3$

$BC=\sqrt{(0-1)^2+\{-3-(-2)\}^2+\{3-(-1)\}^2}=\sqrt{18}=3\sqrt{2}$

$AC=\sqrt{\{0-(-1)\}^2+\{-3-(-1)\}^2+(3-1)^2}=\sqrt{9}=3$

よって, $AB=AC$ かつ $AB^2+AC^2=BC^2$ であるから,

△ABC は AB=AC の直角二等辺三角形である。

2 空間のベクトル

問49 右の図の直方体 ABCD-EFGH において，$\overrightarrow{\mathrm{AD}}$ に等しいベクトルをすべて答えよ。

教科書 p.47

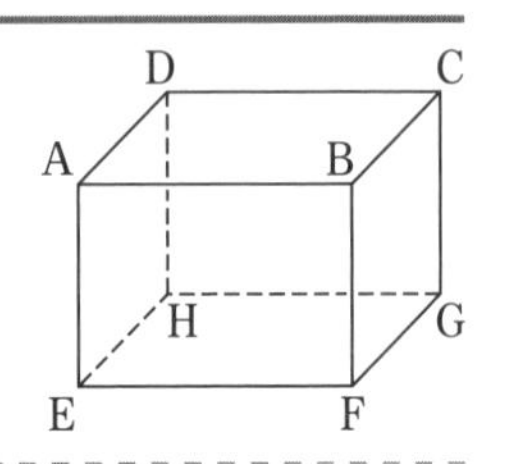

ガイド 空間の有向線分で，向きと大きさだけを考え位置を問題にしないとき，これを**空間のベクトル**という。

A $\vec{a}$ B

有向線分で表されるベクトルを $\overrightarrow{\mathrm{AB}}$，$\vec{a}$ のように書く。

2つのベクトル $\vec{a}$，$\vec{b}$ が等しいのは，これらのベクトルの向きが同じで，大きさが等しい場合である。

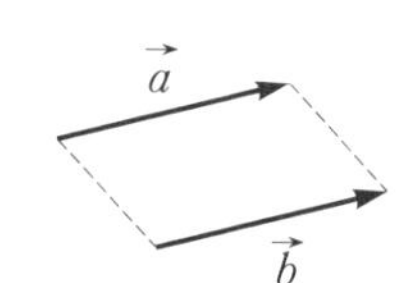

解答 $\overrightarrow{\mathrm{AD}}$ に等しいベクトルは，

$\overrightarrow{\mathbf{BC}}$，$\overrightarrow{\mathbf{EH}}$，$\overrightarrow{\mathbf{FG}}$

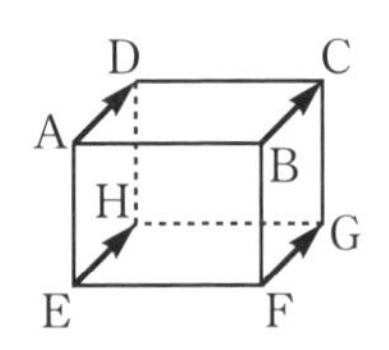

問50 四面体 OABC において，次の等式が成り立つことを示せ。

$$\overrightarrow{\mathrm{AB}}+\overrightarrow{\mathrm{BC}}+\overrightarrow{\mathrm{CO}}+\overrightarrow{\mathrm{OA}}=\vec{0}$$

教科書 p.47

ガイド 空間のベクトルについても，零ベクトル，逆ベクトル，単位ベクトルなどや，和・差，実数倍が，平面上の場合と同様に定義される。

解答 $\overrightarrow{\mathrm{AB}}+\overrightarrow{\mathrm{BC}}+\overrightarrow{\mathrm{CO}}+\overrightarrow{\mathrm{OA}}$

$=(\overrightarrow{\mathrm{AB}}+\overrightarrow{\mathrm{BC}})+(\overrightarrow{\mathrm{CO}}+\overrightarrow{\mathrm{OA}})=\overrightarrow{\mathrm{AC}}+\overrightarrow{\mathrm{CA}}=\overrightarrow{\mathrm{AA}}=\vec{0}$

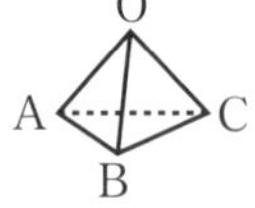

参考 空間の $\vec{0}$ でない2つのベクトル $\vec{a}$，$\vec{b}$ が，同じ向きか，または，反対向きのときも，$\vec{a}$ と $\vec{b}$ は**平行**であるといい，$\vec{a} /\!/ \vec{b}$ と表す。

$\vec{a} \neq \vec{0}$，$\vec{b} \neq \vec{0}$ のとき，

$\vec{a} /\!/ \vec{b} \iff \vec{b}=k\vec{a}$ となる実数 k がある

問51 教科書 p.48

右の図の平行六面体 OADB-CEFG において，$\overrightarrow{\mathrm{OA}}=\vec{a}$，$\overrightarrow{\mathrm{OB}}=\vec{b}$，$\overrightarrow{\mathrm{OC}}=\vec{c}$ とし，辺 DF の中点を M とするとき，$\overrightarrow{\mathrm{OF}}$，$\overrightarrow{\mathrm{AG}}$，$\overrightarrow{\mathrm{CM}}$ を，それぞれ $\vec{a}$，$\vec{b}$，$\vec{c}$ を用いて表せ。

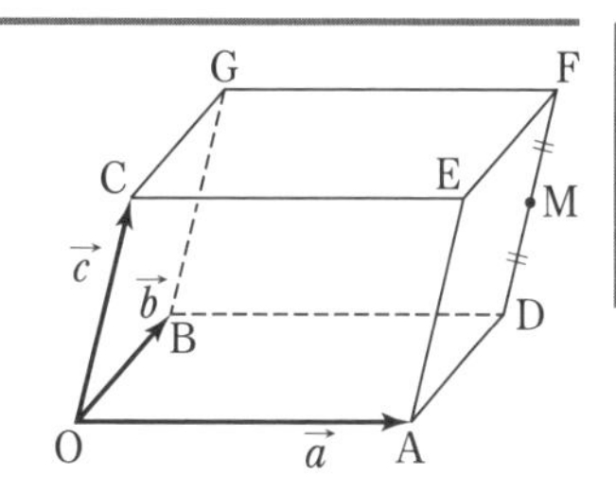

ガイド 3組の平行な平面で囲まれた空間図形を**平行六面体**という。
平行六面体の6つの面はすべて平行四辺形である。

解答 $\overrightarrow{\mathrm{AD}}=\vec{b}$，$\overrightarrow{\mathrm{DF}}=\vec{c}$ であるから，

$$\overrightarrow{\mathbf{OF}}=\overrightarrow{\mathrm{OA}}+\overrightarrow{\mathrm{AD}}+\overrightarrow{\mathrm{DF}}=\vec{a}+\vec{b}+\vec{c}$$

$\overrightarrow{\mathrm{AO}}=-\vec{a}$，$\overrightarrow{\mathrm{BG}}=\vec{c}$ であるから，

$$\overrightarrow{\mathbf{AG}}=\overrightarrow{\mathrm{AO}}+\overrightarrow{\mathrm{OB}}+\overrightarrow{\mathrm{BG}}=-\vec{a}+\vec{b}+\vec{c}$$

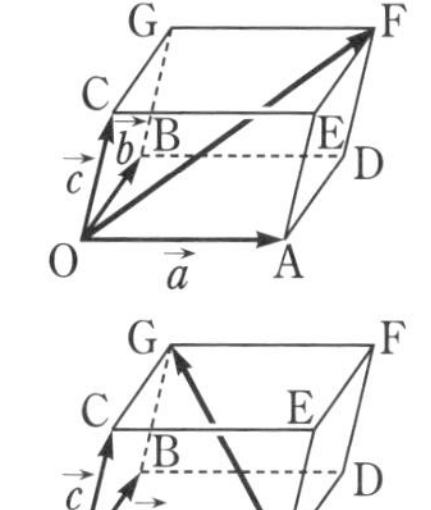

$\overrightarrow{\mathrm{CE}}=\vec{a}$，$\overrightarrow{\mathrm{EF}}=\vec{b}$，$\overrightarrow{\mathrm{FM}}=-\frac{1}{2}\vec{c}$ であるから，

$$\overrightarrow{\mathbf{CM}}=\overrightarrow{\mathrm{CE}}+\overrightarrow{\mathrm{EF}}+\overrightarrow{\mathrm{FM}}=\vec{a}+\vec{b}-\frac{1}{2}\vec{c}$$

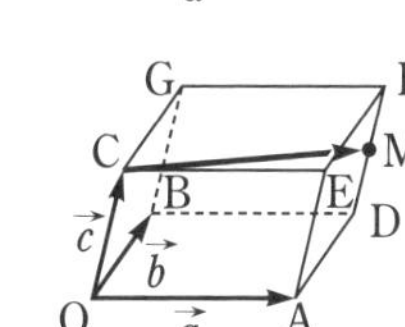

参考 同一平面上にない4点 O，A，B，C があり，

$$\overrightarrow{\mathrm{OA}}=\vec{a},\quad \overrightarrow{\mathrm{OB}}=\vec{b},\quad \overrightarrow{\mathrm{OC}}=\vec{c}$$

とするとき，空間の任意のベクトル $\vec{p}$ は，ℓ，m，n を実数として，$\vec{a}$，$\vec{b}$，$\vec{c}$ を用いて，次のようにただ1通りに表すことができる。

$$\vec{p}=\ell\vec{a}+m\vec{b}+n\vec{c}$$

このことから，4点 O，A，B，C が同一平面上にないとき，

$$\ell\vec{a}+m\vec{b}+n\vec{c}=\ell'\vec{a}+m'\vec{b}+n'\vec{c} \iff \ell=\ell',\ m=m',\ n=n'$$

特に，　$\ell\vec{a}+m\vec{b}+n\vec{c}=\vec{0} \iff \ell=m=n=0$

空間におけるこのようなベクトル $\vec{a}$，$\vec{b}$，$\vec{c}$ は**一次独立**であるという。

問52 2つのベクトル

教科書 p.49

$$\vec{a}=(-2,\ m+4,\ -n-3),\ \vec{b}=(\ell+1,\ 6,\ -4)$$

が等しくなるように，ℓ，m，n の値を定めよ。

ガイド 空間において，点Oを原点とする座標軸を考え，x 軸，y 軸，z 軸の正の向きに，それぞれ単位ベクトル $\vec{e_1}$，$\vec{e_2}$，$\vec{e_3}$ をとる。

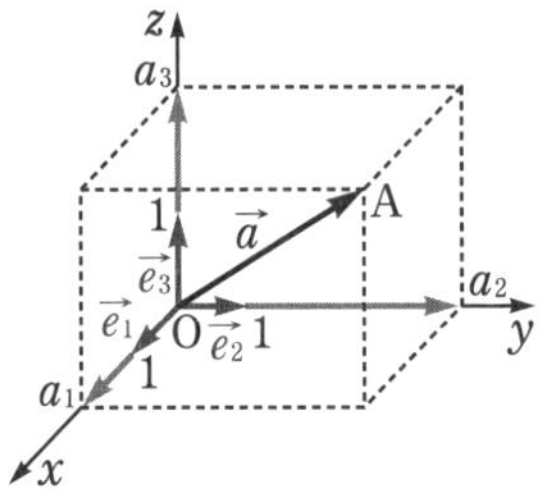

この $\vec{e_1}$，$\vec{e_2}$，$\vec{e_3}$ を**基本ベクトル**という。

空間の任意のベクトル $\vec{a}$ に対して，$\vec{a}=\overrightarrow{\mathrm{OA}}$ となる点A $(a_1,\ a_2,\ a_3)$ をとると，$\vec{a}$ は基本ベクトル $\vec{e_1}$，$\vec{e_2}$，$\vec{e_3}$ を用いて，

$$\boldsymbol{\vec{a}=a_1\vec{e_1}+a_2\vec{e_2}+a_3\vec{e_3}}$$

とただ1通りに表すことができる。このとき，a_1，a_2，a_3 を $\vec{a}$ の**成分**といい，a_1 を $\vec{a}$ の ***x* 成分**，a_2 を $\vec{a}$ の ***y* 成分**，a_3 を $\vec{a}$ の ***z* 成分**という。

$\vec{a}$ を成分 a_1，a_2，a_3 を用いて，次のように表す。

$$\boldsymbol{\vec{a}=(a_1,\ a_2,\ a_3)}$$

基本ベクトル $\vec{e_1}$，$\vec{e_2}$，$\vec{e_3}$，零ベクトル $\vec{0}$ を，それぞれ成分で表すと，

$$\vec{e_1}=(1,\ 0,\ 0),\ \vec{e_2}=(0,\ 1,\ 0),\ \vec{e_3}=(0,\ 0,\ 1),\ \vec{0}=(0,\ 0,\ 0)$$

平面の場合と同様に，2つのベクトル $\vec{a}=(a_1,\ a_2,\ a_3)$，$\vec{b}=(b_1,\ b_2,\ b_3)$ について，

$$\boldsymbol{\vec{a}=\vec{b} \iff a_1=b_1,\ a_2=b_2,\ a_3=b_3}$$

解答 $\vec{a}=\vec{b}$ より，　$-2=\ell+1$，$m+4=6$，$-n-3=-4$

よって，　$\boldsymbol{\ell=-3}$，$\boldsymbol{m=2}$，$\boldsymbol{n=1}$

問53 ベクトル $\vec{a}=(-3,\ -4,\ 5)$ の大きさを求めよ。

教科書 p.50

ガイド **ここがポイント** **[ベクトルの大きさ]**

$\vec{a}=(a_1,\ a_2,\ a_3)$ のとき，

$$\boldsymbol{|\vec{a}|=\sqrt{a_1^2+a_2^2+a_3^2}}$$

解答 $|\vec{a}|=\sqrt{(-3)^2+(-4)^2+5^2}=\sqrt{50}=5\sqrt{2}$

問54 ベクトル $\vec{a}=(t,\ t-1,\ -2)$ の大きさが3となるように，t の値を定めよ。

教科書 p.50

ガイド $|\vec{a}|=3$ より，$|\vec{a}|^2=3^2$ となる。

解答 $|\vec{a}|=3$ の両辺を2乗して，　$|\vec{a}|^2=3^2=9$

これより，

$$t^2+(t-1)^2+(-2)^2=9$$
$$2t^2-2t-4=0$$
$$t^2-t-2=0$$
$$(t+1)(t-2)=0$$

よって，　$\boldsymbol{t=-1,\ 2}$

問55 $\vec{a}=(2,\ -4,\ 1)$，$\vec{b}=(1,\ 0,\ 3)$ のとき，次のベクトルを成分で表せ。

教科書 p.50

(1) $\vec{a}+2\vec{b}$

(2) $3\vec{a}-2\vec{b}$

ガイド

ここがポイント **[和・差，実数倍の成分]**

$$(a_1,\ a_2,\ a_3)+(b_1,\ b_2,\ b_3)=(a_1+b_1,\ a_2+b_2,\ a_3+b_3)$$
$$(a_1,\ a_2,\ a_3)-(b_1,\ b_2,\ b_3)=(a_1-b_1,\ a_2-b_2,\ a_3-b_3)$$
$$k(a_1,\ a_2,\ a_3)=(ka_1,\ ka_2,\ ka_3)$$

ただし，k は実数

解答 (1) $\vec{a}+2\vec{b}=(2,\ -4,\ 1)+2(1,\ 0,\ 3)$
$=(2,\ -4,\ 1)+(2,\ 0,\ 6)$
$=(2+2,\ -4+0,\ 1+6)$
$=\boldsymbol{(4,\ -4,\ 7)}$

(2) $3\vec{a}-2\vec{b}=3(2,\ -4,\ 1)-2(1,\ 0,\ 3)$
$=(6,\ -12,\ 3)-(2,\ 0,\ 6)$
$=(6-2,\ -12-0,\ 3-6)$
$=\boldsymbol{(4,\ -12,\ -3)}$

問56 $\vec{a}=(-1,\ 2,\ 3)$, $\vec{b}=(0,\ 1,\ -2)$, $\vec{c}=(3,\ -1,\ -4)$ のとき，$\vec{d}=(1,\ 2,\ 4)$ を $\ell\vec{a}+m\vec{b}+n\vec{c}$ の形で表せ。

教科書 p.51

ガイド $\ell\vec{a}+m\vec{b}+n\vec{c}$ を成分で表し，ℓ, m, n に関する連立方程式をつくる。

解答 $\vec{d}=\ell\vec{a}+m\vec{b}+n\vec{c}$ とすると，

$$(1,\ 2,\ 4)=\ell(-1,\ 2,\ 3)+m(0,\ 1,\ -2)+n(3,\ -1,\ -4)$$
$$=(-\ell+3n,\ 2\ell+m-n,\ 3\ell-2m-4n)$$

したがって，

$$-\ell+3n=1,\ 2\ell+m-n=2,\ 3\ell-2m-4n=4$$

$-\ell+3n=1$ より，　$\ell=3n-1$ ……①

$2\ell+m-n=2$ に①を代入して，　$2(3n-1)+m-n=2$

すなわち，　$m+5n=4$ ……②

$3\ell-2m-4n=4$ に①を代入して，　$3(3n-1)-2m-4n=4$

すなわち，　$2m-5n=-7$ ……③

②+③より，　$3m=-3$

すなわち，　$m=-1$

②より，　$n=1$

①より，　$\ell=2$

よって，　$\boldsymbol{\vec{d}=2\vec{a}-\vec{b}+\vec{c}}$

問57 次の2点A, Bについて，$\overrightarrow{\mathrm{AB}}$ を成分で表せ。また，その大きさを求めよ。

教科書 p.51

(1) A(1, 0, 2), B(1, 2, 3)

(2) A(2, 4, 2), B(0, −2, −1)

ガイド

ここがポイント **[$\overrightarrow{\mathrm{AB}}$ の成分と大きさ]**

2点 $\mathrm{A}(a_1,\ a_2,\ a_3)$, $\mathrm{B}(b_1,\ b_2,\ b_3)$ について，

$$\overrightarrow{\mathrm{AB}}=(b_1-a_1,\ b_2-a_2,\ b_3-a_3)$$
$$|\overrightarrow{\mathrm{AB}}|=\sqrt{(b_1-a_1)^2+(b_2-a_2)^2+(b_3-a_3)^2}$$

解答 (1) $\overrightarrow{\mathrm{AB}}=(1-1,\ 2-0,\ 3-2)=\boldsymbol{(0,\ 2,\ 1)}$

$|\overrightarrow{\mathrm{AB}}|=\sqrt{0^2+2^2+1^2}=\boldsymbol{\sqrt{5}}$

(2) $\overrightarrow{\mathrm{AB}}=(0-2,\ -2-4,\ -1-2)=\boldsymbol{(-2,\ -6,\ -3)}$

$|\overrightarrow{\mathrm{AB}}|=\sqrt{(-2)^2+(-6)^2+(-3)^2}=\sqrt{49}=\boldsymbol{7}$

3 空間のベクトルの内積

問58 右の図のような1辺の長さが a の立方体において，次の内積を求めよ。

教科書 p.52

(1) $\overrightarrow{BC}\cdot\overrightarrow{BD}$　　(2) $\overrightarrow{AB}\cdot\overrightarrow{CG}$

(3) $\overrightarrow{AC}\cdot\overrightarrow{EG}$　　(4) $\overrightarrow{AC}\cdot\overrightarrow{AF}$

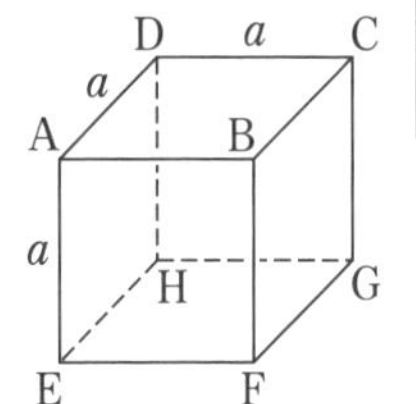

ガイド 平面上のベクトルの場合と同様に，空間の $\vec{0}$ でない2つのベクトル $\vec{a}$ と $\vec{b}$ のなす角が θ のとき，$\vec{a}$ と $\vec{b}$ の内積を，$\boldsymbol{\vec{a}\cdot\vec{b}=|\vec{a}||\vec{b}|\cos\theta}$ で定義する。

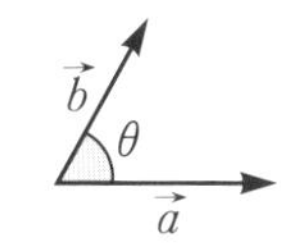

ただし，$0^\circ \leqq \theta \leqq 180^\circ$ とする。

$\vec{a}=\vec{0}$ または $\vec{b}=\vec{0}$ のときは，$\vec{a}\cdot\vec{b}=0$ と定める。

(1)

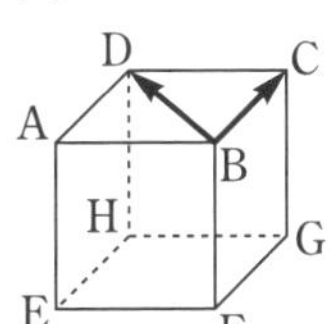

(2)

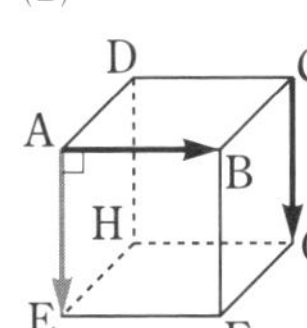

(3)

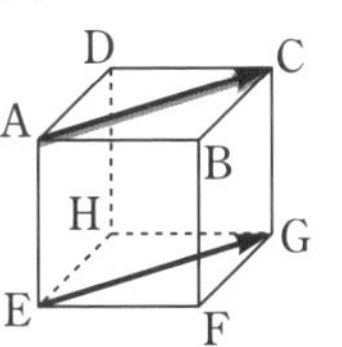

(4)

解答 (1) $|\overrightarrow{BC}|=a$，$|\overrightarrow{BD}|=\sqrt{2}a$ で，$\overrightarrow{BC}$，$\overrightarrow{BD}$ のなす角は 45° である。

よって，　$\overrightarrow{BC}\cdot\overrightarrow{BD}=a\times\sqrt{2}a\times\cos 45^\circ=\boldsymbol{a^2}$

(2) $|\overrightarrow{AB}|=a$，$|\overrightarrow{CG}|=a$ で，$\overrightarrow{CG}/\!/\overrightarrow{AE}$ より，$\overrightarrow{AB}$，$\overrightarrow{CG}$ のなす角は 90° である。よって，　$\overrightarrow{AB}\cdot\overrightarrow{CG}=a\times a\times\cos 90^\circ=\boldsymbol{0}$

(3) $|\overrightarrow{AC}|=\sqrt{2}a$，$|\overrightarrow{EG}|=\sqrt{2}a$ で，$\overrightarrow{EG}/\!/\overrightarrow{AC}$ より，$\overrightarrow{AC}$，$\overrightarrow{EG}$ のなす角は 0° である。

よって，　$\overrightarrow{AC}\cdot\overrightarrow{EG}=\sqrt{2}a\times\sqrt{2}a\times\cos 0^\circ=\boldsymbol{2a^2}$

(4) $|\overrightarrow{AC}|=\sqrt{2}a$，$|\overrightarrow{AF}|=\sqrt{2}a$ で，$\overrightarrow{AC}$ と $\overrightarrow{AF}$ のなす角は 60° である。よって，　$\overrightarrow{AC}\cdot\overrightarrow{AF}=\sqrt{2}a\times\sqrt{2}a\times\cos 60^\circ=\boldsymbol{a^2}$

問59 次の2つのベクトル $\vec{a}$，$\vec{b}$ の内積 $\vec{a}\cdot\vec{b}$ を求めよ。

教科書 p.52

(1) $\vec{a}=(2,\ 1,\ -1)$，$\vec{b}=(0,\ -1,\ -5)$

(2) $\vec{a}=(-3,\ 2,\ 1)$，$\vec{b}=(2,\ 1,\ 4)$

ガイド

ここがポイント [内積と成分]

$\vec{a}=(a_1,\ a_2,\ a_3)$, $\vec{b}=(b_1,\ b_2,\ b_3)$ のとき,

$$\boldsymbol{\vec{a}\cdot\vec{b}=a_1b_1+a_2b_2+a_3b_3}$$

解答 (1) $\vec{a}\cdot\vec{b}=2\times0+1\times(-1)+(-1)\times(-5)=\mathbf{4}$

(2) $\vec{a}\cdot\vec{b}=(-3)\times2+2\times1+1\times4=\mathbf{0}$

参考 空間のベクトルの内積についても，平面上のベクトルの内積の性質（本書 p.21 ここがポイント 参照）と同様な性質が成り立つ。

問60 次の2つのベクトル $\vec{a}$, $\vec{b}$ のなす角 θ を求めよ。

教科書 **p.53**

(1) $\vec{a}=(1,\ 2,\ 1)$, $\vec{b}=(2,\ 1,\ -1)$

(2) $\vec{a}=(-2,\ 1,\ -1)$, $\vec{b}=(1,\ 0,\ 1)$

ガイド

ここがポイント [ベクトルのなす角]

$\vec{a}\neq\vec{0}$, $\vec{b}\neq\vec{0}$ である2つのベクトル $\vec{a}=(a_1,\ a_2,\ a_3)$, $\vec{b}=(b_1,\ b_2,\ b_3)$ のなす角を θ とすると，

$$\boldsymbol{\cos\theta=\frac{\vec{a}\cdot\vec{b}}{|\vec{a}||\vec{b}|}=\frac{a_1b_1+a_2b_2+a_3b_3}{\sqrt{a_1^2+a_2^2+a_3^2}\sqrt{b_1^2+b_2^2+b_3^2}}}$$

ただし，$0^\circ\leqq\theta\leqq180^\circ$

解答 (1) $\vec{a}\cdot\vec{b}=1\times2+2\times1+1\times(-1)=3$

$|\vec{a}|=\sqrt{1^2+2^2+1^2}=\sqrt{6}$

$|\vec{b}|=\sqrt{2^2+1^2+(-1)^2}=\sqrt{6}$

であるから， $\cos\theta=\dfrac{3}{\sqrt{6}\times\sqrt{6}}=\dfrac{1}{2}$

よって，$0^\circ\leqq\theta\leqq180^\circ$ より， $\theta=\mathbf{60^\circ}$

(2) $\vec{a}\cdot\vec{b}=(-2)\times1+1\times0+(-1)\times1=-3$

$|\vec{a}|=\sqrt{(-2)^2+1^2+(-1)^2}=\sqrt{6}$

$|\vec{b}|=\sqrt{1^2+0^2+1^2}=\sqrt{2}$

であるから， $\cos\theta=\dfrac{-3}{\sqrt{6}\times\sqrt{2}}=-\dfrac{\sqrt{3}}{2}$

よって，$0^\circ\leqq\theta\leqq180^\circ$ より， $\theta=\mathbf{150^\circ}$

問61 3点 A(0, 5, 1), B(2, 1, 3), C(3, 2, 1) を頂点とする △ABC の ∠BAC の大きさを求めよ。

教科書 p.53

ガイド $\overrightarrow{AB}$, $\overrightarrow{AC}$ の大きさと内積を用いて，$\cos\angle BAC$ を求める。

解答 $\overrightarrow{AB}=(2,\ -4,\ 2)$, $\overrightarrow{AC}=(3,\ -3,\ 0)$ より，

$$\overrightarrow{AB}\cdot\overrightarrow{AC}=2\times3+(-4)\times(-3)+2\times0=18$$

$$|\overrightarrow{AB}|=\sqrt{2^2+(-4)^2+2^2}=\sqrt{24}=2\sqrt{6}$$

$$|\overrightarrow{AC}|=\sqrt{3^2+(-3)^2+0^2}=\sqrt{18}=3\sqrt{2}$$

であるから，　$\cos\angle BAC=\dfrac{18}{2\sqrt{6}\times3\sqrt{2}}=\dfrac{\sqrt{3}}{2}$

よって，$0°\leqq\angle BAC\leqq180°$ より，　$\angle BAC=\mathbf{30°}$

問62 次の2つのベクトルが垂直であるとき，x の値を求めよ。

$$\vec{a}=(x,\ 2,\ -6),\ \vec{b}=(2,\ 3,\ 4)$$

教科書 p.54

ガイド

ここがポイント

$\vec{a}\neq\vec{0}$, $\vec{b}\neq\vec{0}$ で，$\vec{a}=(a_1,\ a_2,\ a_3)$, $\vec{b}=(b_1,\ b_2,\ b_3)$ のとき，

$$\boldsymbol{\vec{a}\perp\vec{b}\iff\vec{a}\cdot\vec{b}=0}$$

$$\boldsymbol{\vec{a}\perp\vec{b}\iff a_1b_1+a_2b_2+a_3b_3=0}$$

解答 $\vec{a}\cdot\vec{b}=x\times2+2\times3+(-6)\times4=2x-18=0$ であるから，

$\boldsymbol{x=9}$

問63 2つのベクトル $\vec{a}=(1,\ -1,\ 0)$, $\vec{b}=(2,\ 1,\ 6)$ の両方に垂直な単位ベクトル $\vec{p}$ を求めよ。

教科書 p.54

ガイド $\vec{p}=(x,\ y,\ z)$ とし，条件 $\vec{a}\perp\vec{p}$, $\vec{b}\perp\vec{p}$, $|\vec{p}|=1$ から，x, y, z についての式をつくる。

解答 $\vec{p}=(x,\ y,\ z)$ とする。

$\vec{a}\perp\vec{p}$ より $\vec{a}\cdot\vec{p}=0$ であるから，

$$x-y=0 \quad \cdots\cdots①$$

$\vec{b}\perp\vec{p}$ より $\vec{b}\cdot\vec{p}=0$ であるから，

$$2x+y+6z=0 \quad \cdots\cdots②$$

$|\vec{p}|=1$ より $|\vec{p}|^2=1^2$ であるから，

$$x^2+y^2+z^2=1 \quad \cdots\cdots③$$

①，②より，y, z を x で表すと，

$$y=x,\ z=-\frac{x}{2} \quad \cdots\cdots④$$

④を③に代入して，　$x^2+x^2+\left(-\frac{x}{2}\right)^2=1$

したがって，　$x^2=\frac{4}{9}$

すなわち，　$x=\pm\frac{2}{3}$

これを④に代入して，

$$(x,\ y,\ z)=\left(\frac{2}{3},\ \frac{2}{3},\ -\frac{1}{3}\right),\ \left(-\frac{2}{3},\ -\frac{2}{3},\ \frac{1}{3}\right)$$

よって，

$$\boldsymbol{\vec{p}=\left(\frac{2}{3},\ \frac{2}{3},\ -\frac{1}{3}\right),\ \left(-\frac{2}{3},\ -\frac{2}{3},\ \frac{1}{3}\right)}$$

4 位置ベクトル

問64 四面体ABCDの重心をGとするとき，等式 $\overrightarrow{GA}+\overrightarrow{GB}+\overrightarrow{GC}+\overrightarrow{GD}=\vec{0}$ が成り立つことを証明せよ。

教科書 p.55

ガイド 空間においても，基準となる点Oを定めておくと，空間の点Aの位置は，

$$\overrightarrow{OA}=\vec{a}$$

というベクトル $\vec{a}$ で決まる。

このベクトル $\vec{a}$ を，点Oを基準とするときの点Aの**位置ベクトル**といい，位置ベクトルが $\vec{a}$ である点Aを $\mathrm{A}(\vec{a})$ と表す。

ここがポイント

1. 2点 $\mathrm{A}(\vec{a})$，$\mathrm{B}(\vec{b})$ に対して，　$\overrightarrow{\mathbf{AB}}=\vec{b}-\vec{a}$
2. 2点 $\mathrm{A}(\vec{a})$，$\mathrm{B}(\vec{b})$ に対して，線分ABを $m:n$ に内分する点を $\mathrm{P}(\vec{p})$，外分する点を $\mathrm{Q}(\vec{q})$ とすると，

$$\vec{p}=\frac{n\vec{a}+m\vec{b}}{m+n},\qquad \vec{q}=\frac{-n\vec{a}+m\vec{b}}{m-n}$$

特に，線分ABの中点を $\mathrm{M}(\vec{m})$ とすると，

$$\vec{m}=\frac{\vec{a}+\vec{b}}{2}$$

3. 3点 $\mathrm{A}(\vec{a})$，$\mathrm{B}(\vec{b})$，$\mathrm{C}(\vec{c})$ を頂点とする△ABCの重心を $\mathrm{G}(\vec{g})$ とすると，　$\vec{g}=\dfrac{\vec{a}+\vec{b}+\vec{c}}{3}$

4点 $\mathrm{A}(\vec{a})$，$\mathrm{B}(\vec{b})$，$\mathrm{C}(\vec{c})$，$\mathrm{D}(\vec{d})$ を頂点とする四面体ABCDにおいて，$\vec{g}=\dfrac{\vec{a}+\vec{b}+\vec{c}+\vec{d}}{4}$ を満たす点 $\mathrm{G}(\vec{g})$ を，四面体ABCDの重心という。

解答 $\mathrm{A}(\vec{a})$，$\mathrm{B}(\vec{b})$，$\mathrm{C}(\vec{c})$，$\mathrm{D}(\vec{d})$，$\mathrm{G}(\vec{g})$ とすると，

$$\begin{aligned}\overrightarrow{GA}+\overrightarrow{GB}+\overrightarrow{GC}+\overrightarrow{GD}&=(\vec{a}-\vec{g})+(\vec{b}-\vec{g})+(\vec{c}-\vec{g})+(\vec{d}-\vec{g})\\&=\vec{a}+\vec{b}+\vec{c}+\vec{d}-4\vec{g}\end{aligned}$$

$\vec{g}=\dfrac{\vec{a}+\vec{b}+\vec{c}+\vec{d}}{4}$ であるから，

$$\begin{aligned}\overrightarrow{GA}+\overrightarrow{GB}+\overrightarrow{GC}+\overrightarrow{GD}&=\vec{a}+\vec{b}+\vec{c}+\vec{d}-4\left(\frac{\vec{a}+\vec{b}+\vec{c}+\vec{d}}{4}\right)\\&=\vec{a}+\vec{b}+\vec{c}+\vec{d}-(\vec{a}+\vec{b}+\vec{c}+\vec{d})=\vec{0}\end{aligned}$$

問65　平行六面体 ABCD-PQRS において，辺 AP の中点を M とする。このとき，△BDP の重心 G は，線分 CM 上にあることを証明せよ。また，CG：GM を求めよ。

教科書 p.56

ガイド

ここがポイント

2 点 A，B が異なるとき，

3 点 A，B，P が一直線上にある

⟺ $\overrightarrow{AP}=k\overrightarrow{AB}$ となる実数 k がある

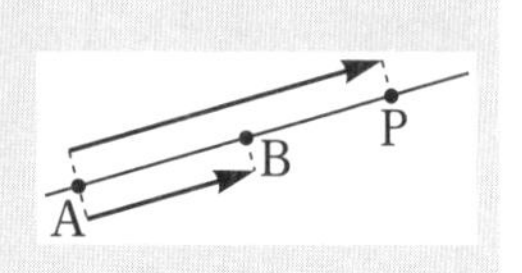

点Aを基準とするそれぞれの点の位置ベクトルを考え，$\overrightarrow{CG}=k\overrightarrow{CM}$ となる実数 k があることを示す。

解答　$\overrightarrow{AB}=\vec{b}$，$\overrightarrow{AD}=\vec{d}$，$\overrightarrow{AP}=\vec{p}$ とすると，

$\overrightarrow{AC}=\overrightarrow{AB}+\overrightarrow{BC}=\vec{b}+\vec{d}$，$\overrightarrow{AM}=\dfrac{1}{2}\vec{p}$ であるから，

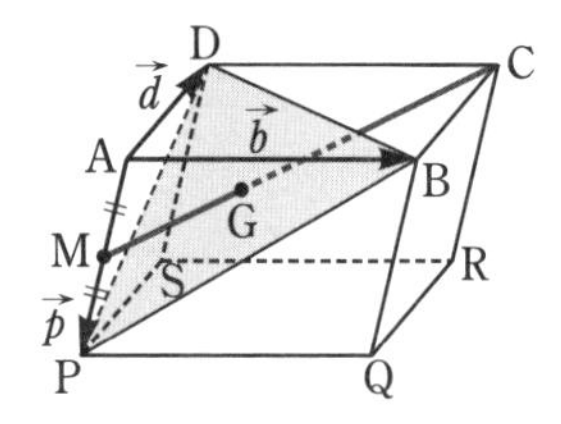

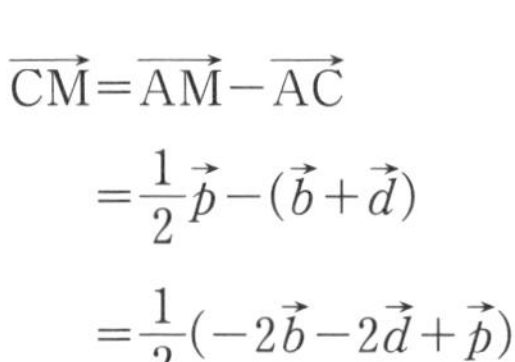

$$\begin{aligned}\overrightarrow{CM}&=\overrightarrow{AM}-\overrightarrow{AC}\\&=\frac{1}{2}\vec{p}-(\vec{b}+\vec{d})\\&=\frac{1}{2}(-2\vec{b}-2\vec{d}+\vec{p})\end{aligned}$$

また，点Gは △BDP の重心であるから，　$\overrightarrow{AG}=\dfrac{\vec{b}+\vec{d}+\vec{p}}{3}$

$$\overrightarrow{CG}=\overrightarrow{AG}-\overrightarrow{AC}=\frac{\vec{b}+\vec{d}+\vec{p}}{3}-(\vec{b}+\vec{d})=\frac{1}{3}(-2\vec{b}-2\vec{d}+\vec{p})$$

したがって，　$\overrightarrow{CG}=\dfrac{2}{3}\overrightarrow{CM}$

よって，△BDP の重心Gは線分 CM 上にある。

また，$\overrightarrow{CG}=\dfrac{2}{3}\overrightarrow{CM}$ より，　**CG：GM＝2：1**

問66　四面体 ABCD において，AB⊥CD，AC⊥BD のとき，AD⊥BC であることを証明せよ。

教科書 p.57

ガイド　点Aを基準とする位置ベクトルを考え，内積を利用する。

解答　$\overrightarrow{AB}=\vec{b}$，$\overrightarrow{AC}=\vec{c}$，$\overrightarrow{AD}=\vec{d}$ とする。

AB⊥CD，AC⊥BD であるから，

$\overrightarrow{AB}\cdot\overrightarrow{CD}=0$ ……①

$\overrightarrow{AC}\cdot\overrightarrow{BD}=0$ ……②

①より，$\vec{b}\cdot(\vec{d}-\vec{c})=0$

すなわち，$\vec{b}\cdot\vec{d}=\vec{b}\cdot\vec{c}$ ……③

②より，$\vec{c}\cdot(\vec{d}-\vec{b})=0$

すなわち，$\vec{c}\cdot\vec{d}=\vec{c}\cdot\vec{b}$ ……④

③，④より，$\vec{b}\cdot\vec{d}=\vec{c}\cdot\vec{d}$ であるから，

$\overrightarrow{AD}\cdot\overrightarrow{BC}=\vec{d}\cdot(\vec{c}-\vec{b})=\vec{c}\cdot\vec{d}-\vec{b}\cdot\vec{d}=0$

$\overrightarrow{AD}\neq\vec{0}$，$\overrightarrow{BC}\neq\vec{0}$ より，$\overrightarrow{AD}\perp\overrightarrow{BC}$

よって，AD⊥BC

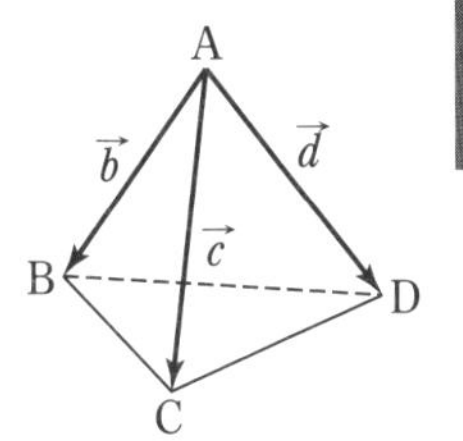

第1章 ベクトル

問67 3点 A(1, 2, 3)，B(2, 1, 4)，C(3, 4, 1) を通る平面上に点 P(0, y, 1) があるとき，y の値を求めよ。

教科書 p.58

ガイド

ここがポイント

一直線上にない3点 A，B，C を通る平面を α とすると，

点Pが平面 α 上にある

$\iff \overrightarrow{AP}=s\overrightarrow{AB}+t\overrightarrow{AC}$ となる実数 s，t がある

解答

$\overrightarrow{AP}=(-1,\ y-2,\ -2)$

$\overrightarrow{AB}=(1,\ -1,\ 1)$

$\overrightarrow{AC}=(2,\ 2,\ -2)$

$\overrightarrow{AP}=s\overrightarrow{AB}+t\overrightarrow{AC}$ を満たす実数 s，t があるから，

$(-1,\ y-2,\ -2)=s(1,\ -1,\ 1)+t(2,\ 2,\ -2)$

$=(s+2t,\ -s+2t,\ s-2t)$

したがって，
$$\begin{cases} -1=s+2t & \cdots\cdots① \\ y-2=-s+2t & \cdots\cdots② \\ -2=s-2t & \cdots\cdots③ \end{cases}$$

①+③より，$2s=-3$　すなわち，$s=-\dfrac{3}{2}$

①より，$-1=-\dfrac{3}{2}+2t$　すなわち，$t=\dfrac{1}{4}$

よって，②より，$y-2=\dfrac{3}{2}+\dfrac{1}{2}$　すなわち，$\boldsymbol{y=4}$

問68 平行六面体 OADB-CEFG において，辺 EF を 2：3 に内分する点を S，直線 OS が平面 ABC と交わる点を R とする。このとき，OR：RS を求めよ。

教科書 p.59

ガイド 点 R が直線 OS 上にあることと，平面 ABC 上にあることから条件式を立てる。

解答 $\overrightarrow{OA}=\vec{a}$，$\overrightarrow{OB}=\vec{b}$，$\overrightarrow{OC}=\vec{c}$ とすると，点 R は直線 OS 上にあり，$\overrightarrow{OR}=k\overrightarrow{OS}$ を満たす実数 k があるから，

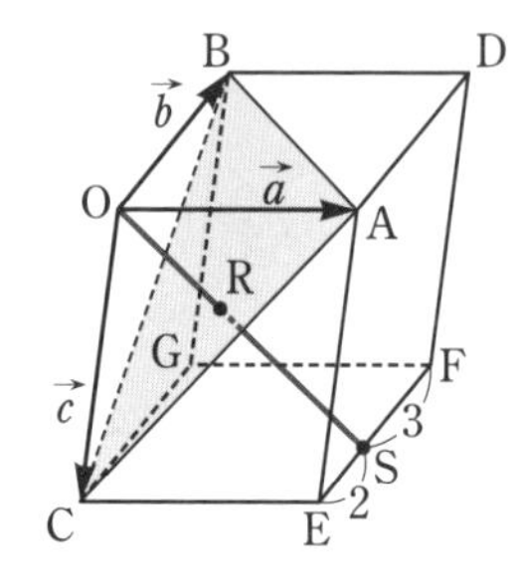

$$\begin{aligned}\overrightarrow{OR}&=k\overrightarrow{OS}\\&=k\left(\overrightarrow{OA}+\overrightarrow{AE}+\frac{2}{5}\overrightarrow{EF}\right)\\&=k\left(\vec{a}+\vec{c}+\frac{2}{5}\vec{b}\right)\\&=k\vec{a}+\frac{2}{5}k\vec{b}+k\vec{c}\quad\cdots\cdots①\end{aligned}$$

また，点 R は平面 ABC 上にあるから，$\overrightarrow{AR}=s\overrightarrow{AB}+t\overrightarrow{AC}$ となる実数 s，t がある。

したがって，$\overrightarrow{OR}$ は次のようにも表せる。

$$\begin{aligned}\overrightarrow{OR}&=\overrightarrow{OA}+\overrightarrow{AR}=\vec{a}+\{s(\vec{b}-\vec{a})+t(\vec{c}-\vec{a})\}\\&=(1-s-t)\vec{a}+s\vec{b}+t\vec{c}\quad\cdots\cdots②\end{aligned}$$

①，②から，　$k\vec{a}+\frac{2}{5}k\vec{b}+k\vec{c}=(1-s-t)\vec{a}+s\vec{b}+t\vec{c}$

4 点 O，A，B，C は同一平面上にないから，

$$k=1-s-t,\ \frac{2}{5}k=s,\ k=t$$

したがって，

$$k=1-\frac{2}{5}k-k$$

$$k=\frac{5}{12}$$

$\overrightarrow{OR}=\frac{5}{12}\overrightarrow{OS}$ であるから，　**OR：RS＝5：7**

研究　3点を通る平面上の点　発展

問題 四面体OABCにおいて，辺OAを1：2に内分する点をD，△OBCの重心をG，線分DGの中点をM，直線OMが平面ABCと交わる点をEとする。このとき，OM：OEを求めよ。

教科書 p.60

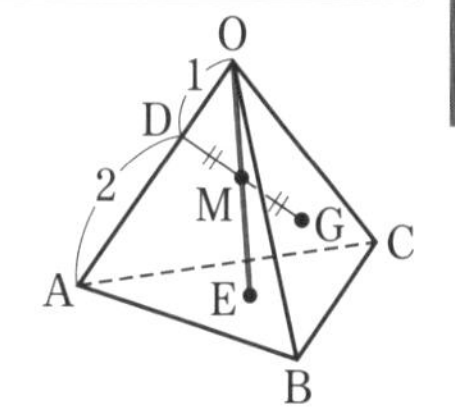

ガイド 一直線上にない3点 $A(\vec{a})$，$B(\vec{b})$，$C(\vec{c})$ を通る平面上の任意の点を $P(\vec{p})$ とすると，

$$\boldsymbol{\vec{p}=r\vec{a}+s\vec{b}+t\vec{c}} \qquad \text{ただし，} \boldsymbol{r+s+t=1}$$

と表される。

解答 $\overrightarrow{OA}=\vec{a}$，$\overrightarrow{OB}=\vec{b}$，$\overrightarrow{OC}=\vec{c}$ とすると，　$\overrightarrow{OD}=\frac{1}{3}\vec{a}$，$\overrightarrow{OG}=\frac{\vec{b}+\vec{c}}{3}$

線分DGの中点がMであるから，

$$\overrightarrow{OM}=\frac{1}{2}(\overrightarrow{OD}+\overrightarrow{OG})=\frac{1}{2}\left(\frac{1}{3}\vec{a}+\frac{\vec{b}+\vec{c}}{3}\right)=\frac{1}{6}\vec{a}+\frac{1}{6}\vec{b}+\frac{1}{6}\vec{c}$$

点Eは直線OM上にあり，$\overrightarrow{OE}=k\overrightarrow{OM}$ を満たす実数 k があるから，

$$\overrightarrow{OE}=k\overrightarrow{OM}=k\left(\frac{1}{6}\vec{a}+\frac{1}{6}\vec{b}+\frac{1}{6}\vec{c}\right)=\frac{k}{6}\vec{a}+\frac{k}{6}\vec{b}+\frac{k}{6}\vec{c}$$

点Eは平面ABC上にあるから，

$$\frac{k}{6}+\frac{k}{6}+\frac{k}{6}=1$$

$$k=2$$

よって，$\overrightarrow{OE}=2\overrightarrow{OM}$ であるから，　**OM：OE=1：2**

問69 2点A(1, 0, 4)，B(5, 4, 0)を通る直線に，原点Oから垂線OHを下ろす。このとき，点Hの座標を求めよ。

教科書 p.61

ガイド $\overrightarrow{OH}=\overrightarrow{OA}+t\overrightarrow{AB}$（$t$ は実数）と表すことができる。

また，$\overrightarrow{OH}\perp\overrightarrow{AB}$ である。

解答 点Hは直線AB上にあるから，t を実数とすると，$\overrightarrow{\mathrm{OH}}=\overrightarrow{\mathrm{OA}}+\overrightarrow{\mathrm{AH}}=\overrightarrow{\mathrm{OA}}+t\overrightarrow{\mathrm{AB}}$ と表すことができる。

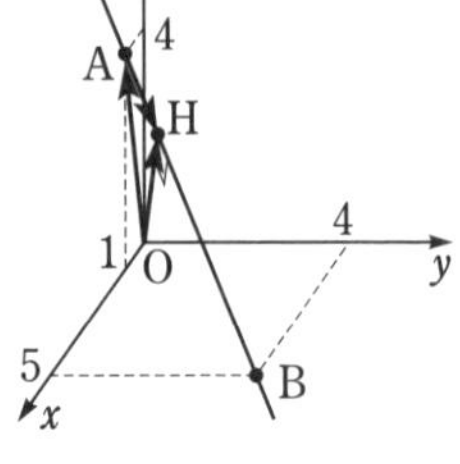

$\overrightarrow{\mathrm{AB}}=(4,\ 4,\ -4)$ であるから，

$\overrightarrow{\mathrm{OH}}=(1,\ 0,\ 4)+t(4,\ 4,\ -4)$

$=(1+4t,\ 4t,\ 4-4t)$

$\overrightarrow{\mathrm{OH}}\perp\overrightarrow{\mathrm{AB}}$ より，

$\overrightarrow{\mathrm{OH}}\cdot\overrightarrow{\mathrm{AB}}=4(1+4t)+4\times4t-4(4-4t)=0$

これを解いて，　$t=\dfrac{1}{4}$

よって，$\overrightarrow{\mathrm{OH}}=(2,\ 1,\ 3)$ となるから，点Hの座標は，　**(2, 1, 3)**

問70 点 A(2, 3, −1) を通り，$\vec{d}=(1,\ 1,\ -1)$ に平行な直線 ℓ に点 P(1, 2, 3) から垂線 PH を下ろす。このとき，点Hの座標を求めよ。

教科書 p.61

ガイド $\overrightarrow{\mathrm{OH}}=\overrightarrow{\mathrm{OA}}+t\vec{d}$ (t は実数) と表すことができる。

また，$\overrightarrow{\mathrm{PH}}\perp\vec{d}$ である。

解答 点Hは直線 ℓ 上にあるから，t を実数とすると，$\overrightarrow{\mathrm{OH}}=\overrightarrow{\mathrm{OA}}+t\vec{d}$ と表すことができる。

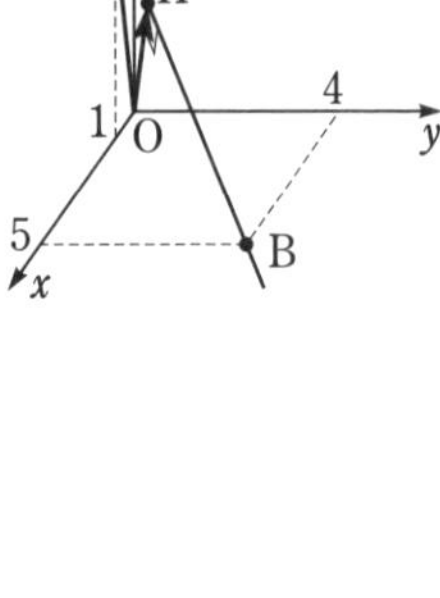

すなわち，

$\overrightarrow{\mathrm{OH}}=(2,\ 3,\ -1)+t(1,\ 1,\ -1)$

$=(2+t,\ 3+t,\ -1-t)$

したがって，

$\overrightarrow{\mathrm{PH}}=(1+t,\ 1+t,\ -4-t)$

$\overrightarrow{\mathrm{PH}}\perp\vec{d}$ より，

$\overrightarrow{\mathrm{PH}}\cdot\vec{d}=(1+t)+(1+t)-(-4-t)=0$

これを解いて，　$t=-2$

よって，$\overrightarrow{\mathrm{OH}}=(0,\ 1,\ 1)$ となるから，点Hの座標は，　**(0, 1, 1)**

問71 次の球面の方程式を求めよ。

教科書 **p.62**

(1) 中心 $(2,\ -1,\ 4)$，半径 2　　(2) 中心が原点，点 $(1,\ 3,\ 2)$ を通る

ガイド 空間において，定点Cからの距離が一定の値 r であるような点Pの集合を，中心がC，半径が r の**球面**，または，単に**球**という。

定点 $\mathrm{C}(\vec{c})$ を中心とする半径 r の球面のベクトル方程式は，　$|\vec{p}-\vec{c}|=r$

内積を用いて表すと，

$$(\vec{p}-\vec{c})\cdot(\vec{p}-\vec{c})=r^2$$

中心 $\mathrm{C}(a,\ b,\ c)$，半径 r の球面の方程式は，

$$(x-a)^2+(y-b)^2+(z-c)^2=r^2$$

特に，原点Oを中心とする半径 r の球面の方程式は，

$$x^2+y^2+z^2=r^2$$

解答 (1) $(x-2)^2+\{y-(-1)\}^2+(z-4)^2=2^2$

すなわち，　$(x-2)^2+(y+1)^2+(z-4)^2=4$

(2) 半径は，$\sqrt{1^2+3^2+2^2}=\sqrt{14}$ で原点を中心とするから，

$$x^2+y^2+z^2=14$$

問72 球面 $(x-3)^2+(y+1)^2+(z-2)^2=10$ が yz 平面と交わってできる図形の方程式を求めよ。

教科書 **p.63**

ガイド 球面が yz 平面と交わってできる図形は円となる。

yz 平面の方程式は $x=0$ で表されるから，球面の方程式において $x=0$ とする。

解答 yz 平面の方程式は $x=0$ で表されるから，球面の方程式において $x=0$ とすると，求める方程式は，

$$(0-3)^2+(y+1)^2+(z-2)^2=10 \text{ かつ } x=0$$

すなわち，　$(y+1)^2+(z-2)^2=1$ **かつ** $x=0$

研究 平面の方程式 発展

問題 次の平面の方程式を求めよ。

教科書 p.63

(1) 点 $(2,\ -1,\ 4)$ を通り，$\vec{n}=(2,\ 3,\ -1)$ に垂直な平面

(2) 2点 $\mathrm{A}(2,\ 1,\ -3)$，$\mathrm{B}(3,\ -1,\ 4)$ について，Aを通り，直線ABに垂直な平面

ガイド 定点 $\mathrm{A}(\vec{a})$ を通り，$\vec{0}$ でないベクトル $\vec{n}$ に垂直な平面 α のベクトル方程式は，

$$\boldsymbol{\vec{n}\cdot(\vec{p}-\vec{a})=0}$$

$\vec{n}$ を平面 α の**法線ベクトル**という。

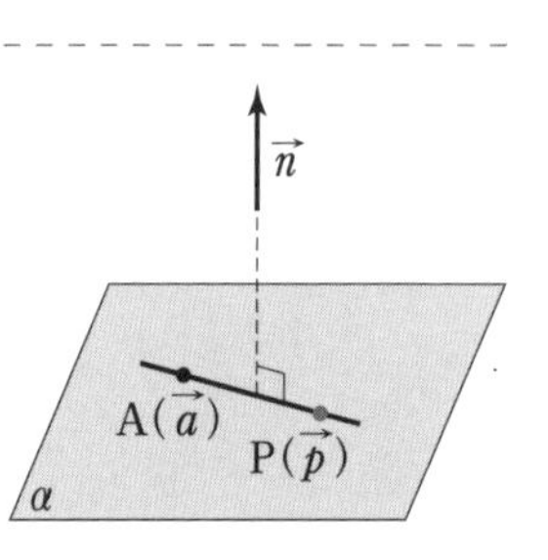

点Aの座標を $(x_1,\ y_1,\ z_1)$，平面 α 上の点Pの座標を $(x,\ y,\ z)$ とし，

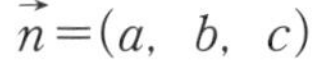

$$\vec{n}=(a,\ b,\ c)$$

とすると，**平面 α の方程式は，**

$$\boldsymbol{a(x-x_1)+b(y-y_1)+c(z-z_1)=0}$$

解答 (1) $2(x-2)+3\{y-(-1)\}+(-1)(z-4)=0$

すなわち，　$\boldsymbol{2x+3y-z+3=0}$

(2) $\overrightarrow{\mathrm{AB}}=(1,\ -2,\ 7)$ であるから，

$$1\times(x-2)+(-2)(y-1)+7\{z-(-3)\}=0$$

すなわち，　$\boldsymbol{x-2y+7z+21=0}$

参考 上の平面の方程式

$$a(x-x_1)+b(y-y_1)+c(z-z_1)=0$$

を変形すると，

$$ax+by+cz-ax_1-by_1-cz_1=0$$

定数項 $-ax_1-by_1-cz_1$ を d とおくと，

$$ax+by+cz+d=0$$

となる。

一般に，x，y，z の1次方程式は，平面を表している。

研究　直線の方程式　発展

問題　点 $(-1,\ 1,\ 2)$ を通り，$\vec{d}=(3,\ 5,\ -2)$ に平行な直線の方程式を求めよ。

教科書 p.64

ガイド　空間において，定点 $A(\vec{a})$ を通り，ベクトル $\vec{d}$ に平行な直線 g のベクトル方程式は，

$$\boldsymbol{\vec{p}=\vec{a}+t\vec{d}}$$

t を**媒介変数**，$\vec{d}$ を直線 g の**方向ベクトル**という。

点Aの座標を $(x_1,\ y_1,\ z_1)$，直線 g 上の点Pの座標を $(x,\ y,\ z)$ とし，

$$\vec{d}=(\ell,\ m,\ n)$$

とすると，直線 g の**媒介変数表示**は，

$$\begin{cases} \boldsymbol{x=x_1+\ell t} \\ \boldsymbol{y=y_1+mt} \\ \boldsymbol{z=z_1+nt} \end{cases}$$

$\ell \neq 0,\ m \neq 0,\ n \neq 0$ のとき，t を消去して，

$$\boldsymbol{\frac{x-x_1}{\ell}=\frac{y-y_1}{m}=\frac{z-z_1}{n}}$$

解答　媒介変数 t を用いて表すと，$\begin{cases} x=-1+3t \\ y=1+5t \\ z=2-2t \end{cases}$

t を消去すると，直線の方程式は，

$$\boldsymbol{\frac{x+1}{3}=\frac{y-1}{5}=-\frac{z-2}{2}}$$

節末問題

第3節｜空間のベクトル

□ **1** 2つのベクトル $\vec{p}=(2m-1,\ n,\ -2)$，$\vec{q}=(5,\ -18,\ -6)$ が平行となるように，m，n の値を定めよ。

教科書 p.65

ガイド 2つのベクトル $\vec{p}$，$\vec{q}$ が平行となるとき，$\vec{p}=k\vec{q}$ となる実数 k が存在する。

解答 2つのベクトル $\vec{p}$，$\vec{q}$ が平行となるとき，$\vec{p}=k\vec{q}$ となる実数 k が存在するから，

$$(2m-1,\ n,\ -2)=k(5,\ -18,\ -6)$$
$$=(5k,\ -18k,\ -6k)$$

したがって，　$2m-1=5k$，$n=-18k$，$-2=-6k$

これを解いて，　$k=\dfrac{1}{3}$，$m=\dfrac{4}{3}$，$n=-6$

よって，　$\boldsymbol{m=\dfrac{4}{3}}$，$\boldsymbol{n=-6}$

□ **2** 2つのベクトル $\vec{a}=(1,\ x,\ 0)$，$\vec{b}=(x+1,\ 0,\ x-1)$ のなす角が $45°$ となるように，x の値を定めよ。

教科書 p.65

ガイド $\vec{a}\cdot\vec{b}=|\vec{a}||\vec{b}|\cos 45°$ となるように，x の値を定める。

解答 $\vec{a}\cdot\vec{b}=1\times(x+1)+x\times0+0\times(x-1)=x+1$ ……①

また，

$$|\vec{a}|=\sqrt{1^2+x^2+0^2}=\sqrt{x^2+1}$$
$$|\vec{b}|=\sqrt{(x+1)^2+0^2+(x-1)^2}=\sqrt{2(x^2+1)}$$

より，

$$\vec{a}\cdot\vec{b}=|\vec{a}||\vec{b}|\cos 45°=\sqrt{x^2+1}\times\sqrt{2(x^2+1)}\times\frac{1}{\sqrt{2}}$$
$$=\sqrt{(x^2+1)^2}=x^2+1 \quad ……②$$

①，②より，

$$x+1=x^2+1$$
$$x^2-x=0$$
$$x(x-1)=0$$

よって，　$\boldsymbol{x=0,\ 1}$

3　教科書 p.65

3点 A(0, 1, 2), B(1, 0, 1), C(4, −1, 2) に対して，$\overrightarrow{AB}$ と $\overrightarrow{BC}$ の両方に垂直な単位ベクトルを求めよ。

ガイド　求める単位ベクトルを $\vec{e}=(x,\ y,\ z)$ とすると，

$\overrightarrow{AB}\cdot\vec{e}=0,\ \overrightarrow{BC}\cdot\vec{e}=0$

$|\vec{e}|=1$ より，　$|\vec{e}|^2=1^2$

これらを用いて，$x,\ y,\ z$ の値を求める。

解答　求める単位ベクトルを $\vec{e}=(x,\ y,\ z)$ とする。

また，　$\overrightarrow{AB}=(1,\ -1,\ -1),\ \overrightarrow{BC}=(3,\ -1,\ 1)$

$\overrightarrow{AB}\perp\vec{e}$ より $\overrightarrow{AB}\cdot\vec{e}=0$ であるから，　$x-y-z=0$　……①

$\overrightarrow{BC}\perp\vec{e}$ より $\overrightarrow{BC}\cdot\vec{e}=0$ であるから，　$3x-y+z=0$　……②

$|\vec{e}|=1$ より $|\vec{e}|^2=1^2$ であるから，　$x^2+y^2+z^2=1$　……③

①，②より，$y,\ z$ を x で表すと，　$y=2x,\ z=-x$　……④

④を③に代入して，　$x^2+(2x)^2+(-x)^2=1$

したがって，　$x^2=\dfrac{1}{6}$

すなわち，　$x=\pm\dfrac{\sqrt{6}}{6}$

これを④に代入して，

$$(x,\ y,\ z)=\left(\frac{\sqrt{6}}{6},\ \frac{\sqrt{6}}{3},\ -\frac{\sqrt{6}}{6}\right),\ \left(-\frac{\sqrt{6}}{6},\ -\frac{\sqrt{6}}{3},\ \frac{\sqrt{6}}{6}\right)$$

よって，求める単位ベクトルは，

$$\boldsymbol{\left(\frac{\sqrt{6}}{6},\ \frac{\sqrt{6}}{3},\ -\frac{\sqrt{6}}{6}\right),\ \left(-\frac{\sqrt{6}}{6},\ -\frac{\sqrt{6}}{3},\ \frac{\sqrt{6}}{6}\right)}$$

4　教科書 p.65

1辺の長さが2である正四面体ABCDにおいて，辺ABを2:1に内分する点をP，辺CDを 3:2 に内分する点をQとするとき，内積 $\overrightarrow{PQ}\cdot\overrightarrow{AC}$ を求めよ。

ガイド　点Aを基準とする位置ベクトルを考える。

解答 $\overrightarrow{AB}=\vec{b}$, $\overrightarrow{AC}=\vec{c}$, $\overrightarrow{AD}=\vec{d}$ とすると,

$\overrightarrow{AP}=\dfrac{2}{3}\vec{b}$, $\overrightarrow{AQ}=\dfrac{2\vec{c}+3\vec{d}}{3+2}=\dfrac{2\vec{c}+3\vec{d}}{5}$ より,

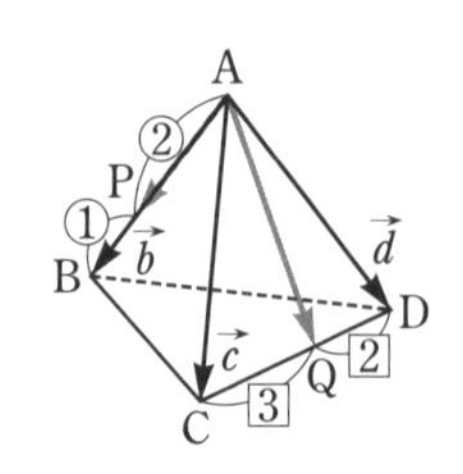

$$\overrightarrow{PQ}\cdot\overrightarrow{AC}=(\overrightarrow{AQ}-\overrightarrow{AP})\cdot\overrightarrow{AC}$$
$$=\left(\frac{2\vec{c}+3\vec{d}}{5}-\frac{2}{3}\vec{b}\right)\cdot\vec{c}$$
$$=\frac{2}{5}|\vec{c}|^2+\frac{3}{5}\vec{d}\cdot\vec{c}-\frac{2}{3}\vec{b}\cdot\vec{c}$$

ここで,

$$|\vec{c}|=2,\ \vec{d}\cdot\vec{c}=\vec{b}\cdot\vec{c}=2\times2\times\cos60^\circ=2$$

よって,

$$\overrightarrow{PQ}\cdot\overrightarrow{AC}=\frac{2}{5}\times2^2+\frac{3}{5}\times2-\frac{2}{3}\times2=\frac{8}{5}+\frac{6}{5}-\frac{4}{3}=\boldsymbol{\frac{22}{15}}$$

5 教科書 p.65

四面体ABCDにおいて, 辺AB, BC, CD, DAの中点を, それぞれP, Q, R, Sとするとき, 四角形PQRSは平行四辺形であることを示せ。

ガイド 例えば, 4点A, B, C, Dの位置ベクトルを, それぞれ$\vec{a}$, $\vec{b}$, $\vec{c}$, $\vec{d}$として, $\overrightarrow{PQ}$と$\overrightarrow{SR}$をこれらを用いて表し, $\overrightarrow{PQ}=\overrightarrow{SR}$となることを示す。

解答 4点A, B, C, Dの位置ベクトルを, それぞれ$\vec{a}$, $\vec{b}$, $\vec{c}$, $\vec{d}$とすると,

$$\overrightarrow{PQ}=\frac{\vec{b}+\vec{c}}{2}-\frac{\vec{a}+\vec{b}}{2}=\frac{\vec{c}-\vec{a}}{2}$$
$$\overrightarrow{SR}=\frac{\vec{c}+\vec{d}}{2}-\frac{\vec{d}+\vec{a}}{2}=\frac{\vec{c}-\vec{a}}{2}$$

したがって, $\overrightarrow{PQ}=\overrightarrow{SR}$ より, PQ=SR かつ PQ∥SR

よって, 四角形PQRSは平行四辺形である。

6 教科書 p.65

四面体OABCにおいて, 辺OAを1：3に内分する点をP, 辺OBの中点をQ, 辺OCを1：2に内分する点をR, △ABCの重心をGとする。

$\overrightarrow{OA}=\vec{a}$, $\overrightarrow{OB}=\vec{b}$, $\overrightarrow{OC}=\vec{c}$ とするとき, 次の問いに答えよ。

(1) 直線OGと平面PQRの交点をDとするとき, $\overrightarrow{OD}$を$\vec{a}$, $\vec{b}$, $\vec{c}$を用いて表せ。

(2) OD：DG を求めよ。

ガイド (1) 点Dは平面PQR上の点であることと，直線OG上の点であることから，$\overrightarrow{OD}$ を2通りに表す。

解答 (1) 点Dは直線OG上にあり，$\overrightarrow{OD}=k\overrightarrow{OG}$ を満たす実数 k があるから，

$$\overrightarrow{OD}=k\overrightarrow{OG}=k\left(\frac{\vec{a}+\vec{b}+\vec{c}}{3}\right)=\frac{k}{3}\vec{a}+\frac{k}{3}\vec{b}+\frac{k}{3}\vec{c} \quad \cdots\cdots①$$

また，点Dは平面PQR上にあるから，$\overrightarrow{PD}=s\overrightarrow{PQ}+t\overrightarrow{PR}$ となる実数 s，t がある。したがって，$\overrightarrow{OD}$ は次のようにも表せる。

$$\begin{aligned}\overrightarrow{OD}&=\overrightarrow{OP}+\overrightarrow{PD}=\overrightarrow{OP}+s\overrightarrow{PQ}+t\overrightarrow{PR}\\&=\frac{1}{4}\vec{a}+\left\{s\left(\frac{1}{2}\vec{b}-\frac{1}{4}\vec{a}\right)+t\left(\frac{1}{3}\vec{c}-\frac{1}{4}\vec{a}\right)\right\}\\&=\left(\frac{1}{4}-\frac{s}{4}-\frac{t}{4}\right)\vec{a}+\frac{s}{2}\vec{b}+\frac{t}{3}\vec{c} \quad \cdots\cdots②\end{aligned}$$

①，②から，　$\frac{k}{3}\vec{a}+\frac{k}{3}\vec{b}+\frac{k}{3}\vec{c}=\left(\frac{1}{4}-\frac{s}{4}-\frac{t}{4}\right)\vec{a}+\frac{s}{2}\vec{b}+\frac{t}{3}\vec{c}$

4点O，A，B，Cは同一平面上にないから，

$$\frac{k}{3}=\frac{1}{4}-\frac{s}{4}-\frac{t}{4},\quad \frac{k}{3}=\frac{s}{2},\quad \frac{k}{3}=\frac{t}{3}$$

したがって，　$\frac{k}{3}=\frac{1}{4}-\frac{k}{6}-\frac{k}{4}$

これを解いて，　$k=\frac{1}{3}$

よって，　$\boldsymbol{\overrightarrow{OD}=\frac{1}{9}(\vec{a}+\vec{b}+\vec{c})}$

(2) $\overrightarrow{OD}=\frac{1}{3}\overrightarrow{OG}$ より，　**OD：DG＝1：2**

別解 (1) $\overrightarrow{OD}=k\overrightarrow{OG}$ を満たす実数 k があるから，

$$\overrightarrow{OD}=k\overrightarrow{OG}=k\left(\frac{\vec{a}+\vec{b}+\vec{c}}{3}\right)=\frac{k}{3}\vec{a}+\frac{k}{3}\vec{b}+\frac{k}{3}\vec{c}$$

$\overrightarrow{OP}=\vec{p}$ とすると，　$\vec{p}=\frac{1}{4}\vec{a}$

$\overrightarrow{OQ}=\vec{q}$ とすると，　$\vec{q}=\frac{1}{2}\vec{b}$

$\overrightarrow{OR}=\vec{r}$ とすると，　$\vec{r}=\frac{1}{3}\vec{c}$

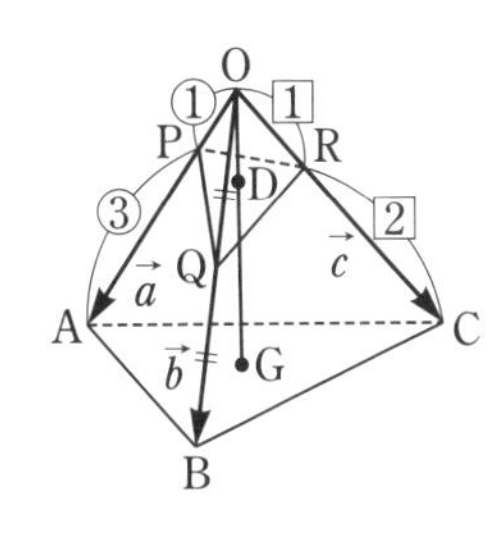

したがって，$\overrightarrow{OD}$ は $\vec{p}$，$\vec{q}$，$\vec{r}$ を用いて次のようにも表せる。

$\overrightarrow{\mathrm{OD}}=\dfrac{4}{3}k\vec{p}+\dfrac{2}{3}k\vec{q}+k\vec{r}$

ここで，点Dは平面 PQR 上にあるから，

$\dfrac{4}{3}k+\dfrac{2}{3}k+k=1$

これを解いて，　$k=\dfrac{1}{3}$

よって，　$\boldsymbol{\overrightarrow{\mathrm{OD}}=\dfrac{1}{9}(\vec{a}+\vec{b}+\vec{c})}$

□ **7** 教科書 p.65

球面 $(x-1)^2+(y-2)^2+(z-3)^2=25$ について，次の問いに答えよ。

(1) この球面の中心の座標と半径を求めよ。

(2) この球面が各座標平面と交わってできる円の中心の座標と半径を，それぞれ求めよ。

ガイド (1) 中心が点 $(a,\ b,\ c)$，半径 r の球面の方程式は，

$(x-a)^2+(y-b)^2+(z-c)^2=r^2$

(2) xy 平面，yz 平面，zx 平面の方程式は，それぞれ，$z=0$，$x=0$，$y=0$ である。

これらを与えられた球面の方程式に代入して，それぞれの座標平面と交わってできる円の方程式を求める。

解答 (1) **中心の座標** $(1,\ 2,\ 3)$，**半径** 5

(2) 球面の方程式において $z=0$ とすると，

$(x-1)^2+(y-2)^2=16$ かつ $z=0$

よって，$\boldsymbol{xy}$ **平面**と交わってできる円の**中心の座標**は $(1,\ 2,\ 0)$，**半径**は 4 である。

球面の方程式において $x=0$ とすると，

$(y-2)^2+(z-3)^2=24$ かつ $x=0$

よって，$\boldsymbol{yz}$ **平面**と交わってできる円の**中心の座標**は $(0,\ 2,\ 3)$，**半径**は $2\sqrt{6}$ である。

球面の方程式において $y=0$ とすると，

$(x-1)^2+(z-3)^2=21$ かつ $y=0$

よって，$\boldsymbol{zx}$ **平面**と交わってできる円の**中心の座標**は $(1,\ 0,\ 3)$，**半径**は $\sqrt{21}$ である。

章末問題

A

1. 教科書 p.66

△ABC と点Pに対して次の等式が成り立つとき，点Pはどのような位置にあるか。

(1) $3\overrightarrow{PA}=2\overrightarrow{AC}$　　(2) $\overrightarrow{PA}+\overrightarrow{PB}+\overrightarrow{PC}=\overrightarrow{BC}$

ガイド 4点A，B，C，Pの位置ベクトルを，それぞれ $\vec{a}$，$\vec{b}$，$\vec{c}$，$\vec{p}$ として等式を変形し，$\vec{p}$ について解く。その式から点Pの位置を読み取る。

解答 4点A，B，C，Pの位置ベクトルを，それぞれ $\vec{a}$，$\vec{b}$，$\vec{c}$，$\vec{p}$ とする。

(1) $3\overrightarrow{PA}=2\overrightarrow{AC}$ より，

$$3(\vec{a}-\vec{p})=2(\vec{c}-\vec{a})$$
$$-3\vec{p}=-5\vec{a}+2\vec{c}$$

したがって，　$\vec{p}=\dfrac{5\vec{a}-2\vec{c}}{3}=\dfrac{5\vec{a}-2\vec{c}}{-2+5}=\dfrac{-5\vec{a}+2\vec{c}}{2-5}$

よって，点Pは，**辺ACを2：5に外分する点**である。

(2) $\overrightarrow{PA}+\overrightarrow{PB}+\overrightarrow{PC}=\overrightarrow{BC}$ より，

$$(\vec{a}-\vec{p})+(\vec{b}-\vec{p})+(\vec{c}-\vec{p})=\vec{c}-\vec{b}$$
$$-3\vec{p}=-\vec{a}-2\vec{b}$$

したがって，　$\vec{p}=\dfrac{\vec{a}+2\vec{b}}{3}=\dfrac{\vec{a}+2\vec{b}}{2+1}$

よって，点Pは，**辺ABを2：1に内分する点**である。

別解 点Aを基準とするときの3点B，C，Pの位置ベクトルを，それぞれ $\vec{b}$，$\vec{c}$，$\vec{p}$ とする。

(1) $3\overrightarrow{PA}=2\overrightarrow{AC}$ より，　$-3\vec{p}=2\vec{c}$

したがって，　$\vec{p}=-\dfrac{2}{3}\vec{c}$

よって，点Pは，**辺ACを2：5に外分する点**である。

(2) $\overrightarrow{PA}+\overrightarrow{PB}+\overrightarrow{PC}=\overrightarrow{BC}$ より，

$$-\vec{p}+(\vec{b}-\vec{p})+(\vec{c}-\vec{p})=\vec{c}-\vec{b}$$
$$-3\vec{p}=-2\vec{b}$$

したがって，　$\vec{p}=\dfrac{2}{3}\vec{b}$

よって，点Pは，**辺ABを2：1に内分する点**である。

2. 教科書 p.66

△ABC の辺 BC の中点を M とするとき，次の等式が成り立つことをベクトルを用いて証明せよ。

$$AB^2+AC^2=2(AM^2+BM^2) \quad \text{(中線定理)}$$

ガイド $\overrightarrow{AB}=\vec{b}$，$\overrightarrow{AC}=\vec{c}$ として，与えられた等式の左辺と右辺をそれぞれ $\vec{b}$ と $\vec{c}$ で表し，左辺と右辺が等しくなることを示す。

解答 $\overrightarrow{AB}=\vec{b}$，$\overrightarrow{AC}=\vec{c}$ とすると，点 M は辺 BC の中点であるから，

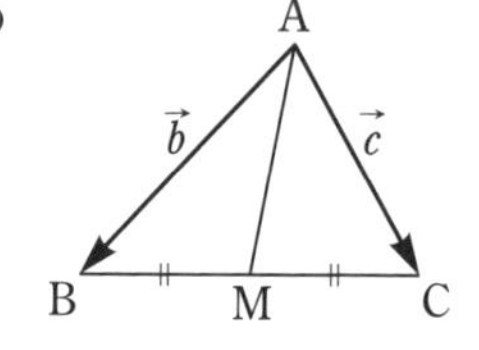

$$\overrightarrow{AM}=\frac{\vec{b}+\vec{c}}{2}$$

$$\overrightarrow{BM}=\overrightarrow{AM}-\overrightarrow{AB}$$

$$=\frac{\vec{b}+\vec{c}}{2}-\vec{b}=\frac{\vec{c}-\vec{b}}{2}$$

したがって，

$$AB^2+AC^2=|\overrightarrow{AB}|^2+|\overrightarrow{AC}|^2$$

$$=|\vec{b}|^2+|\vec{c}|^2$$

$$2(AM^2+BM^2)=2(|\overrightarrow{AM}|^2+|\overrightarrow{BM}|^2)$$

$$=2\left(\left|\frac{\vec{b}+\vec{c}}{2}\right|^2+\left|\frac{\vec{c}-\vec{b}}{2}\right|^2\right)$$

$$=2\left(\frac{|\vec{b}|^2+2\vec{b}\cdot\vec{c}+|\vec{c}|^2}{4}+\frac{|\vec{b}|^2-2\vec{b}\cdot\vec{c}+|\vec{c}|^2}{4}\right)$$

$$=|\vec{b}|^2+|\vec{c}|^2$$

よって，

$$AB^2+AC^2=2(AM^2+BM^2)$$

点Aを基準とする
位置ベクトルで
考えているね。

3. 教科書 p.66

平行四辺形 ABCD において，辺 AB を 1：3 に内分する点を E，辺 BC を 3：2 に外分する点を F，辺 CD の中点を G とする。このとき，3 点 E，F，G は一直線上にあることを証明せよ。

ガイド 例えば，$\overrightarrow{AB}=\vec{b}$，$\overrightarrow{AD}=\vec{d}$ として，$\overrightarrow{EG}$，$\overrightarrow{EF}$ を，それぞれ $\vec{b}$，$\vec{d}$ を用いて表し，$\overrightarrow{EF}=k\overrightarrow{EG}$ となる実数 k があることを示す。

解答 $\overrightarrow{AB}=\vec{b}$，$\overrightarrow{AD}=\vec{d}$ とすると，$\overrightarrow{AC}=\vec{b}+\vec{d}$ であるから，

$$\overrightarrow{AF}=\frac{-2\overrightarrow{AB}+3\overrightarrow{AC}}{3-2}$$
$$=-2\vec{b}+3(\vec{b}+\vec{d})$$
$$=\vec{b}+3\vec{d}$$

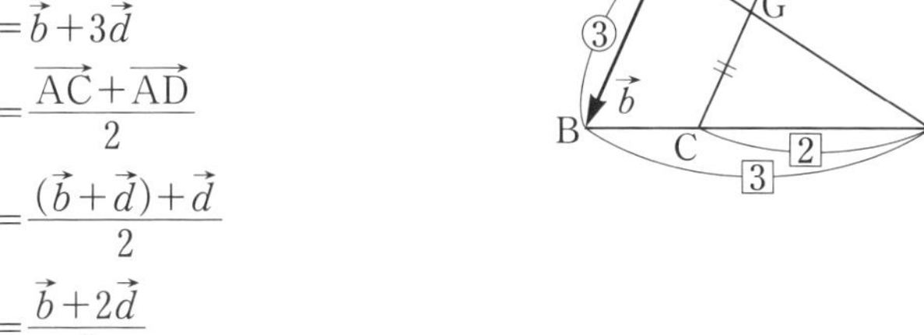

$$\overrightarrow{AG}=\frac{\overrightarrow{AC}+\overrightarrow{AD}}{2}$$
$$=\frac{(\vec{b}+\vec{d})+\vec{d}}{2}$$
$$=\frac{\vec{b}+2\vec{d}}{2}$$

$\overrightarrow{AE}=\frac{1}{4}\vec{b}$ であるから，

$$\overrightarrow{EG}=\overrightarrow{AG}-\overrightarrow{AE}$$
$$=\frac{\vec{b}+2\vec{d}}{2}-\frac{1}{4}\vec{b}$$
$$=\frac{1}{4}(\vec{b}+4\vec{d})$$
$$\overrightarrow{EF}=\overrightarrow{AF}-\overrightarrow{AE}$$
$$=(\vec{b}+3\vec{d})-\frac{1}{4}\vec{b}$$
$$=\frac{3}{4}(\vec{b}+4\vec{d})$$

したがって，　$\overrightarrow{EF}=3\overrightarrow{EG}$

よって，3 点 E，F，G は一直線上にある。

4. 教科書 p.66

ベクトル $\vec{a}=(1,\ -1,\ -\sqrt{2})$ と x 軸，y 軸，z 軸の正の向きとのなす角を，それぞれ求めよ。

ガイド x 軸，y 軸，z 軸の正の向きの単位ベクトルを，それぞれ，$\vec{e_1}=(1,\ 0,\ 0)$，$\vec{e_2}=(0,\ 1,\ 0)$，$\vec{e_3}=(0,\ 0,\ 1)$ として，$\vec{a}$ とこれらのなす角をそれぞれ考える。

解答 x 軸，y 軸，z 軸の正の向きの単位ベクトルを，それぞれ，$\vec{e_1}=(1,\ 0,\ 0)$，$\vec{e_2}=(0,\ 1,\ 0)$，$\vec{e_3}=(0,\ 0,\ 1)$ とすると，

$$\vec{a}\cdot\vec{e_1}=1,\ \vec{a}\cdot\vec{e_2}=-1,\ \vec{a}\cdot\vec{e_3}=-\sqrt{2},$$

$$|\vec{a}|=\sqrt{1^2+(-1)^2+(-\sqrt{2})^2}=\sqrt{4}=2,\ |\vec{e_1}|=|\vec{e_2}|=|\vec{e_3}|=1$$

$\vec{a}$ と $\vec{e_1}$，$\vec{e_2}$，$\vec{e_3}$ のなす角を，それぞれ θ_1，θ_2，θ_3 とすると，$\vec{a}$ と x 軸，y 軸，z 軸の正の向きとのなす角は，それぞれ θ_1，θ_2，θ_3 となり，

$$\cos\theta_1=\frac{\vec{a}\cdot\vec{e_1}}{|\vec{a}||\vec{e_1}|}=\frac{1}{2\times1}=\frac{1}{2}$$

$$\cos\theta_2=\frac{\vec{a}\cdot\vec{e_2}}{|\vec{a}||\vec{e_2}|}=\frac{-1}{2\times1}=-\frac{1}{2}$$

$$\cos\theta_3=\frac{\vec{a}\cdot\vec{e_3}}{|\vec{a}||\vec{e_3}|}=\frac{-\sqrt{2}}{2\times1}=-\frac{1}{\sqrt{2}}$$

よって，$0^\circ\leqq\theta_1\leqq180^\circ$，$0^\circ\leqq\theta_2\leqq180^\circ$，$0^\circ\leqq\theta_3\leqq180^\circ$ より，$\theta_1=60^\circ$，$\theta_2=120^\circ$，$\theta_3=135^\circ$ であるから，

x 軸の正の向きとのなす角は，60°
y 軸の正の向きとのなす角は，120°
z 軸の正の向きとのなす角は，135°

5. 教科書 p.66

3 点 A(1, 1, 4)，B(2, 1, 5)，C(3, −1, 8) を頂点とする △ABC について，次の問いに答えよ。

(1) ∠BAC の大きさを求めよ。　(2) △ABC の面積を求めよ。

ガイド (1) まず，cos∠BAC の値を求める。

(2) $\triangle ABC=\frac{1}{2}|\overrightarrow{AB}||\overrightarrow{AC}|\sin\angle BAC$ を利用する。

解答 (1) $\overrightarrow{AB}=(1,\ 0,\ 1)$, $\overrightarrow{AC}=(2,\ -2,\ 4)$ より,

$\overrightarrow{AB}\cdot\overrightarrow{AC}=1\times2+0\times(-2)+1\times4=6$

$|\overrightarrow{AB}|=\sqrt{1^2+0^2+1^2}=\sqrt{2}$

$|\overrightarrow{AC}|=\sqrt{2^2+(-2)^2+4^2}=\sqrt{24}=2\sqrt{6}$

したがって,

$$\cos\angle BAC=\frac{\overrightarrow{AB}\cdot\overrightarrow{AC}}{|\overrightarrow{AB}||\overrightarrow{AC}|}=\frac{6}{\sqrt{2}\times2\sqrt{6}}=\frac{\sqrt{3}}{2}$$

$0^\circ<\angle BAC<180^\circ$ より,　$\angle BAC=\mathbf{30^\circ}$

(2) $\triangle ABC=\frac{1}{2}|\overrightarrow{AB}||\overrightarrow{AC}|\sin\angle BAC=\frac{1}{2}\times\sqrt{2}\times2\sqrt{6}\times\frac{1}{2}$

$=\mathbf{\sqrt{3}}$

☐ 6. 教科書 p.66

2点 $A(-1,\ 0,\ 2)$, $B(4,\ -3,\ 4)$ を通る直線が, xy 平面と交わる点の座標を求めよ。

ガイド xy 平面と交わる点を $P(x,\ y,\ 0)$ とおくと, $\overrightarrow{AP}=k\overrightarrow{AB}$ となる実数 k がある。

解答 xy 平面と交わる点を $P(x,\ y,\ 0)$ とおくと,

$\overrightarrow{AP}=(x+1,\ y,\ -2)$, $\overrightarrow{AB}=(5,\ -3,\ 2)$

点Pは直線AB上の点より, $\overrightarrow{AP}=k\overrightarrow{AB}$ となる実数 k があるから,

$(x+1,\ y,\ -2)=k(5,\ -3,\ 2)$

$=(5k,\ -3k,\ 2k)$

したがって,　$x+1=5k$, $y=-3k$, $-2=2k$

これを解いて,　$k=-1$, $x=-6$, $y=3$

よって, 求める点の座標は,　$\mathbf{(-6,\ 3,\ 0)}$

☐ 7. 教科書 p.66

四面体ABCDにおいて，$AB^2+CD^2=AC^2+BD^2$ を満たすならば，$AD\perp BC$ であることをベクトルを用いて証明せよ。

ガイド 例えば，$\overrightarrow{AB}=\vec{b}$，$\overrightarrow{AC}=\vec{c}$，$\overrightarrow{AD}=\vec{d}$ として，$\overrightarrow{AD}\cdot\overrightarrow{BC}=0$ を示す。

解答 $\overrightarrow{AB}=\vec{b}$，$\overrightarrow{AC}=\vec{c}$，$\overrightarrow{AD}=\vec{d}$ とする。

条件より，$|\overrightarrow{AB}|^2+|\overrightarrow{CD}|^2=|\overrightarrow{AC}|^2+|\overrightarrow{BD}|^2$ であるから，

$$|\vec{b}|^2+|\vec{d}-\vec{c}|^2=|\vec{c}|^2+|\vec{d}-\vec{b}|^2$$

$$|\vec{b}|^2+|\vec{d}|^2-2\vec{c}\cdot\vec{d}+|\vec{c}|^2=|\vec{c}|^2+|\vec{d}|^2-2\vec{b}\cdot\vec{d}+|\vec{b}|^2$$

$$\vec{c}\cdot\vec{d}-\vec{b}\cdot\vec{d}=0$$

$$\vec{d}\cdot(\vec{c}-\vec{b})=0$$

$$\overrightarrow{AD}\cdot\overrightarrow{BC}=0$$

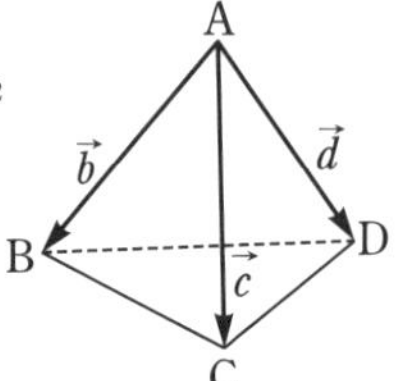

$\overrightarrow{AD}\neq\vec{0}$，$\overrightarrow{BC}\neq\vec{0}$ より，　$\overrightarrow{AD}\perp\overrightarrow{BC}$

よって，　$AD\perp BC$

B

☐ 8. 教科書 p.67

円Oに内接する△ABCがあり，$AB=4$，$AC=6$，$\angle BAC=60°$ とするとき，次の問いに答えよ。

(1) 内積 $\overrightarrow{AB}\cdot\overrightarrow{AO}$ と $\overrightarrow{AC}\cdot\overrightarrow{AO}$ を求めよ。

(2) $\overrightarrow{AO}=x\overrightarrow{AB}+y\overrightarrow{AC}$ となる実数 x，y の値を求めよ。

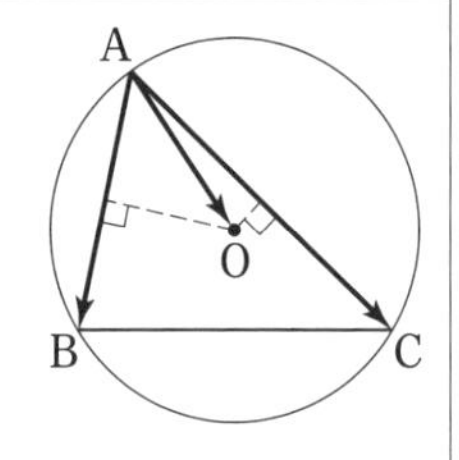

ガイド (1) $\overrightarrow{AB}\cdot\overrightarrow{AO}=|\overrightarrow{AB}||\overrightarrow{AO}|\cos\angle OAB$

$\overrightarrow{AC}\cdot\overrightarrow{AO}=|\overrightarrow{AC}||\overrightarrow{AO}|\cos\angle OAC$

円の中心Oが△ABCの外心であることに着目し，まず $|\overrightarrow{AO}|\cos\angle OAB$，$|\overrightarrow{AO}|\cos\angle OAC$ の値を求める。

(2) $\overrightarrow{AB}\cdot\overrightarrow{AO}$ と $\overrightarrow{AC}\cdot\overrightarrow{AO}$ を x，y を用いて表す。

解答 (1) 辺 AB, AC の中点をそれぞれ M, N とすると，点 O は △ABC の外心であるから，

$AB \perp OM$, $AC \perp ON$

したがって，

$\angle OAB = \theta_1$, $\angle OAC = \theta_2$

とすると，

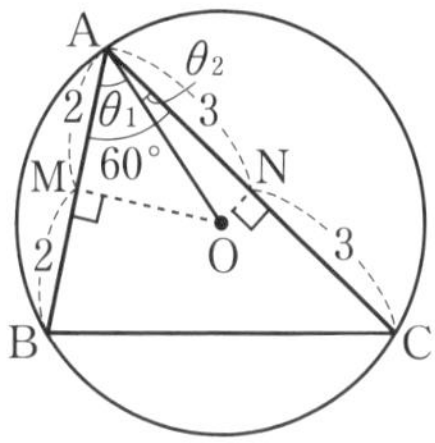

$AO\cos\theta_1 = AM = 2$, $AO\cos\theta_2 = AN = 3$

よって，

$\overrightarrow{AB}\cdot\overrightarrow{AO} = |\overrightarrow{AB}| \times |\overrightarrow{AO}|\cos\theta_1 = 4\times 2 = \mathbf{8}$

$\overrightarrow{AC}\cdot\overrightarrow{AO} = |\overrightarrow{AC}| \times |\overrightarrow{AO}|\cos\theta_2 = 6\times 3 = \mathbf{18}$

(2) $\overrightarrow{AB}\cdot\overrightarrow{AC} = |\overrightarrow{AB}||\overrightarrow{AC}|\cos 60° = 4\times 6\times\frac{1}{2} = 12$ より，

$\overrightarrow{AB}\cdot\overrightarrow{AO} = \overrightarrow{AB}\cdot(x\overrightarrow{AB} + y\overrightarrow{AC})$

$= x|\overrightarrow{AB}|^2 + y\overrightarrow{AB}\cdot\overrightarrow{AC}$

$= 16x + 12y$

$\overrightarrow{AC}\cdot\overrightarrow{AO} = \overrightarrow{AC}\cdot(x\overrightarrow{AB} + y\overrightarrow{AC})$

$= x\overrightarrow{AB}\cdot\overrightarrow{AC} + y|\overrightarrow{AC}|^2$

$= 12x + 36y$

(1)より，$\overrightarrow{AB}\cdot\overrightarrow{AO} = 8$, $\overrightarrow{AC}\cdot\overrightarrow{AO} = 18$ であるから

$16x + 12y = 8$, $12x + 36y = 18$

これを解いて，　$\boldsymbol{x = \frac{1}{6}}$, $\boldsymbol{y = \frac{4}{9}}$

9. 教科書 p.67

△ABC と点Pが $2\overrightarrow{PA}+3\overrightarrow{PB}+4\overrightarrow{PC}=\vec{0}$ を満たしている。
このとき，次の問いに答えよ。
(1) 直線 AP と辺 BC の交点をDとするとき，BD：DC，AP：PD を求めよ。
(2) △PBC，△PCA，△PAB の面積の比を求めよ。

ガイド (1) $2\overrightarrow{PA}+3\overrightarrow{PB}+4\overrightarrow{PC}=\vec{0}$ を変形し，$\overrightarrow{AP}$ を $\overrightarrow{AB}$，$\overrightarrow{AC}$ で表す。

解答 (1) $2\overrightarrow{PA}+3\overrightarrow{PB}+4\overrightarrow{PC}=\vec{0}$ より，

$$-2\overrightarrow{AP}+3(\overrightarrow{AB}-\overrightarrow{AP})+4(\overrightarrow{AC}-\overrightarrow{AP})=\vec{0}$$

$$-9\overrightarrow{AP}=-3\overrightarrow{AB}-4\overrightarrow{AC}$$

したがって，

$$\overrightarrow{AP}=\frac{3\overrightarrow{AB}+4\overrightarrow{AC}}{9}=\frac{7}{9}\left(\frac{3\overrightarrow{AB}+4\overrightarrow{AC}}{7}\right)=\frac{7}{9}\left(\frac{3\overrightarrow{AB}+4\overrightarrow{AC}}{4+3}\right)$$

これより，辺 BC を 4：3 に内分する点は，直線 AP 上にある。

よって，直線 AP と辺 BC の交点Dは，辺 BC を 4：3 に内分する点であるから，

BD：DC＝4：3

また，$\overrightarrow{AP}=\frac{7}{9}\overrightarrow{AD}$ より，点Pは線分 AD を 7：2 に内分する点であるから，

AP：PD＝7：2

(2) △ABC の面積を S とする。

$$\triangle PBC=\frac{2}{9}S$$

$$\triangle PCA=\frac{7}{9}\triangle ADC=\frac{7}{9}\times\frac{3}{7}S=\frac{1}{3}S$$

$$\triangle PAB=\frac{7}{9}\triangle ABD=\frac{7}{9}\times\frac{4}{7}S=\frac{4}{9}S$$

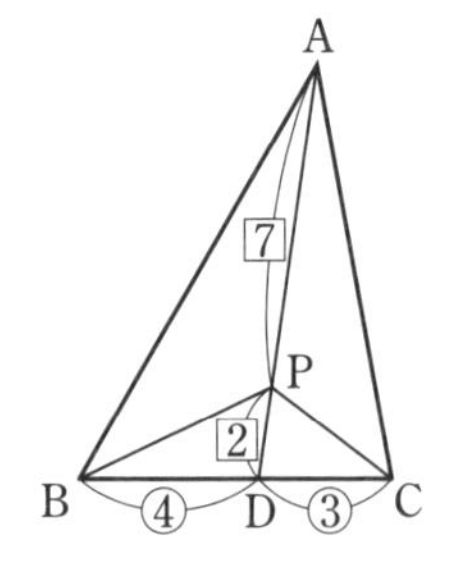

よって，

$$\triangle\mathbf{PBC}:\triangle\mathbf{PCA}:\triangle\mathbf{PAB}=\frac{2}{9}S:\frac{1}{3}S:\frac{4}{9}S=\mathbf{2:3:4}$$

10. 教科書 p.67

平面上の異なる 2 つの定点 O，A と任意の点Pに対して，$\overrightarrow{OA}=\vec{a}$，$\overrightarrow{OP}=\vec{p}$ とするとき，ベクトル方程式 $|\vec{p}-3\vec{a}|=|\vec{p}-\vec{a}|$ はどのような図形を表すか。

ガイド $3\vec{a}=\overrightarrow{OA'}$ とするとき，与えられたベクトル方程式から，点Pと A, A′ の関係を考える。

解答 $3\vec{a}=\overrightarrow{OA'}$ とすると，$|\vec{p}-3\vec{a}|=|\vec{p}-\vec{a}|$ より，

$$|\overrightarrow{OP}-\overrightarrow{OA'}|=|\overrightarrow{OP}-\overrightarrow{OA}|$$

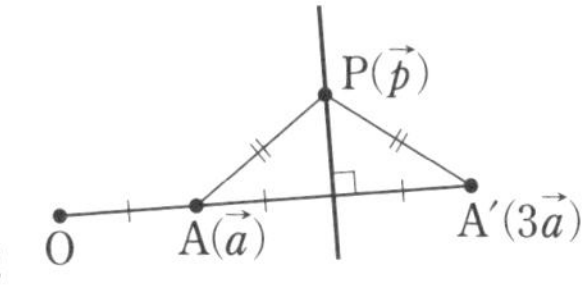

すなわち，$|\overrightarrow{A'P}|=|\overrightarrow{AP}|$ より，点Pは2点 A, A′ からの距離が等しい。

よって，**$3\vec{a}=\overrightarrow{OA'}$ とすると，線分 AA′ の垂直二等分線**を表す。

☐11. 教科書 p.67

3点 A(2, 1, 0), B(1, 2, 1), C(2, −1, 4) を通る平面 α がある。原点Oから平面 α に下ろした垂線を OH とするとき，$\overrightarrow{OH}\perp\overrightarrow{AB}$, $\overrightarrow{OH}\perp\overrightarrow{AC}$ であることを利用して，点Hの座標を求めよ。

ガイド $\overrightarrow{AH}=s\overrightarrow{AB}+t\overrightarrow{AC}$ (s, t は実数) とおき，$\overrightarrow{OH}\cdot\overrightarrow{AB}=0$, $\overrightarrow{OH}\cdot\overrightarrow{AC}=0$ であることから，s, t の値を求める。

解答 点Hは平面 α 上にあるから，$\overrightarrow{AH}=s\overrightarrow{AB}+t\overrightarrow{AC}$ を満たす実数 s, t がある。

これより，$\overrightarrow{OH}-\overrightarrow{OA}=s(\overrightarrow{OB}-\overrightarrow{OA})+t(\overrightarrow{OC}-\overrightarrow{OA})$ であるから，

$$\begin{aligned}\overrightarrow{OH}&=(1-s-t)\overrightarrow{OA}+s\overrightarrow{OB}+t\overrightarrow{OC}\\&=(1-s-t)(2,\ 1,\ 0)+s(1,\ 2,\ 1)+t(2,\ -1,\ 4)\\&=(2-s,\ 1+s-2t,\ s+4t)\end{aligned}$$

$\overrightarrow{OH}\perp\overrightarrow{AB}$, $\overrightarrow{OH}\perp\overrightarrow{AC}$ より，　$\overrightarrow{OH}\cdot\overrightarrow{AB}=0$, $\overrightarrow{OH}\cdot\overrightarrow{AC}=0$

$\overrightarrow{AB}=(-1,\ 1,\ 1)$, $\overrightarrow{AC}=(0,\ -2,\ 4)$ であるから，

$$\overrightarrow{OH}\cdot\overrightarrow{AB}=-(2-s)+(1+s-2t)+(s+4t)=3s+2t-1$$

$$\overrightarrow{OH}\cdot\overrightarrow{AC}=0\times(2-s)-2(1+s-2t)+4(s+4t)=2s+20t-2$$

したがって，　$3s+2t-1=0$, $2s+20t-2=0$

これを解いて，　$s=\dfrac{2}{7}$, $t=\dfrac{1}{14}$

よって，$\overrightarrow{OH}=\left(\dfrac{12}{7},\ \dfrac{8}{7},\ \dfrac{4}{7}\right)$ となるから，点Hの座標は，

$\boldsymbol{\left(\dfrac{12}{7},\ \dfrac{8}{7},\ \dfrac{4}{7}\right)}$

12. 教科書 p.67

2つの球面 $(x-2)^2+(y-3)^2+(z+1)^2=2$, $(x-4)^2+(y-2)^2+(z+3)^2=5$ を，それぞれA，Bとすると，A，Bが交わる部分は円である。この円をCとするとき，次の問いに答えよ。

(1) 2つの球面A，Bの中心の座標と半径を，それぞれ求めよ。また，中心間の距離を求めよ。

(2) 円Cの中心の座標と半径を求めよ。

ガイド (2) 三平方の定理を利用する。

解答 (1) 球面A**の中心の座標**は $(2,\ 3,\ -1)$，**A**の**半径**は $\sqrt{2}$ である。
また，球面**B**の**中心の座標**は $(4,\ 2,\ -3)$，**B**の**半径**は $\sqrt{5}$ である。
中心間の距離は，

$$\sqrt{(4-2)^2+(2-3)^2+\{-3-(-1)\}^2}=\sqrt{9}=3$$

(2) 球面A，Bと円Cの中心をそれぞれA，B，Cとする。

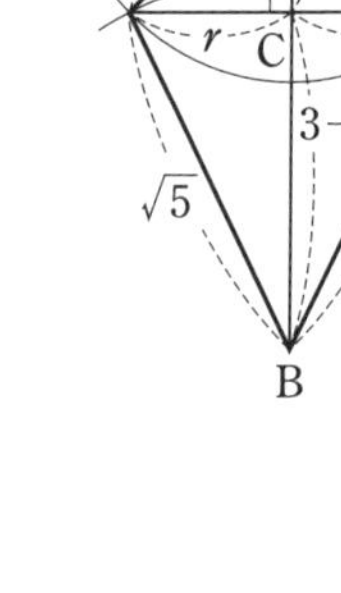

$AC=k$ とすると，$AB=3$ より，

$BC=3-k$

ここで，円Cの半径を r とする。

$r^2+k^2=(\sqrt{2})^2$ より，

$r^2+k^2=2$ ……①

$r^2+(3-k)^2=(\sqrt{5})^2$ より，

$r^2+(3-k)^2=5$ ……②

②−①より，

$(3-k)^2-k^2=3$

$-6k+6=0$

$k=1$

したがって，$AC=1$，$BC=2$ より，　$AC:CB=1:2$

これより，点Cの座標は，

$$\left(\frac{2\times2+1\times4}{1+2},\ \frac{2\times3+1\times2}{1+2},\ \frac{2\times(-1)+1\times(-3)}{1+2}\right)$$

すなわち，　$\left(\frac{8}{3},\ \frac{8}{3},\ -\frac{5}{3}\right)$

また，$r>0$ であるから，①より，　$r=\sqrt{2-1^2}=1$

よって，円Cの**中心の座標**は $\left(\frac{8}{3},\ \frac{8}{3},\ -\frac{5}{3}\right)$，**半径**は**1**である。

思考力を養う　接触しない？

湖上を点Oを原点とする座標平面と考え，湖上の2つのボートA，Bの位置関係をベクトルを用いて調べる。このとき，単位ベクトルの長さを1mとする。

例えば，時刻 $t=0$ におけるAとBの位置ベクトルがそれぞれ $\vec{a}=(10,\ 20)$，$\vec{b}=(50,\ -20)$，AとBの1秒間に進む向きと大きさを表すベクトルがそれぞれ $\vec{v_a}=(5,\ -2)$，$\vec{v_b}=(-3,\ 4)$ の場合，t 秒後のAとBの位置ベクトル $\vec{p_a}$，$\vec{p_b}$ は，

$$\vec{p_a}=(10+5t,\ 20-2t),\ \vec{p_b}=(50-3t,\ -20+4t)$$

より，

$$\overrightarrow{AB}=(40-8t,\ -40+6t)$$

$$|\overrightarrow{AB}|=\sqrt{(40-8t)^2+(-40+6t)^2}=\sqrt{100t^2-1120t+3200}$$

となる。

Q 1　上の例の場合，AB間の距離が10m以下になるときがあるか考えてみよう。

教科書 p.68

ガイド　$|\overrightarrow{AB}|^2 \leqq 10^2$ となる場合があるか考える。

解答　$|\overrightarrow{AB}|^2=100t^2-1120t+3200$

$$=100(t-5.6)^2+64$$

$|\overrightarrow{AB}|^2$ の最小値が64であるから，$|\overrightarrow{AB}|$ の最小値は，$t=5.6$ のとき，　$\sqrt{64}=8$

よって，**10m以下になるときがある**。

Q 2　上の例の場合，2つのボートA，Bが接触することがあるか考えてみよう。

教科書 p.68

ガイド　**Q 1** の結果をもとに考えるとよい。

解答　**Q 1** より，$|\overrightarrow{AB}|$ の最小値が8であるから，**接触することがない**。

第2章 複素数平面

第1節 複素数平面

1 複素数平面

問 1 点 A$(3+2i)$, B$(-2-3i)$, C(-3), D$(3i)$ を複素数平面上に図示せよ。

教科書 p.71

ガイド 複素数 z は2つの実数 a, b と虚数単位 i を用いて, $z=a+bi$ と表される。

$b=0$ のとき, $z=a$ は実数であり,

$b\neq0$ のとき, $z=a+bi$ は虚数である。

特に, $a=0$, $b\neq0$ である虚数 $z=bi$ を純虚数という。

今後, 複素数 $a+bi$ などでは, 文字 a, b は実数を表すものとする。

複素数 $z=a+bi$ に座標平面上の点 $(a,\ b)$ を対応させるとき, この座標平面を**複素数平面**または**複素平面**といい, x 軸を**実軸**, y 軸を**虚軸**という。特に, 実数0の表す点は原点Oである。

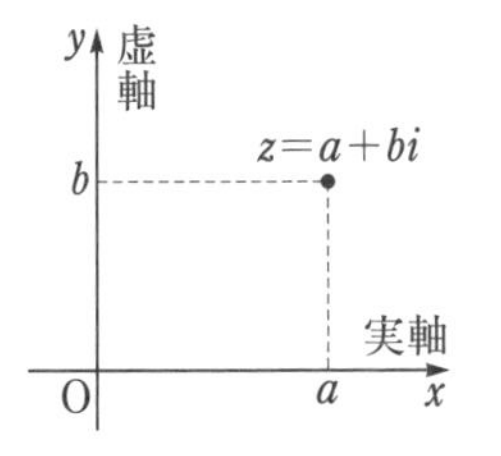

また, 実軸上の点は実数を表し, 原点Oを除く虚軸上の点は純虚数を表す。

複素数 z の表す点Pを **点 P(z)** と表す。また, この点を**点 z** ということもある。

問 1 の点A, B, C, Dはそれぞれ, 座標平面上の $(3,\ 2)$, $(-2,\ -3)$, $(-3,\ 0)$, $(0,\ 3)$ の各点に対応する。

解答 右の図のようになる。

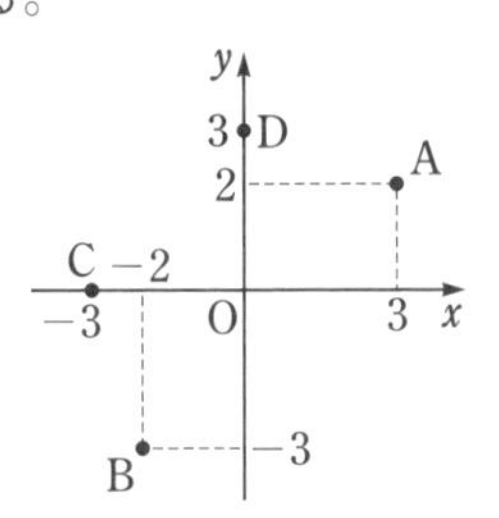

問 2　複素数 $z=a+bi$ について，下の **ここがポイント** のことを示せ。

教科書 p.71

ガイド　複素数 z と共役な複素数を $\overline{z}$ で表す。

複素数 $z=a+bi$ と共役な複素数 $\overline{z}$ は，$\overline{z}=a-bi$ である。

複素数 $\overline{z}$ と共役な複素数は z である。すなわち，$\overline{\overline{z}}=z$ である。

$z=a+bi$ とすると，

$$\overline{z}=a-bi,\quad -z=-a-bi,\quad -\overline{z}=-a+bi$$

となる。

よって，複素数 z に対して，点 $\overline{z}$ は点 z と実軸に関して対称，点 $-z$ は点 z と原点に関して対称，点 $-\overline{z}$ は点 z と虚軸に関して対称である。

ここがポイント

z が実数 $\Longleftrightarrow$ $\overline{z}=z$

z が純虚数 $\Longleftrightarrow$ $\overline{z}=-z$，$z\neq 0$

解答　$z=a+bi$（a，b は実数）とすると，　$\overline{z}=a-bi$

z が実数のとき，$b=0$ であるから，　$z=a$，$\overline{z}=a$

これより，　$\overline{z}=z$

また，$\overline{z}=z$ のとき，　$a-bi=a+bi$

$2bi=0$ より，　$b=0$

したがって，z は実数となる。

よって，　z が実数 $\Longleftrightarrow$ $\overline{z}=z$

z が純虚数のとき，$a=0$ かつ $b\neq 0$ であるから，　$z=bi$

$\overline{z}=-bi$，$-z=-bi$ より，　$\overline{z}=-z$

また，$\overline{z}=-z$ のとき，$a-bi=-(a+bi)$ より，

$$a-bi=-a-bi$$

$2a=0$ より，　$a=0$

このとき，$z\neq 0$ より，　$b\neq 0$

したがって，z は純虚数となる。

よって，　z が純虚数 $\Longleftrightarrow$ $\overline{z}=-z$，$z\neq 0$

問 3 下の[2]，[4]を証明せよ。

教科書 p.72

ガイド 複素数α，βとその共役な複素数$\overline{\alpha}$，$\overline{\beta}$について，次のことが成り立つ。

[1] $\overline{\alpha+\beta}=\overline{\alpha}+\overline{\beta}$　　[2] $\overline{\alpha-\beta}=\overline{\alpha}-\overline{\beta}$

[3] $\overline{\alpha\beta}=\overline{\alpha}\,\overline{\beta}$　　[4] $\overline{\left(\dfrac{\alpha}{\beta}\right)}=\dfrac{\overline{\alpha}}{\overline{\beta}}$　ただし，$\beta\neq0$

左辺と右辺をそれぞれ計算し，同じ複素数になることを示す。

解答 $\alpha=a+bi$，$\beta=c+di$ とする。

[2]
$$\overline{\alpha-\beta}=\overline{(a+bi)-(c+di)}$$
$$=\overline{(a-c)+(b-d)i}=(a-c)-(b-d)i$$
$$\overline{\alpha}-\overline{\beta}=\overline{(a+bi)}-\overline{(c+di)}$$
$$=(a-bi)-(c-di)=(a-c)-(b-d)i$$

よって，$\overline{\alpha-\beta}=\overline{\alpha}-\overline{\beta}$

[4] $\dfrac{\alpha}{\beta}=\dfrac{a+bi}{c+di}=\dfrac{(a+bi)(c-di)}{(c+di)(c-di)}=\dfrac{(ac+bd)-(ad-bc)i}{c^2+d^2}$ より，

$$\overline{\left(\frac{\alpha}{\beta}\right)}=\overline{\frac{(ac+bd)-(ad-bc)i}{c^2+d^2}}=\frac{(ac+bd)+(ad-bc)i}{c^2+d^2}$$
$$\frac{\overline{\alpha}}{\overline{\beta}}=\frac{\overline{a+bi}}{\overline{c+di}}=\frac{a-bi}{c-di}$$
$$=\frac{(a-bi)(c+di)}{(c-di)(c+di)}=\frac{(ac+bd)+(ad-bc)i}{c^2+d^2}$$

よって，$\overline{\left(\dfrac{\alpha}{\beta}\right)}=\dfrac{\overline{\alpha}}{\overline{\beta}}$

参考 [3]より，自然数nについて，$\overline{z^n}=(\overline{z})^n$ が成り立つ。

問 4 次の複素数の絶対値を求めよ。

教科書 p.72

(1) $4-2i$　　(2) $-3i$

ガイド 点zと原点Oとの間の距離を，複素数zの**絶対値**といい，$|z|$で表す。

$z=a+bi$ のとき，$|z|$は次のようになる。

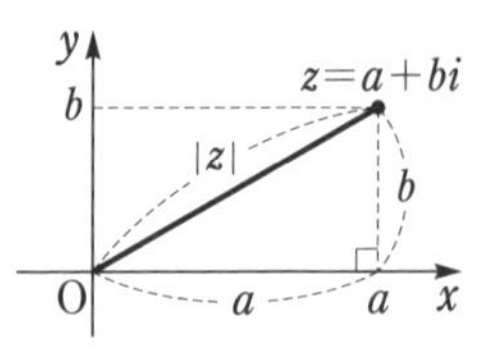

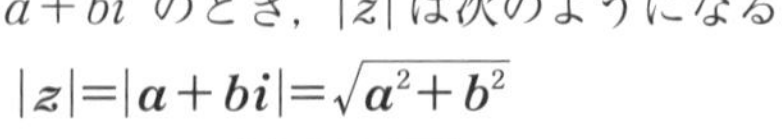

$$|z|=|a+bi|=\sqrt{a^2+b^2}$$

解答 (1) $|4-2i|=\sqrt{4^2+(-2)^2}=2\sqrt{5}$

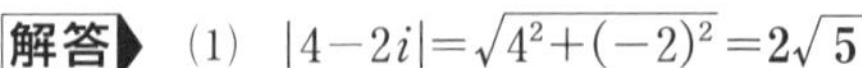

(2) $|-3i|=\sqrt{0^2+(-3)^2}=3$

参考 複素数の絶対値について，次の性質が成り立つ。

ポイントプラス [絶対値の性質]

$|z|=|\overline{z}|=|-z|=|-\overline{z}|$　　$|z|^2=z\overline{z}$

第2章 複素数平面

問5 y を実数として，$\alpha=2+6i$，$\beta=3+yi$ とする。このとき，3点0，α，β が一直線上にあるような y の値を求めよ。

教科書 p.73

ガイド 0でない複素数 $\alpha=a+bi$ と実数 k の積が表す点 $k\alpha$ は右の図のようになる。一般に，$\alpha \neq 0$ のとき，次のことが成り立つ。

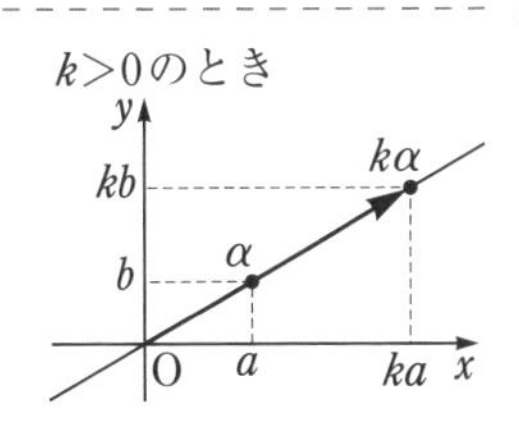

3点0，α，β が一直線上にある

$\iff$ $\beta=k\alpha$ となる実数 k がある

解答 3点0，α，β が一直線上にあるとき，$\beta=k\alpha$ となる実数 k があるから，$3+yi=k(2+6i)$ より，

$3+yi=2k+6ki$

$2k$，$6k$ は実数であるから，　$3=2k$，$y=6k$

$3=2k$ より，$k=\dfrac{3}{2}$ となるから，$y=6k$ に代入して，　$\boldsymbol{y=9}$

問6 $\alpha=3+2i$，$\beta=1-i$ のとき，$\alpha+\beta$，$\alpha-\beta$ の表す点を，それぞれ図示せよ。

教科書 p.74

ガイド 2つの複素数 $\alpha=a+bi$，$\beta=c+di$ の和 $\alpha+\beta$ について，3点0，α，β が一直線上になければ，4点0，α，$\alpha+\beta$，β を頂点とする四角形は平行四辺形となるから，次のようにいうことができる。

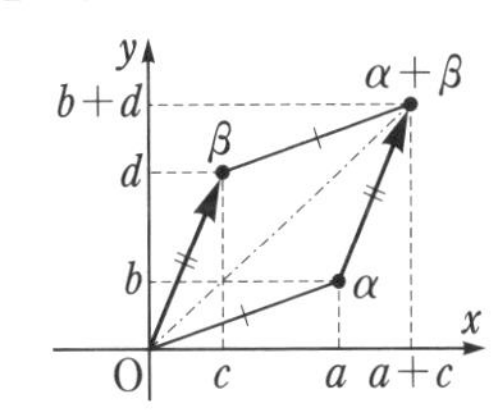

点 $\alpha+\beta$ は，点0を点 β に移す平行移動によって，点 α が移る点である。

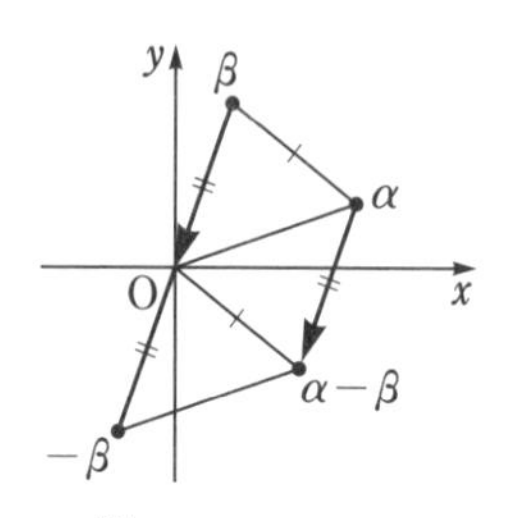

2つの複素数 α, β の差 $\alpha-\beta$ については，次のようにいうことができる。

点 $\alpha-\beta$ は，点 β を点0に移す平行移動によって，点 α が移る点である。

$\alpha-\beta=\alpha+(-\beta)$ より，点 $\alpha-\beta$ は α と $-\beta$ の和が表す点でもある。

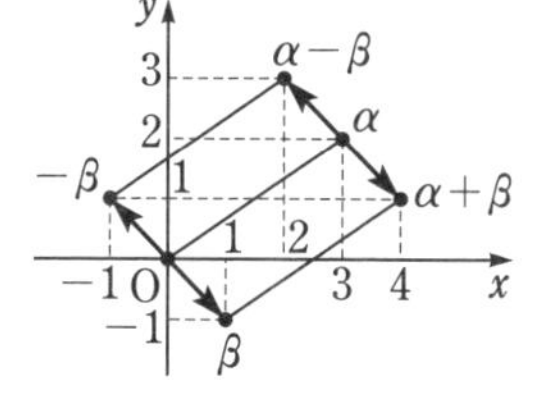

解答 $\alpha+\beta=(3+2i)+(1-i)=4+i$ となるから，4点0，α，$\alpha+\beta$，β を頂点とする四角形は平行四辺形となる。

また，

$$\begin{aligned}\alpha-\beta&=\alpha+(-\beta)\\&=(3+2i)+\{-(1-i)\}\\&=2+3i\end{aligned}$$

となるから，4点0，α，$\alpha-\beta$，$-\beta$ を頂点とする四角形は平行四辺形となる。

これらの点を図示すると，上の図のようになる。

問 7 次の2点 α, β 間の距離を求めよ。

教科書 p.74

(1) $\alpha=-1+2i$, $\beta=3-i$　　(2) $\alpha=2-2i$, $\beta=4+3i$

ガイド 2つの複素数 α, β について，2点 α, β 間の距離は，**問 6** の **ガイド** の図より，点 $\alpha-\beta$ と原点Oとの間の距離に等しいから，$|\alpha-\beta|$ であることがわかる。

また，$|\alpha-\beta|=|\beta-\alpha|$ であるから，次のようにいうことができる。

2点 α, β 間の距離は，　$|\beta-\alpha|$

解答 (1) $|\beta-\alpha|=|(3-i)-(-1+2i)|=|4-3i|$

$=\sqrt{4^2+(-3)^2}=\mathbf{5}$

(2) $|\beta-\alpha|=|(4+3i)-(2-2i)|=|2+5i|$

$=\sqrt{2^2+5^2}=\boldsymbol{\sqrt{29}}$

2 複素数の極形式

問 8 次の複素数を極形式で表せ。ただし，偏角 θ は $0 \leqq \theta < 2\pi$ とする。

教科書 p.76

(1) $1+\sqrt{3}i$　　(2) $2-2i$　　(3) $-\sqrt{3}+i$

(4) $\dfrac{-1-\sqrt{3}i}{2}$　　(5) $-i$　　(6) -4

ガイド 複素数 $z=a+bi$ は次の形で表される。

$$z=r(\cos\theta+i\sin\theta)\qquad ただし，r>0$$

これを，複素数 z の**極形式**という。

角 θ を z の**偏角**といい，$\arg z$ で表す。

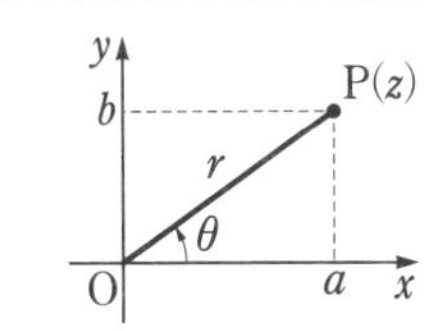

偏角 θ は，$0 \leqq \theta < 2\pi$ や $-\pi < \theta \leqq \pi$ の範囲ではただ1通りに定まる。

z の偏角の1つを θ とすると，一般に，$\arg z=\theta+2n\pi$（n は整数）と表すことができる。

ここがポイント [複素数の極形式]

$z \neq 0$ のとき，　$z=a+bi=r(\cos\theta+i\sin\theta)$

ただし，$r=|z|=\sqrt{a^2+b^2}$，$\cos\theta=\dfrac{a}{r}$，$\sin\theta=\dfrac{b}{r}$

$z=0$ の場合，$r=0$ であるが，偏角は考えないものとする。

解答 (1) $r=\sqrt{1^2+(\sqrt{3})^2}=2$

$\cos\theta=\dfrac{1}{2}$，$\sin\theta=\dfrac{\sqrt{3}}{2}$ より，$\theta=\dfrac{\pi}{3}$

よって，　$1+\sqrt{3}i=2\left(\cos\dfrac{\pi}{3}+i\sin\dfrac{\pi}{3}\right)$

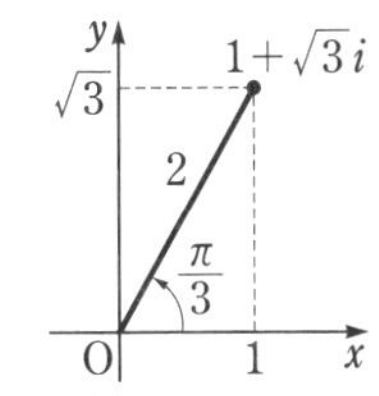

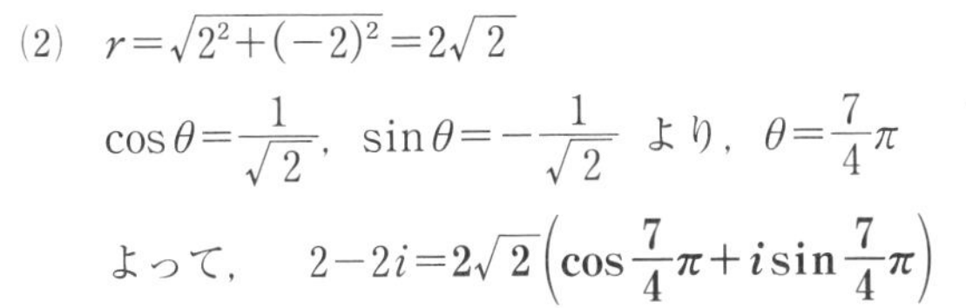

(2) $r=\sqrt{2^2+(-2)^2}=2\sqrt{2}$

$\cos\theta=\dfrac{1}{\sqrt{2}}$，$\sin\theta=-\dfrac{1}{\sqrt{2}}$ より，$\theta=\dfrac{7}{4}\pi$

よって，　$2-2i=2\sqrt{2}\left(\cos\dfrac{7}{4}\pi+i\sin\dfrac{7}{4}\pi\right)$

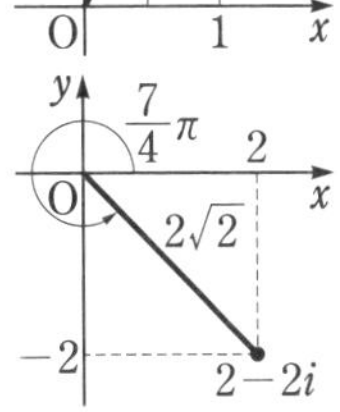

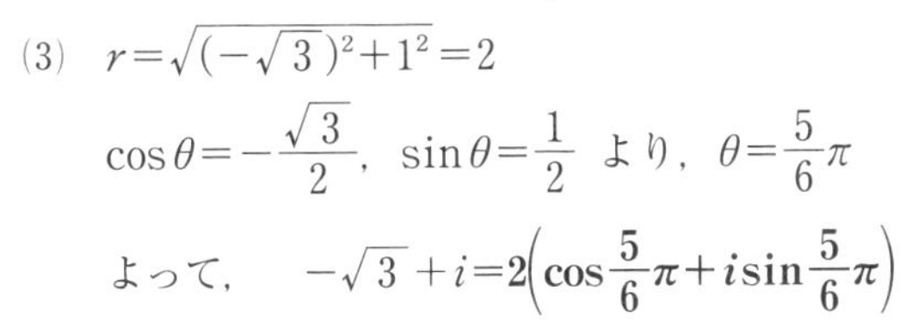

(3) $r=\sqrt{(-\sqrt{3})^2+1^2}=2$

$\cos\theta=-\dfrac{\sqrt{3}}{2}$，$\sin\theta=\dfrac{1}{2}$ より，$\theta=\dfrac{5}{6}\pi$

よって，　$-\sqrt{3}+i=2\left(\cos\dfrac{5}{6}\pi+i\sin\dfrac{5}{6}\pi\right)$

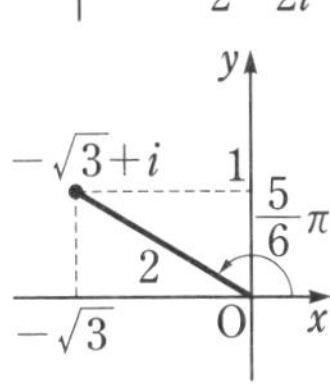

(4) $r=\sqrt{\left(-\dfrac{1}{2}\right)^2+\left(-\dfrac{\sqrt{3}}{2}\right)^2}=1$

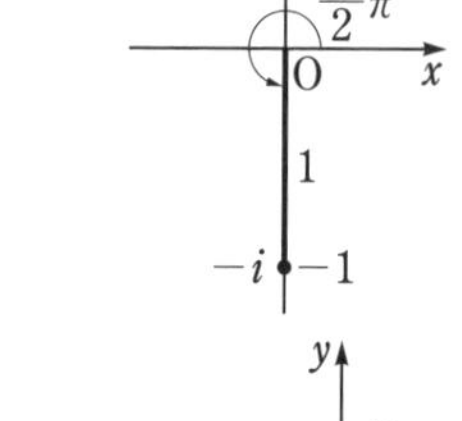

$\cos\theta=-\dfrac{1}{2}$, $\sin\theta=-\dfrac{\sqrt{3}}{2}$ より, $\theta=\dfrac{4}{3}\pi$

よって, $\dfrac{-1-\sqrt{3}\,i}{2}=\boldsymbol{\cos\dfrac{4}{3}\pi+i\sin\dfrac{4}{3}\pi}$

(5) $r=\sqrt{0^2+(-1)^2}=1$

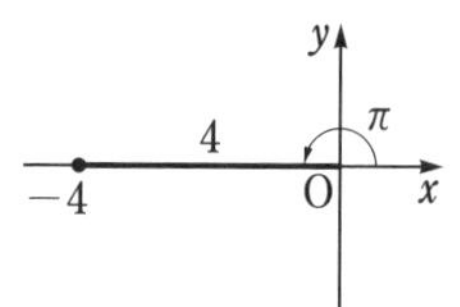

$\cos\theta=0$, $\sin\theta=-1$ より, $\theta=\dfrac{3}{2}\pi$

よって, $-i=\boldsymbol{\cos\dfrac{3}{2}\pi+i\sin\dfrac{3}{2}\pi}$

(6) $r=\sqrt{(-4)^2+0^2}=4$

$\cos\theta=-1$, $\sin\theta=0$ より, $\theta=\pi$

よって, $-4=\boldsymbol{4(\cos\pi+i\sin\pi)}$

問 9 複素数 $z=r(\cos\theta+i\sin\theta)$ について, $-z$ を極形式で表せ。

教科書 p.76

ガイド z と $-z$ は, 原点に関して対称である。

解答 z と $-z$ は原点に関して対称の位置にあるから,

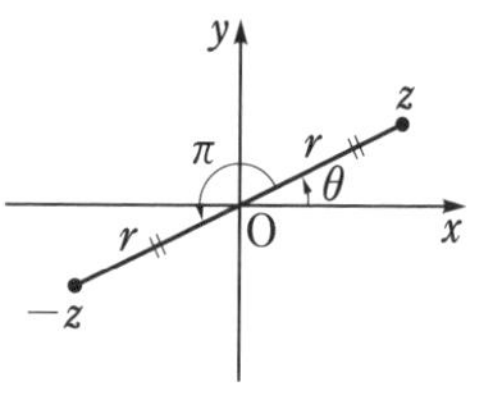

$|-z|=|z|=r$

$\arg(-z)=\theta+\pi$

したがって, $-z=\boldsymbol{r\{\cos(\theta+\pi)+i\sin(\theta+\pi)\}}$

問10 $z_1=3\left(\cos\dfrac{\pi}{4}+i\sin\dfrac{\pi}{4}\right)$, $z_2=2\left(\cos\dfrac{\pi}{6}+i\sin\dfrac{\pi}{6}\right)$ のとき, 積 z_1z_2, 商 $\dfrac{z_1}{z_2}$ を極形式で表せ。

教科書 p.78

ガイド 0 でない 2 つの複素数 z_1, z_2 が極形式で,

$z_1=r_1(\cos\theta_1+i\sin\theta_1)$, $z_2=r_2(\cos\theta_2+i\sin\theta_2)$

と表されるとき, 積 z_1z_2 の極形式は, 次のように表される。

$z_1z_2=r_1r_2\{\cos(\theta_1+\theta_2)+i\sin(\theta_1+\theta_2)\}$

また，商 $\dfrac{z_1}{z_2}$ の極形式は，次のように表される。

$$\frac{z_1}{z_2}=\frac{r_1}{r_2}\{\cos(\theta_1-\theta_2)+i\sin(\theta_1-\theta_2)\}$$

複素数の極形式における積と商について，次のことが成り立つ。

ここがポイント **[複素数の極形式における積と商]**

$z_1=r_1(\cos\theta_1+i\sin\theta_1)$，$z_2=r_2(\cos\theta_2+i\sin\theta_2)$ のとき，

1 積 $\boldsymbol{z_1z_2=r_1r_2\{\cos(\theta_1+\theta_2)+i\sin(\theta_1+\theta_2)\}}$

$\boldsymbol{|z_1z_2|=|z_1||z_2|}$

$\boldsymbol{\arg z_1z_2=\arg z_1+\arg z_2}$

2 商 $\boldsymbol{\dfrac{z_1}{z_2}=\dfrac{r_1}{r_2}\{\cos(\theta_1-\theta_2)+i\sin(\theta_1-\theta_2)\}}$

$\boldsymbol{\left|\dfrac{z_1}{z_2}\right|=\dfrac{|z_1|}{|z_2|}}$

$\boldsymbol{\arg\dfrac{z_1}{z_2}=\arg z_1-\arg z_2}$

上の偏角についての等式は，2π の整数倍の違いは無視して一致していることを示している。

解答 $z_1z_2=3\cdot2\left\{\cos\left(\dfrac{\pi}{4}+\dfrac{\pi}{6}\right)+i\sin\left(\dfrac{\pi}{4}+\dfrac{\pi}{6}\right)\right\}=\boldsymbol{6\left(\cos\dfrac{5}{12}\pi+i\sin\dfrac{5}{12}\pi\right)}$

$\dfrac{z_1}{z_2}=\dfrac{3}{2}\left\{\cos\left(\dfrac{\pi}{4}-\dfrac{\pi}{6}\right)+i\sin\left(\dfrac{\pi}{4}-\dfrac{\pi}{6}\right)\right\}=\boldsymbol{\dfrac{3}{2}\left(\cos\dfrac{\pi}{12}+i\sin\dfrac{\pi}{12}\right)}$

問11 複素数 $z=r(\cos\theta+i\sin\theta)$ について，

教科書 **p.78**

$\dfrac{1}{z}=\dfrac{1}{r}\{\cos(-\theta)+i\sin(-\theta)\}$ を示せ。

ガイド 1を極形式で表して考える。

解答 $1=1\cdot(\cos0+i\sin0)$ であるから，

$$\frac{1}{z}=\frac{1}{r}\{\cos(0-\theta)+i\sin(0-\theta)\}=\frac{1}{r}\{\cos(-\theta)+i\sin(-\theta)\}$$

問12 $z=4-2i$ とするとき，点 z を原点Oを中心として次の角 θ だけ回転した点を表す複素数を求めよ。

教科書 p.79

(1) $\theta=\dfrac{\pi}{6}$　　(2) $\theta=\dfrac{2}{3}\pi$

ガイド

ここがポイント

複素数 $\alpha=\cos\theta+i\sin\theta$ と複素数 z との積 αz の表す点は，点 z を原点Oを中心として角 θ だけ回転した点である。

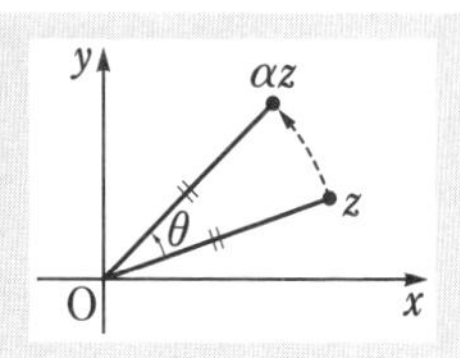

解答 (1) $\left(\cos\dfrac{\pi}{6}+i\sin\dfrac{\pi}{6}\right)z=\left(\dfrac{\sqrt{3}}{2}+\dfrac{1}{2}i\right)(4-2i)$

$$=\boldsymbol{(2\sqrt{3}+1)+(-\sqrt{3}+2)i}$$

(2) $\left(\cos\dfrac{2}{3}\pi+i\sin\dfrac{2}{3}\pi\right)z=\left(-\dfrac{1}{2}+\dfrac{\sqrt{3}}{2}i\right)(4-2i)$

$$=\boldsymbol{(-2+\sqrt{3})+(1+2\sqrt{3})i}$$

問13 $z=1+i$ に対して，$\alpha=2\left(\cos\dfrac{\pi}{3}+i\sin\dfrac{\pi}{3}\right)$ とするとき，積 αz，商 $\dfrac{z}{\alpha}$ の表す点を，それぞれ図示せよ。

教科書 p.80

ガイド

ここがポイント **[複素数の積・商と回転・拡大・縮小]**

複素数 z と複素数 $\alpha=r(\cos\theta+i\sin\theta)$ において，

1 積 αz は，点 z を原点Oを中心として角 θ だけ回転し，Oからの距離を r 倍した点を表す。

2 商 $\dfrac{z}{\alpha}$ は，点 z を原点Oを中心として角 $-\theta$ だけ回転し，Oからの距離を $\dfrac{1}{r}$ 倍した点を表す。

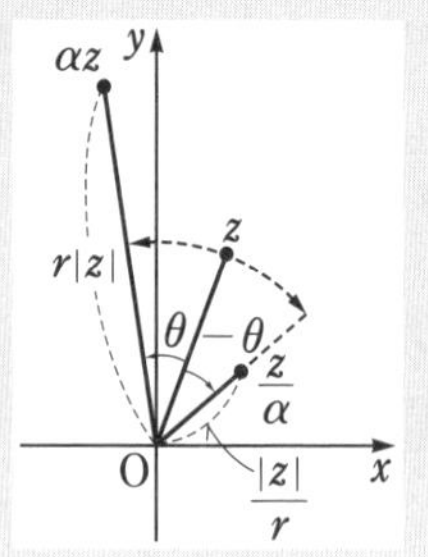

解答 $z=1+i=\sqrt{2}\left(\cos\dfrac{\pi}{4}+i\sin\dfrac{\pi}{4}\right)$ である。

$$\alpha z=2\sqrt{2}\left\{\cos\left(\frac{\pi}{3}+\frac{\pi}{4}\right)+i\sin\left(\frac{\pi}{3}+\frac{\pi}{4}\right)\right\}$$

となるから，点 αz は，点 z を原点Oを中心として $\dfrac{\pi}{3}$ だけ回転し，さらにOからの距離を2倍した点である。

$$\frac{z}{\alpha}=\frac{\sqrt{2}}{2}\left\{\cos\left(\frac{\pi}{4}-\frac{\pi}{3}\right)+i\sin\left(\frac{\pi}{4}-\frac{\pi}{3}\right)\right\}$$

となるから，点 $\dfrac{z}{\alpha}$ は，点 z を原点Oを中心として $-\dfrac{\pi}{3}$ だけ回転し，さらにOからの距離を $\dfrac{1}{2}$ 倍した点である。

これらの点を図示すると，右の図のようになる。

3 ド・モアブルの定理

問14 次の式を計算せよ。

教科書 p.81

(1) $\left(\cos\dfrac{\pi}{12}+i\sin\dfrac{\pi}{12}\right)^4$　　(2) $\left(\cos\dfrac{\pi}{6}+i\sin\dfrac{\pi}{6}\right)^{-5}$

ガイド

ここがポイント [ド・モアブルの定理]

n が整数のとき，　$(\cos\theta+i\sin\theta)^n=\cos n\theta+i\sin n\theta$

解答 (1) $\left(\cos\dfrac{\pi}{12}+i\sin\dfrac{\pi}{12}\right)^4=\cos\dfrac{\pi}{3}+i\sin\dfrac{\pi}{3}=\dfrac{1}{2}+\dfrac{\sqrt{3}}{2}i$

(2) $\left(\cos\dfrac{\pi}{6}+i\sin\dfrac{\pi}{6}\right)^{-5}=\cos\left(-\dfrac{5}{6}\pi\right)+i\sin\left(-\dfrac{5}{6}\pi\right)=-\dfrac{\sqrt{3}}{2}-\dfrac{1}{2}i$

問15 次の式を計算せよ。

教科書 p.82

(1) $(1+i)^8$　　(2) $(-1+\sqrt{3}\,i)^5$　　(3) $(1-i)^{-6}$

ガイド 複素数を極形式で表し，ド・モアブルの定理を用いる。

解答 (1) $1+i$ を極形式で表すと，

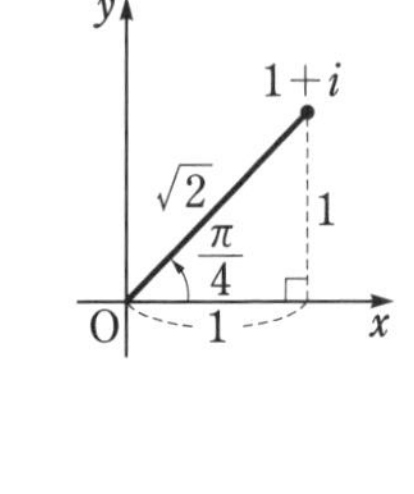

$$1+i=\sqrt{2}\left(\cos\frac{\pi}{4}+i\sin\frac{\pi}{4}\right)$$

よって，

$$(1+i)^8=(\sqrt{2})^8\left(\cos\frac{\pi}{4}+i\sin\frac{\pi}{4}\right)^8$$

$$=(\sqrt{2})^8(\cos 2\pi+i\sin 2\pi)=\mathbf{16}$$

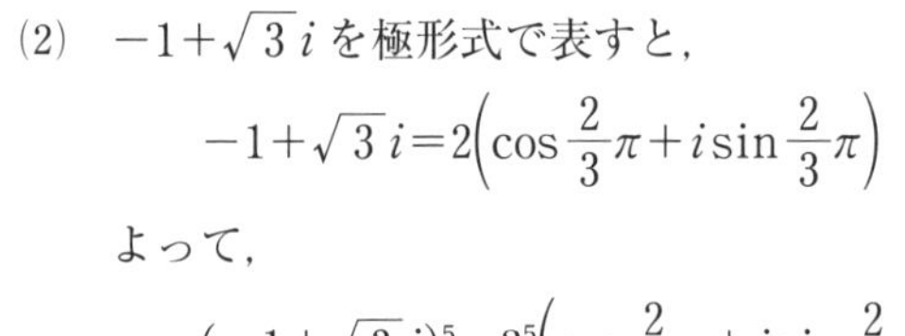

(2) $-1+\sqrt{3}\,i$ を極形式で表すと，

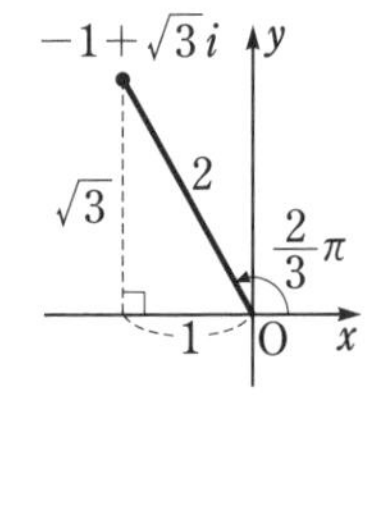

$$-1+\sqrt{3}\,i=2\left(\cos\frac{2}{3}\pi+i\sin\frac{2}{3}\pi\right)$$

よって，

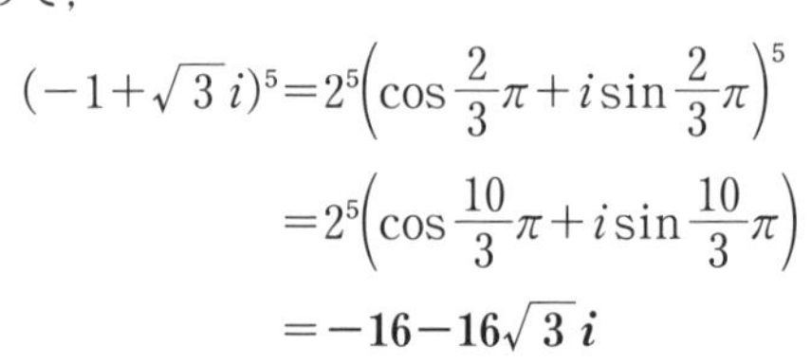

$$(-1+\sqrt{3}\,i)^5=2^5\left(\cos\frac{2}{3}\pi+i\sin\frac{2}{3}\pi\right)^5$$

$$=2^5\left(\cos\frac{10}{3}\pi+i\sin\frac{10}{3}\pi\right)$$

$$=\mathbf{-16-16\sqrt{3}\,i}$$

(3) $1-i$ を極形式で表すと，

$$1-i=\sqrt{2}\left(\cos\frac{7}{4}\pi+i\sin\frac{7}{4}\pi\right)$$

よって，

$$(1-i)^{-6}=(\sqrt{2})^{-6}\left(\cos\frac{7}{4}\pi+i\sin\frac{7}{4}\pi\right)^{-6}$$

$$=(\sqrt{2})^{-6}\left\{\cos\left(-\frac{21}{2}\pi\right)+i\sin\left(-\frac{21}{2}\pi\right)\right\}$$

$$=\mathbf{-\frac{1}{8}i}$$

問16　1の6乗根を求めよ。また，その複素数の表す点を図示せよ。

教科書 p.84

ガイド　n を自然数とするとき，方程式 $z^n=1$ を満たす複素数 z を，**1の n 乗根**という。

ここがポイント **[1の n 乗根]**

1の n 乗根は，次の n 個の複素数である。

$$z_k=\cos\frac{2}{n}k\pi+i\sin\frac{2}{n}k\pi$$

$$(k=0,\ 1,\ 2,\ \cdots\cdots,\ n-1)$$

これらを表す点は，単位円周上にあり，点1を1つの頂点とする正 n 角形の頂点である。

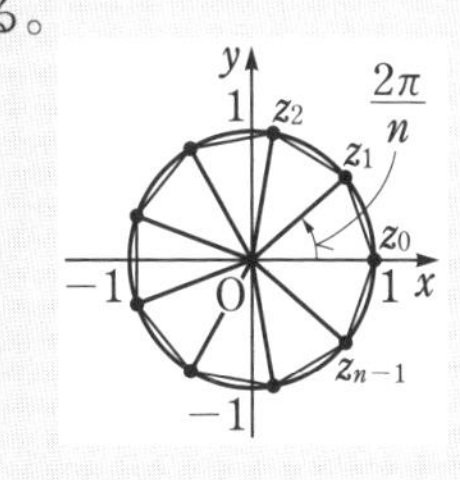

解答　$z_k=\cos\frac{2}{6}k\pi+i\sin\frac{2}{6}k\pi$　$(k=0,\ 1,\ 2,\ 3,\ 4,\ 5)$

であるから，次の6つの複素数が得られる。

$z_0=1$,　　$z_1=\dfrac{1+\sqrt{3}\,i}{2}$,

$z_2=\dfrac{-1+\sqrt{3}\,i}{2}$,　　$z_3=-1$,

$z_4=\dfrac{-1-\sqrt{3}\,i}{2}$,　　$z_5=\dfrac{1-\sqrt{3}\,i}{2}$

これらの表す点を図示すると，右の図のようになる。

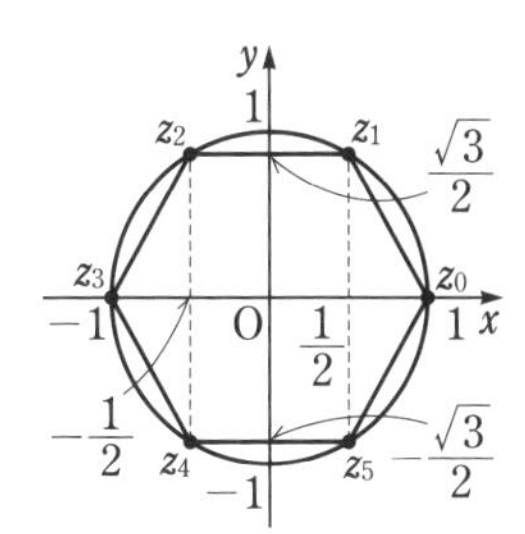

☐ **問17** 次の方程式を解け。

教科書 p.85

(1) $z^2=1+\sqrt{3}i$　　(2) $z^4=-16$

ガイド $z=r(\cos\theta+i\sin\theta)$ $(r>0,\ 0\leqq\theta<2\pi)$ とおいて考える。

解答 (1) $z=r(\cos\theta+i\sin\theta)$ $(r>0,\ 0\leqq\theta<2\pi)$ ……①

とおくと，$z^2=1+\sqrt{3}i$ より，

$$r^2(\cos2\theta+i\sin2\theta)=2\left(\cos\frac{\pi}{3}+i\sin\frac{\pi}{3}\right)$$

両辺の絶対値と偏角を比較すると，

$r^2=2$ で，$r>0$ より，　$r=\sqrt{2}$

$2\theta=\dfrac{\pi}{3}+2k\pi$（$k$ は整数）より，　$\theta=\dfrac{\pi}{6}+k\pi$

$0\leqq\theta<2\pi$ より，$k=0$，1 であるから，　$\theta=\dfrac{\pi}{6}$，$\dfrac{7}{6}\pi$

したがって，①より，

$$z=\sqrt{2}\left(\cos\frac{\pi}{6}+i\sin\frac{\pi}{6}\right)=\frac{\sqrt{6}+\sqrt{2}i}{2}$$

$$z=\sqrt{2}\left(\cos\frac{7}{6}\pi+i\sin\frac{7}{6}\pi\right)$$

$$=\frac{-\sqrt{6}-\sqrt{2}i}{2}$$

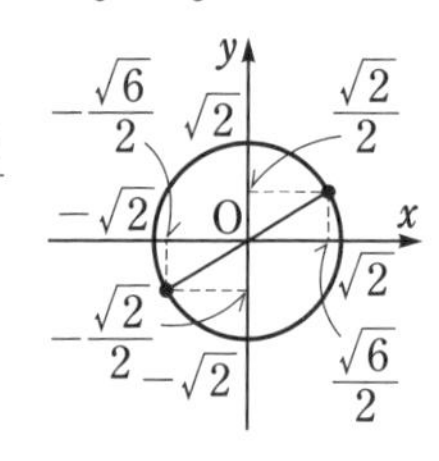

よって，求める解は，

$$\boldsymbol{z=\frac{\sqrt{6}+\sqrt{2}i}{2},\ \frac{-\sqrt{6}-\sqrt{2}i}{2}}$$

(2) $z=r(\cos\theta+i\sin\theta)$ $(r>0,\ 0\leqq\theta<2\pi)$ ……②

とおくと，$z^4=-16$ より，

$$r^4(\cos4\theta+i\sin4\theta)=16(\cos\pi+i\sin\pi)$$

両辺の絶対値と偏角を比較すると，

$r^4=16$ で，$r>0$ より，　$r=2$

$4\theta=\pi+2k\pi$（k は整数）より，　$\theta=\dfrac{\pi}{4}+\dfrac{1}{2}k\pi$

$0\leqq\theta<2\pi$ より，$k=0$，1，2，3 であるから，

$$\theta=\frac{\pi}{4},\ \frac{3}{4}\pi,\ \frac{5}{4}\pi,\ \frac{7}{4}\pi$$

したがって，②より，

$$z=2\left(\cos\frac{\pi}{4}+i\sin\frac{\pi}{4}\right)$$
$$=\sqrt{2}+\sqrt{2}\,i$$
$$z=2\left(\cos\frac{3}{4}\pi+i\sin\frac{3}{4}\pi\right)$$
$$=-\sqrt{2}+\sqrt{2}\,i$$
$$z=2\left(\cos\frac{5}{4}\pi+i\sin\frac{5}{4}\pi\right)$$
$$=-\sqrt{2}-\sqrt{2}\,i$$
$$z=2\left(\cos\frac{7}{4}\pi+i\sin\frac{7}{4}\pi\right)$$
$$=\sqrt{2}-\sqrt{2}\,i$$

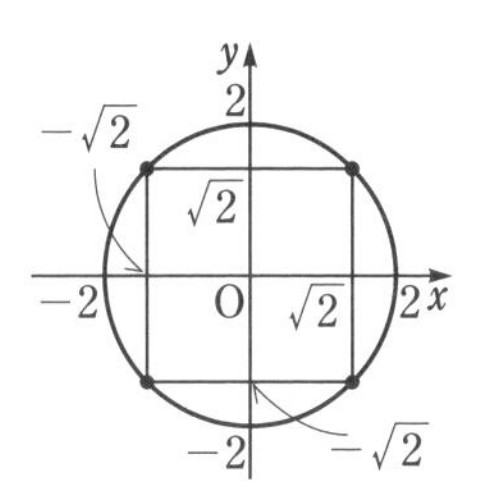

よって，求める解は，

$$\boldsymbol{z=\sqrt{2}+\sqrt{2}\,i,\ -\sqrt{2}+\sqrt{2}\,i,}$$
$$\boldsymbol{-\sqrt{2}-\sqrt{2}\,i,\ \sqrt{2}-\sqrt{2}\,i}$$

節末問題

第1節｜複素数平面

1 教科書 p.86

複素数zの実部は$\dfrac{z+\overline{z}}{2}$，虚部は$\dfrac{z-\overline{z}}{2i}$で表されることを示せ。

ガイド $z=a+bi$（a，bは実数）とおいて，$\dfrac{z+\overline{z}}{2}=a$，$\dfrac{z-\overline{z}}{2i}=b$ となることを示す。

解答 $z=a+bi$（a，bは実数）とおくと，　$\overline{z}=a-bi$

$$\frac{z+\overline{z}}{2}=\frac{(a+bi)+(a-bi)}{2}=a$$

$$\frac{z-\overline{z}}{2i}=\frac{(a+bi)-(a-bi)}{2i}=b$$

よって，複素数zの実部は$\dfrac{z+\overline{z}}{2}$，虚部は$\dfrac{z-\overline{z}}{2i}$で表される。

2 教科書 p.86

xを実数として，$\alpha=1-xi$，$\beta=(x+2)-3i$ とする。このとき，複素数平面上の3点0，α，βが一直線上にあるようなxの値を求めよ。

ガイド $\beta=k\alpha$ となる実数kがある。

解答 3点0，α，βが一直線上にあるとき，$\beta=k\alpha$ となる実数kがあればよいから，$(x+2)-3i=k(1-xi)$ より，

$$(x+2)-3i=k-kxi$$

$x+2$，k，$-kx$は実数であるから，$\begin{cases} x+2=k & \cdots\cdots① \\ -3=-kx & \cdots\cdots② \end{cases}$

①を②に代入して，　$-3=-x(x+2)$

これより，

$$x^2+2x-3=0$$

$$(x+3)(x-1)=0$$

よって，　$\boldsymbol{x=-3,\ 1}$

参考 このとき，kの値はそれぞれ $k=-1$，3 となる。

3 教科書 p.86

$z=2\left(\cos\frac{\pi}{10}+i\sin\frac{\pi}{10}\right)$ のとき，次の複素数を極形式で表せ。ただし，偏角 θ は $0\leqq\theta<2\pi$ とする。

(1) z^2　　(2) $-iz$

(3) $(1+i)z$　　(4) $\frac{1}{z}$

ガイド (2), (3)　まず，複素数 $-i$, $1+i$ を極形式で表す。

(4)　$1=\cos 0+i\sin 0$ である。偏角 θ の値の範囲に注意する。

解答 (1)　$z^2=2^2\left\{\cos\left(\frac{\pi}{10}+\frac{\pi}{10}\right)+i\sin\left(\frac{\pi}{10}+\frac{\pi}{10}\right)\right\}=\mathbf{4\left(\cos\frac{\pi}{5}+i\sin\frac{\pi}{5}\right)}$

(2)　$-i=\cos\frac{3}{2}\pi+i\sin\frac{3}{2}\pi$ であるから，

$$-iz=1\cdot 2\left\{\cos\left(\frac{3}{2}\pi+\frac{\pi}{10}\right)+i\sin\left(\frac{3}{2}\pi+\frac{\pi}{10}\right)\right\}$$
$$=\mathbf{2\left(\cos\frac{8}{5}\pi+i\sin\frac{8}{5}\pi\right)}$$

(3)　$1+i=\sqrt{2}\left(\cos\frac{\pi}{4}+i\sin\frac{\pi}{4}\right)$ であるから，

$$(1+i)z=\sqrt{2}\cdot 2\left\{\cos\left(\frac{\pi}{4}+\frac{\pi}{10}\right)+i\sin\left(\frac{\pi}{4}+\frac{\pi}{10}\right)\right\}$$
$$=\mathbf{2\sqrt{2}\left(\cos\frac{7}{20}\pi+i\sin\frac{7}{20}\pi\right)}$$

(4)　$1=\cos 0+i\sin 0$ であるから，

$$\frac{1}{z}=\frac{1}{2}\left\{\cos\left(0-\frac{\pi}{10}\right)+i\sin\left(0-\frac{\pi}{10}\right)\right\}$$
$$=\frac{1}{2}\left\{\cos\left(-\frac{\pi}{10}\right)+i\sin\left(-\frac{\pi}{10}\right)\right\}$$

$0\leqq\theta<2\pi$ であるから，　$\frac{1}{z}=\mathbf{\frac{1}{2}\left(\cos\frac{19}{10}\pi+i\sin\frac{19}{10}\pi\right)}$

参考 (1), (4)では，ド・モアブルの定理を用いてもよい。

4 教科書 p.86

次の式を計算せよ。

(1) $\left(\cos\frac{\pi}{6}-i\sin\frac{\pi}{6}\right)^9$　　(2) $\left(\frac{1+\sqrt{3}i}{1+i}\right)^{10}$

ガイド (2)　まず，分母，分子をそれぞれ極形式で表す。

解答 (1)　$\left(\cos\frac{\pi}{6}-i\sin\frac{\pi}{6}\right)^9=\left\{\cos\left(-\frac{\pi}{6}\right)+i\sin\left(-\frac{\pi}{6}\right)\right\}^9$

$$=\cos\left(-\frac{3}{2}\pi\right)+i\sin\left(-\frac{3}{2}\pi\right)=\boldsymbol{i}$$

(2)　$1+\sqrt{3}i$，$1+i$ をそれぞれ極形式で表すと，

$$1+\sqrt{3}i=2\left(\cos\frac{\pi}{3}+i\sin\frac{\pi}{3}\right)$$

$$1+i=\sqrt{2}\left(\cos\frac{\pi}{4}+i\sin\frac{\pi}{4}\right)$$

ド・モアブルの定理を用いて，

$$\left(\frac{1+\sqrt{3}i}{1+i}\right)^{10}=\left\{\frac{2\left(\cos\frac{\pi}{3}+i\sin\frac{\pi}{3}\right)}{\sqrt{2}\left(\cos\frac{\pi}{4}+i\sin\frac{\pi}{4}\right)}\right\}^{10}$$

$$=(\sqrt{2})^{10}\left(\cos\frac{\pi}{12}+i\sin\frac{\pi}{12}\right)^{10}$$

$$=(\sqrt{2})^{10}\left(\cos\frac{5}{6}\pi+i\sin\frac{5}{6}\pi\right)$$

$$=\boldsymbol{-16\sqrt{3}+16i}$$

☑ **5**　教科書 p.86

$\alpha=\sqrt{3}+i$ のとき，α^n が実数になるような最小の自然数 n を求めよ。

ガイド　α を極形式で表し，ド・モアブルの定理を用いる。

解答　$\alpha=2\left(\cos\frac{\pi}{6}+i\sin\frac{\pi}{6}\right)$ であるから，

$$\alpha^n=2^n\left(\cos\frac{n}{6}\pi+i\sin\frac{n}{6}\pi\right)$$

α^n が実数となるとき，　$\sin\frac{n}{6}\pi=0$

よって，　$\frac{n}{6}\pi=k\pi$　（k は整数）

これより，$n=6k$ であるから，これを満たす最小の自然数 n は，
$k=1$ のとき，　$\boldsymbol{n=6}$

☐ **6**　教科書 p.86

方程式 $z^4=-8+8\sqrt{3}\,i$ を解け。

ガイド $z=r(\cos\theta+i\sin\theta)$ $(r>0,\ 0\leqq\theta<2\pi)$ とおいて考える。

解答 $z=r(\cos\theta+i\sin\theta)$ $(r>0,\ 0\leqq\theta<2\pi)$ ……①

とおくと，$z^4=-8+8\sqrt{3}\,i$ より，

$$r^4(\cos4\theta+i\sin4\theta)=16\left(\cos\frac{2}{3}\pi+i\sin\frac{2}{3}\pi\right)$$

両辺の絶対値と偏角を比較すると，

$r^4=16$ で，$r>0$ より，　$r=2$

$4\theta=\dfrac{2}{3}\pi+2k\pi$ （k は整数）より，　$\theta=\dfrac{\pi}{6}+\dfrac{1}{2}k\pi$

$0\leqq\theta<2\pi$ より，$k=0,\ 1,\ 2,\ 3$ であるから，

$$\theta=\frac{\pi}{6},\ \frac{2}{3}\pi,\ \frac{7}{6}\pi,\ \frac{5}{3}\pi$$

したがって，①より，

$$z=2\left(\cos\frac{\pi}{6}+i\sin\frac{\pi}{6}\right)=\sqrt{3}+i$$

$$z=2\left(\cos\frac{2}{3}\pi+i\sin\frac{2}{3}\pi\right)=-1+\sqrt{3}\,i$$

$$z=2\left(\cos\frac{7}{6}\pi+i\sin\frac{7}{6}\pi\right)=-\sqrt{3}-i$$

$$z=2\left(\cos\frac{5}{3}\pi+i\sin\frac{5}{3}\pi\right)=1-\sqrt{3}\,i$$

よって，求める解は，

$$\boldsymbol{z=\sqrt{3}+i,\ -1+\sqrt{3}\,i,\ -\sqrt{3}-i,\ 1-\sqrt{3}\,i}$$

第2節 平面図形と複素数

1 平面図形と複素数

問18 2点 $A(-2+i)$, $B(3+2i)$ を結ぶ線分 AB を，4：1に内分する点と外分する点を表す複素数を，それぞれ求めよ。

教科書 p.87

ガイド

ここがポイント **[内分点・外分点]**

2点 $A(\alpha)$, $B(\beta)$ に対して，線分 AB を $m:n$ に

内分する点を表す複素数は，$\dfrac{n\alpha+m\beta}{m+n}$

外分する点を表す複素数は，$\dfrac{-n\alpha+m\beta}{m-n}$

特に，線分 AB の中点を表す複素数は，$\dfrac{\alpha+\beta}{2}$

解答 **内分する点**を表す複素数は，$\dfrac{1\cdot(-2+i)+4(3+2i)}{4+1}=\dfrac{10+9i}{5}$

外分する点を表す複素数は，$\dfrac{-1\cdot(-2+i)+4(3+2i)}{4-1}=\dfrac{14+7i}{3}$

問19 3点 α, β, γ を頂点とする三角形の重心を表す複素数は，$\dfrac{\alpha+\beta+\gamma}{3}$ であることを証明せよ。

教科書 p.87

ガイド 三角形の重心は，三角形の3本の中線をそれぞれ2：1に内分することを用いる。

解答 2点 β, γ を結ぶ線分の中点を z_1 とすると，　$z_1=\dfrac{\beta+\gamma}{2}$

この三角形の重心を表す点を z とすると，点 z は，2点 α, z_1 を結ぶ線分を2：1に内分する点であるから，

$$z=\frac{1\cdot\alpha+2z_1}{2+1}=\frac{\alpha+(\beta+\gamma)}{3}=\frac{\alpha+\beta+\gamma}{3}$$

よって，この三角形の重心を表す複素数は，$\dfrac{\alpha+\beta+\gamma}{3}$ である。

問20 $\alpha=1+2i$, $\beta=3-4i$ のとき，点 β を点 α を中心として $\frac{\pi}{4}$ だけ回転した点 γ を表す複素数を求めよ。

教科書 p.88

ガイド

ここがポイント **[点 α を中心とする回転]**

点 β を点 α を中心として角 θ だけ回転した点を γ とすると，

$$\boldsymbol{\gamma-\alpha=(\cos\theta+i\sin\theta)(\beta-\alpha)}$$

解答 $\gamma-\alpha=\left(\cos\frac{\pi}{4}+i\sin\frac{\pi}{4}\right)(\beta-\alpha)$ であるから，

$$\begin{aligned}\boldsymbol{\gamma}&=\left(\cos\frac{\pi}{4}+i\sin\frac{\pi}{4}\right)(\beta-\alpha)+\alpha\\&=\left(\cos\frac{\pi}{4}+i\sin\frac{\pi}{4}\right)\{(3-4i)-(1+2i)\}+1+2i\\&=\left(\frac{1}{\sqrt{2}}+\frac{1}{\sqrt{2}}i\right)(2-6i)+1+2i=\boldsymbol{(1+4\sqrt{2})+(2-2\sqrt{2})i}\end{aligned}$$

問21 点Aを直角の頂点とする直角二等辺三角形ABCがある。$\mathrm{A}(2-i)$, $\mathrm{B}(3+2i)$ のとき，点Cを表す複素数を求めよ。

教科書 p.89

ガイド 点Bを点Aを中心として回転させて考える。

解答 $\alpha=2-i$, $\beta=3+2i$ とし，点Cを表す複素数を γ とする。

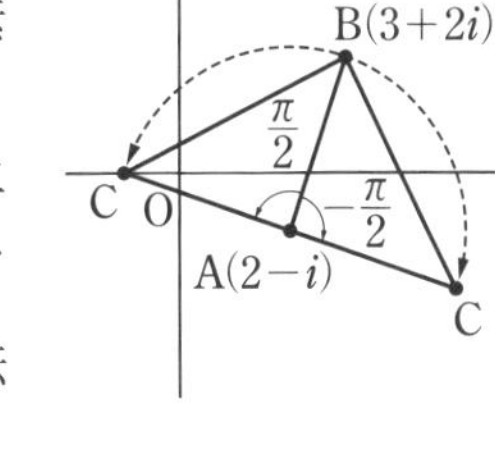

△ABCは点Aを直角の頂点とする直角二等辺三角形であるから，点 $\mathrm{C}(\gamma)$ は，点Bを点Aを中心として $\frac{\pi}{2}$ または $-\frac{\pi}{2}$ だけ回転した点である。

これより，

$$\gamma-\alpha=\left(\cos\frac{\pi}{2}+i\sin\frac{\pi}{2}\right)(\beta-\alpha)$$

または，

$$\gamma-\alpha=\left\{\cos\left(-\frac{\pi}{2}\right)+i\sin\left(-\frac{\pi}{2}\right)\right\}(\beta-\alpha)$$

したがって，

$$\gamma=\left(\cos\frac{\pi}{2}+i\sin\frac{\pi}{2}\right)\{(3+2i)-(2-i)\}+2-i$$
$$=i(1+3i)+2-i=-1$$

または，

$$\gamma=\left\{\cos\left(-\frac{\pi}{2}\right)+i\sin\left(-\frac{\pi}{2}\right)\right\}\{(3+2i)-(2-i)\}+2-i$$
$$=-i(1+3i)+2-i=5-2i$$

よって，点Cを表す複素数は，　$\boldsymbol{-1,\ 5-2i}$

問22 $\alpha=-1+i$，$\beta=\sqrt{3}-1+2i$，$\gamma=-1+3i$ の表す点を，それぞれ A，B，C とするとき，∠BAC の大きさを求めよ。

教科書 p.90

ガイド 異なる 3 点 A(α)，B(β)，C(γ) に対して，半直線 AB から半直線 AC までの回転角を θ とする。線分 AC の長さが線分 AB の長さの k 倍のとき，点Cは，点Bを点Aを中心として角 θ だけ回転し，点Aからの距離を k 倍した点であるから，次の式が成り立つ。

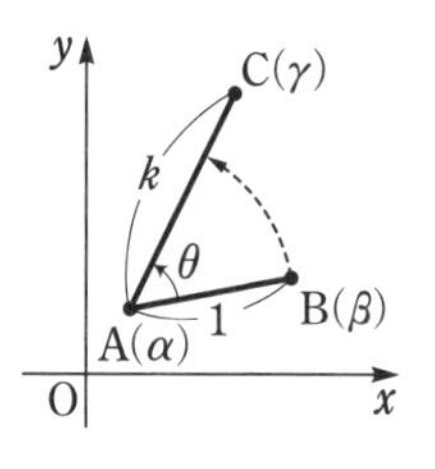

$$\boldsymbol{\gamma-\alpha=k(\cos\theta+i\sin\theta)(\beta-\alpha)}$$

したがって，　$\dfrac{\gamma-\alpha}{\beta-\alpha}=k(\cos\theta+i\sin\theta)$

よって，次のことがいえる。

> **ここがポイント** **[複素数と角]**
>
> 異なる 3 点 A(α)，B(β)，C(γ) に対して，半直線 AB から半直線 AC までの回転角 θ は，
>
> $$\boldsymbol{\theta=\arg\frac{\gamma-\alpha}{\beta-\alpha}}$$

θ は向きを含めて考えた角で，負の値をとることもある。

解答

$$\frac{\gamma-\alpha}{\beta-\alpha}=\frac{(-1+3i)-(-1+i)}{(\sqrt{3}-1+2i)-(-1+i)}=\frac{2i}{\sqrt{3}+i}$$
$$=\frac{1}{2}+\frac{\sqrt{3}}{2}i=\cos\frac{\pi}{3}+i\sin\frac{\pi}{3}$$

よって，∠BAC の大きさは，　$\boldsymbol{\dfrac{\pi}{3}}$

問23

$\alpha=2+3i$, $\beta=3-i$, $\gamma=4+yi$ の表す点を，それぞれ A，B，C とするとき，次の場合に実数 y の値を求めよ。

教科書 p.91

(1)　3 点 A，B，C が一直線上にある。

(2)　2 直線 AB，AC が垂直になる。

ガイド

ここがポイント

異なる 3 点 $\mathrm{A}(\alpha)$，$\mathrm{B}(\beta)$，$\mathrm{C}(\gamma)$ に対して，

3 点 A，B，C が一直線上にある $\iff$ $\dfrac{\gamma-\alpha}{\beta-\alpha}$ **が実数**

2 直線 AB，AC が垂直である $\iff$ $\dfrac{\gamma-\alpha}{\beta-\alpha}$ **が純虚数**

解答

$$\frac{\gamma-\alpha}{\beta-\alpha}=\frac{(4+yi)-(2+3i)}{(3-i)-(2+3i)}=\frac{2+(y-3)i}{1-4i}=\frac{-4y+14}{17}+\frac{y+5}{17}i$$

(1)　3 点 A，B，C が一直線上にあるとき，

$\dfrac{y+5}{17}=0$　すなわち，　$\boldsymbol{y=-5}$

(2)　2 直線 AB，AC が垂直になるとき，

$\dfrac{-4y+14}{17}=0$　かつ　$\dfrac{y+5}{17}\neq0$　すなわち，　$\boldsymbol{y=\dfrac{7}{2}}$

問24

3 点 $\mathrm{A}(\alpha)$，$\mathrm{B}(\beta)$，$\mathrm{C}(\gamma)$ を頂点とする △ABC に対して，等式

$$\gamma=(1+i)\alpha-i\beta$$

が成り立つとき，次の問いに答えよ。

教科書 p.92

(1)　∠A は直角であることを示せ。

(2)　AB：AC を求めよ。

ガイド　(1)　$\dfrac{\gamma-\alpha}{\beta-\alpha}$ が純虚数であることを示す。

解答　(1)

$$\frac{\gamma-\alpha}{\beta-\alpha}=\frac{\{(1+i)\alpha-i\beta\}-\alpha}{\beta-\alpha}=\frac{i\alpha-i\beta}{\beta-\alpha}=\frac{-i(\beta-\alpha)}{\beta-\alpha}$$

$$=-i\quad\cdots\cdots①$$

これは純虚数であるから，2 直線 AB，AC は垂直である。

よって，∠A は直角である。

(2)　①より，　$\left|\dfrac{\gamma-\alpha}{\beta-\alpha}\right|=|-i|=1$

したがって，　$|\gamma-\alpha|=|\beta-\alpha|$

よって，AC＝AB であるから，　**AB：AC＝1：1**

研究　複素数の図形への応用

問題　右の図のように，正三角形 ABC と，AD＝DE，$\angle \mathrm{ADE}=\dfrac{2}{3}\pi$ の二等辺三角形 AED がある。線分 CE の中点を M とするとき，△BMD はどのような三角形か。

教科書 p.93

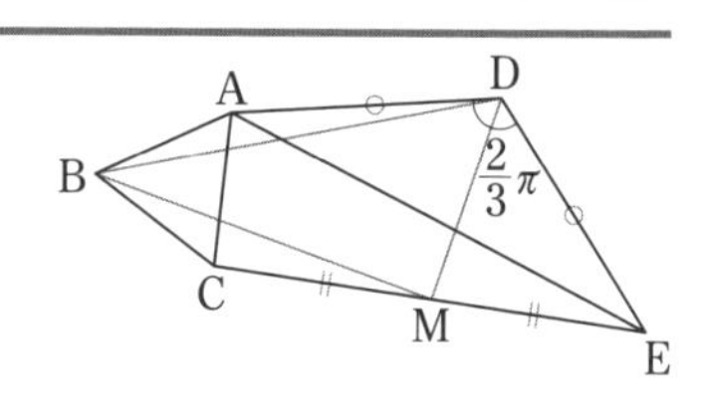

ガイド　B を原点とする複素数平面を考える。

解答　B を原点とする複素数平面を考える。

A を表す複素数を α とすると，C を表す複素数 γ は，

$$\gamma=\left\{\cos\left(-\frac{\pi}{3}\right)+i\sin\left(-\frac{\pi}{3}\right)\right\}\alpha$$

$$=\left(\frac{1}{2}-\frac{\sqrt{3}}{2}i\right)\alpha \quad \cdots\cdots①$$

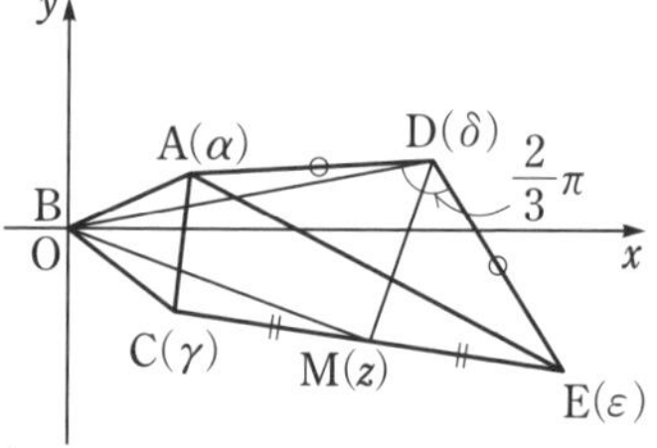

D を表す複素数を δ とすると，E を表す複素数 ε は，

$\varepsilon-\delta=\left(\cos\dfrac{2}{3}\pi+i\sin\dfrac{2}{3}\pi\right)(\alpha-\delta)$ より，

$$\varepsilon=\left(-\frac{1}{2}+\frac{\sqrt{3}}{2}i\right)(\alpha-\delta)+\delta=\left(-\frac{1}{2}+\frac{\sqrt{3}}{2}i\right)\alpha+\left(\frac{3}{2}-\frac{\sqrt{3}}{2}i\right)\delta \quad \cdots②$$

したがって，M を表す複素数 z は，①，②より，

$$z=\frac{\gamma+\varepsilon}{2}=\frac{\left(\frac{1}{2}-\frac{\sqrt{3}}{2}i\right)\alpha+\left\{\left(-\frac{1}{2}+\frac{\sqrt{3}}{2}i\right)\alpha+\left(\frac{3}{2}-\frac{\sqrt{3}}{2}i\right)\delta\right\}}{2}$$

$$=\frac{1}{2}\left(\frac{3}{2}-\frac{\sqrt{3}}{2}i\right)\delta=\frac{\sqrt{3}}{2}\left\{\cos\left(-\frac{\pi}{6}\right)+i\sin\left(-\frac{\pi}{6}\right)\right\}\delta$$

これより，$\arg\dfrac{z}{\delta}=-\dfrac{\pi}{6}$，$\left|\dfrac{z}{\delta}\right|=\dfrac{\sqrt{3}}{2}$ であるから，

$\angle \mathrm{DBM}=\dfrac{\pi}{6}$，BD：BM＝2：$\sqrt{3}$

よって，△BMD は **DM：BM：BD＝1：$\sqrt{3}$：2 の直角三角形**である。

2 方程式の表す図形

問25 次の方程式を満たす点 z の全体は，どのような図形か。

教科書 p.94

(1) $|z+1|=|z-i|$　　(2) $|z|=|z+2|$

ガイド 一般に，2 点 $A(\alpha)$，$B(\beta)$ について，方程式 $|z-\alpha|=|z-\beta|$ を満たす点 z の全体は，線分 AB の垂直二等分線である。

解答 (1) $|z-(-1)|=|z-i|$ より，点 z の全体は，**点 $A(-1)$，点 $B(i)$ とすると，線分 AB の垂直二等分線**である。

(2) $|z-0|=|z-(-2)|$ より，点 z の全体は，**点 $O(0)$，点 $A(-2)$ とすると，線分 OA の垂直二等分線**である。

(1)
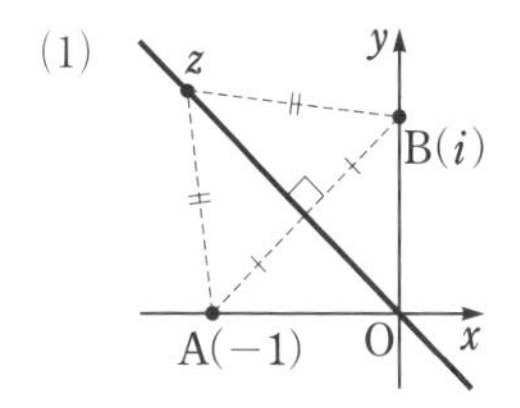

(2)
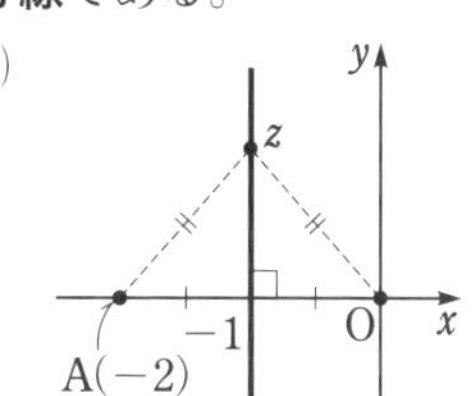

問26 次の方程式を満たす点 z の全体は，どのような図形か。

教科書 p.94

(1) $|z+1-i|=\sqrt{2}$　　(2) $|4-z|=3$

ガイド 一般に，複素数 α と正の数 r について，方程式 $|z-\alpha|=r$ を満たす点 z の全体は，点 α を中心とする半径 r の円である。

特に，$|z|=r$ を満たす点 z の全体は，原点Oを中心とする半径 r の円である。

解答 (1) $|z-(-1+i)|=\sqrt{2}$ より，点 z の全体は，**点 $-1+i$ を中心とする半径 $\sqrt{2}$ の円**である。

(2) $|z-4|=3$ より，点 z の全体は，**点 4 を中心とする半径 3 の円**である。

(1)
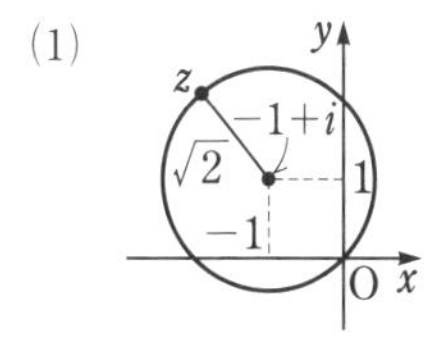

(2)
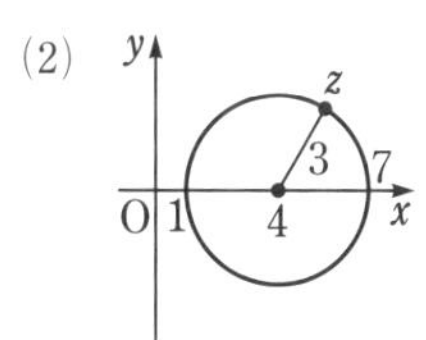

問27 方程式 $2|z+2|=|z-1|$ を満たす点 z の全体は，どのような図形か。

教科書 p.95

ガイド 両辺を 2 乗して，$|z|^2=z\overline{z}$ を用いて変形する。

解答 方程式の両辺を 2 乗すると，　$4|z+2|^2=|z-1|^2$

$$4(z+2)\overline{(z+2)}=(z-1)\overline{(z-1)}$$

$$4(z+2)(\overline{z}+2)=(z-1)(\overline{z}-1)$$

両辺を展開して整理すると，

$$z\overline{z}+3z+3\overline{z}+5=0$$

$$z\overline{z}+3(z+\overline{z})+9=4$$

$$(z+3)(\overline{z}+3)=4$$

$$(z+3)\overline{(z+3)}=4$$

$$|z+3|^2=4$$

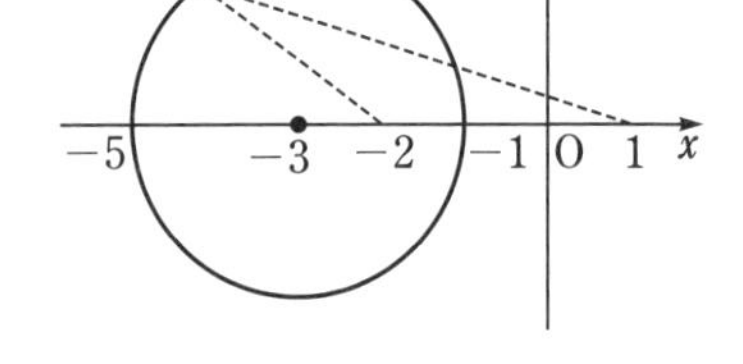

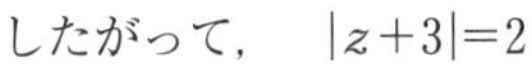

したがって，　$|z+3|=2$

よって，点 z の全体は，**点 -3 を中心とする半径 2 の円**である。

参考 一般に，2 定点 A，B からの距離の比が $m:n\ (m \neq n)$ である点 P の全体が表す図形は円になる。この円を**アポロニウスの円**という。

絶対値の性質を
うまく使って，式を
変形しよう。

問28　点 z が原点Oを中心とする半径 2 の円周上を動くとき，次の式で表される点 w は，どのような図形を描くか。

教科書 p.96

(1)　$w=iz+1$　　　　(2)　$w=\dfrac{1}{z}$

ガイド　複素数 z は，$|z|=2$ を満たす。与えられた式を z について解き，$|z|=2$ に代入する。

解答　点 z は，原点Oを中心とする半径 2 の円周上にあるから，

$|z|=2$　　……①

(1)　$w=iz+1$ より，　$z=\dfrac{w-1}{i}$

これを①に代入すると，

$\left|\dfrac{w-1}{i}\right|=2$ より，　$\dfrac{|w-1|}{|i|}=2$

したがって，　$|w-1|=2$

よって，点 w は，**点 1 を中心とする半径 2 の円**を描く。

(2)　$w=\dfrac{1}{z}$ より，　$z=\dfrac{1}{w}$

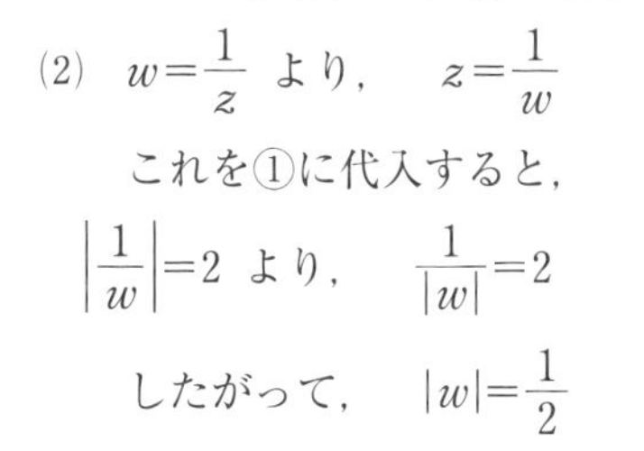

これを①に代入すると，

$\left|\dfrac{1}{w}\right|=2$ より，　$\dfrac{1}{|w|}=2$

したがって，　$|w|=\dfrac{1}{2}$

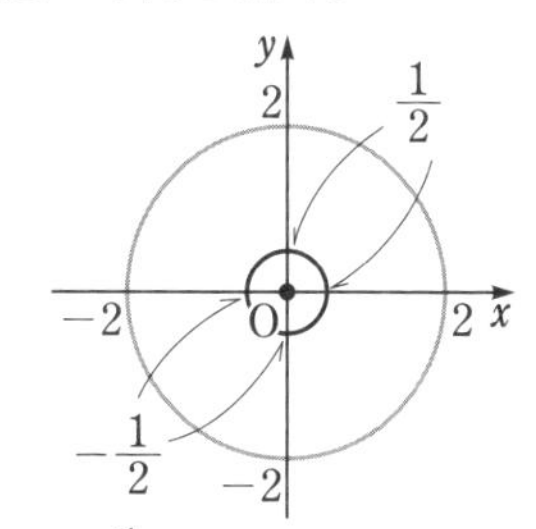

よって，点 w は，**原点Oを中心とする半径 $\dfrac{1}{2}$ の円**を描く。

節末問題

第2節｜平面図形と複素数

☐ **1** 複素数平面上に正三角形ABCがある。点A$(3+2i)$であり，△ABCの重心が点G$(5+4i)$であるとき，他の2つの頂点を表す複素数を求めよ。

教科書 p.97

ガイド AG=BG=CG，線分AG，BG，CGの間の角の大きさはすべて$\frac{2}{3}\pi$であるから，点Aを点Gを中心として回転させて考える。

解答 $\alpha=3+2i$，$w=5+4i$ とする。

△ABCは正三角形で，AG=BG=CG，

$\angle AGB=\angle BGC=\angle CGA=\frac{2}{3}\pi$ であるから，他の2つの頂点は，点Aを点Gを中心として$\frac{2}{3}\pi$または$-\frac{2}{3}\pi$だけ回転した点である。

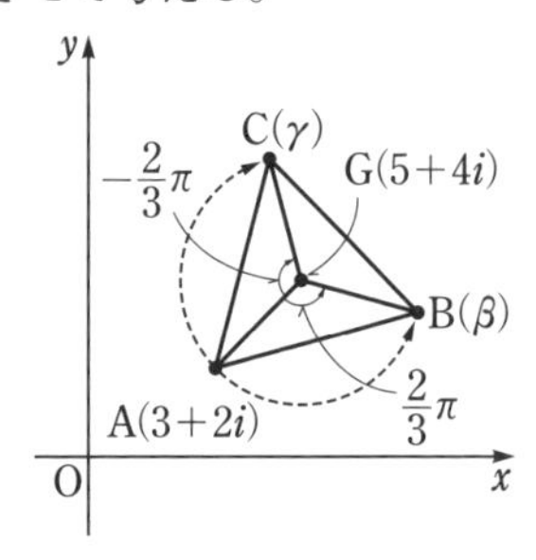

点Aを点Gを中心として$\frac{2}{3}\pi$だけ回転した点をB(β)，$-\frac{2}{3}\pi$だけ回転した点をC(γ)とすると，

$$\beta-w=\left(\cos\frac{2}{3}\pi+i\sin\frac{2}{3}\pi\right)(\alpha-w)$$

$$\gamma-w=\left\{\cos\left(-\frac{2}{3}\pi\right)+i\sin\left(-\frac{2}{3}\pi\right)\right\}(\alpha-w)$$

したがって，

$$\beta=\left(\cos\frac{2}{3}\pi+i\sin\frac{2}{3}\pi\right)\{(3+2i)-(5+4i)\}+5+4i$$

$$=\left(-\frac{1}{2}+\frac{\sqrt{3}}{2}i\right)(-2-2i)+5+4i=(6+\sqrt{3})+(5-\sqrt{3})i$$

$$\gamma=\left\{\cos\left(-\frac{2}{3}\pi\right)+i\sin\left(-\frac{2}{3}\pi\right)\right\}\{(3+2i)-(5+4i)\}+5+4i$$

$$=\left(-\frac{1}{2}-\frac{\sqrt{3}}{2}i\right)(-2-2i)+5+4i=(6-\sqrt{3})+(5+\sqrt{3})i$$

点Bと点Cの位置を入れ換えて，B(γ)，C(β)としても，同様の結果が得られる。

よって，他の2つの頂点を表す複素数は，

$$\boldsymbol{(6+\sqrt{3})+(5-\sqrt{3})i,\ (6-\sqrt{3})+(5+\sqrt{3})i}$$

□ **2**　教科書 p.97

複素数平面上の 3 点 $\mathrm{A}(\sqrt{3}-i)$, $\mathrm{B}(5\sqrt{3}+3i)$, $\mathrm{C}(2\sqrt{3}+2i)$ に対して, $\angle\mathrm{BAC}$ の大きさと $\triangle\mathrm{ABC}$ の面積を求めよ。

ガイド　$\mathrm{A}(\alpha)$, $\mathrm{B}(\beta)$, $\mathrm{C}(\gamma)$ とすると, $\angle\mathrm{BAC}=\arg\dfrac{\gamma-\alpha}{\beta-\alpha}$ である。

解答　$\alpha=\sqrt{3}-i$, $\beta=5\sqrt{3}+3i$, $\gamma=2\sqrt{3}+2i$ とする。

$$\frac{\gamma-\alpha}{\beta-\alpha}=\frac{\sqrt{3}+3i}{4\sqrt{3}+4i}=\frac{3}{8}+\frac{\sqrt{3}}{8}i$$
$$=\frac{\sqrt{3}}{4}\left(\cos\frac{\pi}{6}+i\sin\frac{\pi}{6}\right)$$

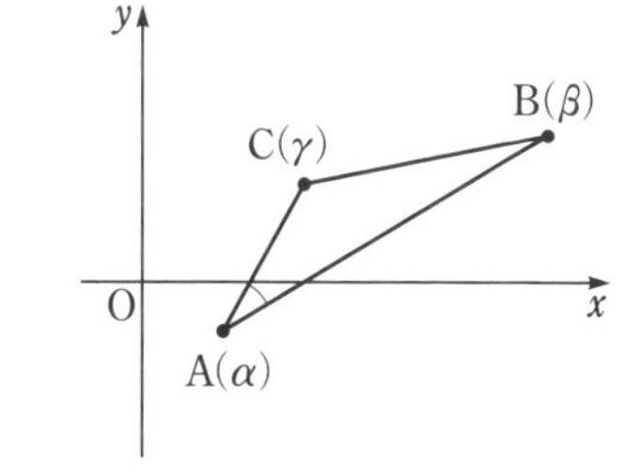

よって, **$\angle\mathrm{BAC}$ の大きさ**は, $\boldsymbol{\dfrac{\pi}{6}}$

また,

$$\mathrm{AB}=|\beta-\alpha|=|4\sqrt{3}+4i|=\sqrt{(4\sqrt{3})^2+4^2}=8$$
$$\mathrm{AC}=|\gamma-\alpha|=|\sqrt{3}+3i|=\sqrt{(\sqrt{3})^2+3^2}=2\sqrt{3}$$

よって, **$\triangle\mathrm{ABC}$ の面積**は,

$$\triangle\mathrm{ABC}=\frac{1}{2}\cdot\mathrm{AB}\cdot\mathrm{AC}\cdot\sin\frac{\pi}{6}$$
$$=\frac{1}{2}\cdot 8\cdot 2\sqrt{3}\cdot\frac{1}{2}=\boldsymbol{4\sqrt{3}}$$

参考　$\angle\mathrm{BAC}$ の大きさは **問 10** の **ここがポイント** の内容を利用しても求めることができる。

□ **3**　教科書 p.97

複素数平面上の 3 点 $\mathrm{O}(0)$, $\mathrm{A}(4+3i)$, $\mathrm{B}(\beta)$ に対して, $\angle\mathrm{OAB}$ が直角で, $\mathrm{AB}=10$ の直角三角形 OAB ができるように, 点Bを表す複素数 β を定めよ。

ガイド　$\angle\mathrm{OAB}=\dfrac{\pi}{2}$ であるから, 原点Oを点Aを中心として回転させて考える。

解答　$\mathrm{OA}=|4+3i|=\sqrt{4^2+3^2}=5$ であるから, 点Bは, 原点Oを点Aを中心として $\dfrac{\pi}{2}$ または $-\dfrac{\pi}{2}$ だけ回転し, さらに点Aからの距離を 2 倍した点である。

これより, $\alpha=4+3i$ とすると,

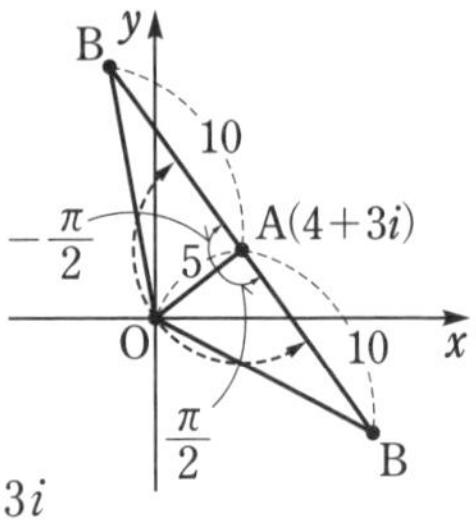

$$\beta-\alpha=2\left(\cos\frac{\pi}{2}+i\sin\frac{\pi}{2}\right)(0-\alpha)$$

または，

$$\beta-\alpha=2\left\{\cos\left(-\frac{\pi}{2}\right)+i\sin\left(-\frac{\pi}{2}\right)\right\}(0-\alpha)$$

したがって，

$$\beta=2\left(\cos\frac{\pi}{2}+i\sin\frac{\pi}{2}\right)\{0-(4+3i)\}+4+3i$$

$$=2i(-4-3i)+4+3i=10-5i$$

または，

$$\beta=2\left\{\cos\left(-\frac{\pi}{2}\right)+i\sin\left(-\frac{\pi}{2}\right)\right\}\{0-(4+3i)\}+4+3i$$

$$=-2i(-4-3i)+4+3i=-2+11i$$

よって，

$\boldsymbol{\beta=10-5i,\ -2+11i}$

4　教科書 p.97

異なる3つの複素数0，α，β が等式 $\alpha^2-\alpha\beta+\beta^2=0$ を満たしている。このとき，次の問いに答えよ。

(1)　$\dfrac{\beta}{\alpha}$ の値を求めよ。

(2)　複素数平面上で，3点0，α，β を頂点とする三角形はどのような三角形か。

ガイド　(1)　与えられた等式 $\alpha^2-\alpha\beta+\beta^2=0$ の両辺を α^2 で割って，$\dfrac{\beta}{\alpha}$ についての2次方程式を作る。

(2)　(1)で求めた $\dfrac{\beta}{\alpha}$ を極形式で表し，3点0，α，β の位置関係を考える。

解答　(1)　$\alpha\neq0$ であるから，$\alpha^2-\alpha\beta+\beta^2=0$ の両辺を α^2 で割ると，

$$1-\left(\frac{\beta}{\alpha}\right)+\left(\frac{\beta}{\alpha}\right)^2=0$$

この $\dfrac{\beta}{\alpha}$ についての2次方程式を解くと，

$$\frac{\beta}{\alpha}=\frac{-(-1)\pm\sqrt{(-1)^2-4\cdot1\cdot1}}{2\cdot1}=\boldsymbol{\frac{1\pm\sqrt{3}\,i}{2}}$$

(2) (1)で求めた $\dfrac{\beta}{\alpha}$ を極形式で表すと，

$$\frac{\beta}{\alpha}=\cos\frac{\pi}{3}+i\sin\frac{\pi}{3}$$

または，

$$\frac{\beta}{\alpha}=\cos\left(-\frac{\pi}{3}\right)+i\sin\left(-\frac{\pi}{3}\right)$$

したがって，

$$\left|\frac{\beta}{\alpha}\right|=1$$

$$\arg\frac{\beta}{\alpha}=\frac{\pi}{3}\ \text{または}\ \arg\frac{\beta}{\alpha}=-\frac{\pi}{3}$$

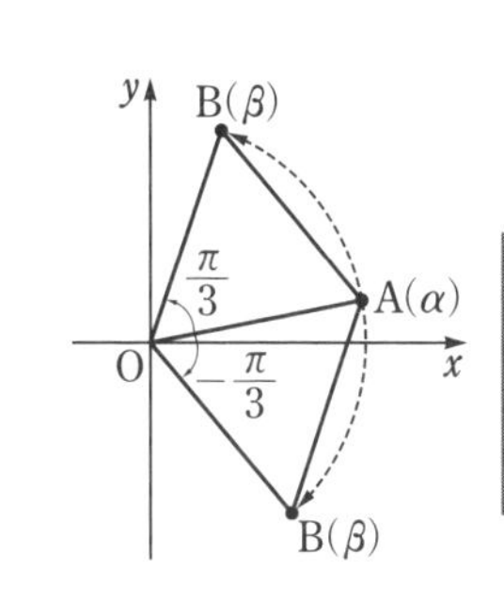

これより，点 β は，点 α を原点Oを中心として $\dfrac{\pi}{3}$ または $-\dfrac{\pi}{3}$ だけ回転した点であるから，O(0)，A(α)，B(β) とすると，

$$\text{OA}=\text{OB},\ \angle\text{AOB}=\frac{\pi}{3}$$

よって，3点0，α，β を頂点とする三角形は，**正三角形**である。

☐ **5**　教科書 p.97

複素数 z が方程式 $|z-2-i|=3$ を満たすとき，次の問いに答えよ。

(1) $|z|$ の最大値を求めよ。

(2) $|z+2|$ の最大値を求めよ。

ガイド (1) $|z|$ の図形的な意味を考える。

(2) $|z+2|$ の図形的な意味を考える。

解答 $|z-(2+i)|=3$ より，点 z の全体は，点 $2+i$ を中心とする半径3の円である。

(1) $|z|$ は，点 z と原点Oとの間の距離を表す。

$|z|$ が最大となるのは，原点O，点 $2+i$，点 z がこの順に一直線上にあるときである。

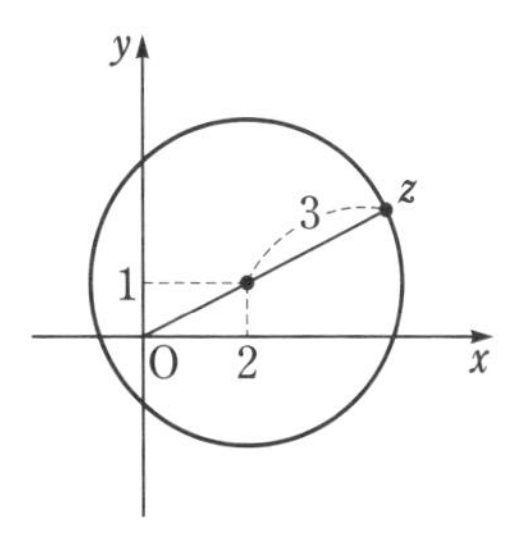

点 $2+i$ と原点Oとの間の距離は，

$$|2+i|=\sqrt{2^2+1^2}=\sqrt{5}$$

よって，$|z|$ の最大値は，　$3+\sqrt{5}$

(2)　$|z+2|=|z-(-2)|$ は，点 z と点 -2 との間の距離を表す。

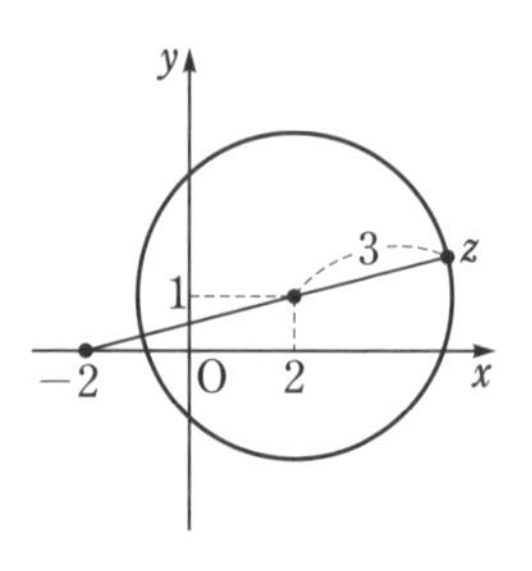

$|z+2|$ が最大となるのは，点 -2，点 $2+i$，点 z がこの順に一直線上にあるときである。

点 $2+i$ と点 -2 との間の距離は，

$$|(2+i)-(-2)|=|4+i|$$
$$=\sqrt{4^2+1^2}=\sqrt{17}$$

よって，$|z+2|$ の最大値は，　$\mathbf{3+\sqrt{17}}$

☐ **6**　教科書 p.97

複素数平面上で，点 z が原点Oを中心とする半径2の円周上を動くとき，$w=\dfrac{2z}{z-2}$ で表される点 w は，どのような図形を描くか。

ガイド　$w=\dfrac{2z}{z-2}$ を変形して，$|z|=2$ を用いる。

解答　点 z は，原点Oを中心とする半径2の円周上にあるから，

$|z|=2$　……①

$w=\dfrac{2z}{z-2}$ より，　$(z-2)w=2z$

したがって，　$(w-2)z=2w$

$w=2$ とすると，左辺$=0$，右辺$=4$ となるから，　$w\neq 2$

これより，　$z=\dfrac{2w}{w-2}$

これを①に代入すると，

$\left|\dfrac{2w}{w-2}\right|=2$ より，　$\dfrac{2|w|}{|w-2|}=2$

したがって，　$|w|=|w-2|$

よって，点 w は，**原点Oと点2を結ぶ線分の垂直二等分線**を描く。

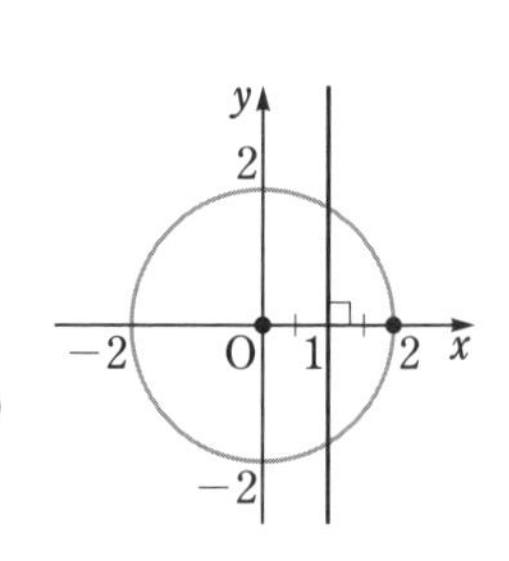

章末問題

A

☐ **1.** 教科書 p.98

実数でない複素数zに対して，$z+\dfrac{1}{z}$ が実数となるとき，$|z|$の値を求めよ。

ガイド 複素数 $z+\dfrac{1}{z}$ が実数となるから，$z+\dfrac{1}{z}=\overline{z+\dfrac{1}{z}}$ が成り立つ。

解答 $z+\dfrac{1}{z}$ が実数となるから，　$z+\dfrac{1}{z}=\overline{z+\dfrac{1}{z}}=\overline{z}+\dfrac{1}{\overline{z}}$

これより，　$z-\overline{z}+\dfrac{1}{z}-\dfrac{1}{\overline{z}}=0$

$$z-\overline{z}+\frac{\overline{z}-z}{z\overline{z}}=0$$

$z\overline{z}=|z|^2$ より，　$(z-\overline{z})\left(1-\dfrac{1}{|z|^2}\right)=0$

zは実数でないから，　$z\neq\overline{z}$

これより，　$z-\overline{z}\neq 0$

したがって，　$1-\dfrac{1}{|z|^2}=0$

$|z|>0$ であるから，　$|z|=\mathbf{1}$

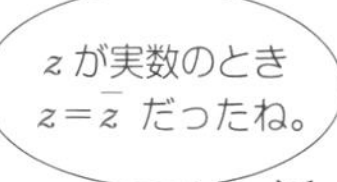

☐ **2.** 教科書 p.98

$z=\sqrt{3}+i$ のとき，複素数平面上で，3点0，z，$\dfrac{1}{z}$ を頂点とする三角形の面積を求めよ。

ガイド z，$\dfrac{1}{z}$を極形式で表し，3点0，z，$\dfrac{1}{z}$ の位置関係を考える。

解答 $z=\sqrt{3}+i$ を極形式で表すと，

$$z=2\left(\cos\frac{\pi}{6}+i\sin\frac{\pi}{6}\right)$$

これと $1=\cos 0+i\sin 0$ より，

$$\frac{1}{z}=\frac{1}{2}\left\{\cos\left(-\frac{\pi}{6}\right)+i\sin\left(-\frac{\pi}{6}\right)\right\}$$

したがって，O(0)，A(z)，B$\left(\dfrac{1}{z}\right)$とすると，

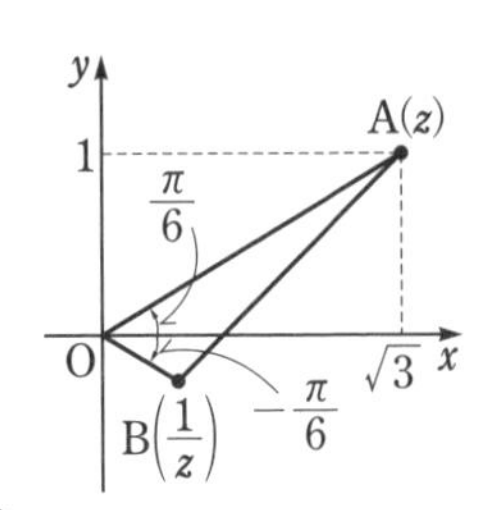

$$\mathrm{OA}=2,\ \mathrm{OB}=\frac{1}{2}$$

$$\angle\mathrm{AOB}=\frac{\pi}{6}-\left(-\frac{\pi}{6}\right)=\frac{\pi}{3}$$

よって，3点0，z，$\dfrac{1}{z}$を頂点とする三角形の面積は，

$$\frac{1}{2}\cdot\mathrm{OA}\cdot\mathrm{OB}\cdot\sin\frac{\pi}{3}=\frac{1}{2}\cdot2\cdot\frac{1}{2}\cdot\frac{\sqrt{3}}{2}=\boldsymbol{\frac{\sqrt{3}}{4}}$$

☐ **3.** 教科書 p.98

$\alpha=\dfrac{\pi}{24}$ のとき，$\dfrac{(\cos3\alpha+i\sin3\alpha)(\cos2\alpha+i\sin2\alpha)^5}{\cos\alpha+i\sin\alpha}$ の値を求めよ。

ガイド 極形式における積・商やド・モアブルの定理を用いて，与えられた式を変形してから，αの値を代入する。

解答

$$\frac{(\cos3\alpha+i\sin3\alpha)(\cos2\alpha+i\sin2\alpha)^5}{\cos\alpha+i\sin\alpha}$$

$$=\frac{(\cos3\alpha+i\sin3\alpha)(\cos10\alpha+i\sin10\alpha)}{\cos\alpha+i\sin\alpha}$$

$$=\cos(3\alpha+10\alpha-\alpha)+i\sin(3\alpha+10\alpha-\alpha)$$

$$=\cos12\alpha+i\sin12\alpha$$

これに $\alpha=\dfrac{\pi}{24}$ を代入すると，

$$\cos\left(12\times\frac{\pi}{24}\right)+i\sin\left(12\times\frac{\pi}{24}\right)=\cos\frac{\pi}{2}+i\sin\frac{\pi}{2}=\boldsymbol{i}$$

☐ **4.** 教科書 p.98

複素数zが，$z+\dfrac{1}{z}=\sqrt{2}$ を満たしているとき，次の問いに答えよ。

(1) zを極形式で表せ。

(2) $z^{10}+\dfrac{1}{z^{10}}$ の値を求めよ。

ガイド (1) 与えられた等式の両辺にzを掛けて，zに関する2次方程式を作る。

(2) ド・モアブルの定理を用いる。

解答 (1) $z+\dfrac{1}{z}=\sqrt{2}$ の両辺に z を掛けて整理すると,

$$z^2-\sqrt{2}z+1=0$$

この2次方程式を解くと,

$$z=\frac{-(-\sqrt{2})\pm\sqrt{(-\sqrt{2})^2-4\cdot1\cdot1}}{2\cdot1}=\frac{\sqrt{2}\pm\sqrt{2}i}{2}$$

これを極形式で表すと,

$$\boldsymbol{z=\cos\frac{\pi}{4}+i\sin\frac{\pi}{4},\ \cos\left(-\frac{\pi}{4}\right)+i\sin\left(-\frac{\pi}{4}\right)}$$

(2) $z=\cos\dfrac{\pi}{4}+i\sin\dfrac{\pi}{4}$ のとき,

$$z^{10}=\left(\cos\frac{\pi}{4}+i\sin\frac{\pi}{4}\right)^{10}$$
$$=\cos\frac{5}{2}\pi+i\sin\frac{5}{2}\pi=i$$

これより,

$$z^{10}+\frac{1}{z^{10}}=i+\frac{1}{i}=i-i=0$$

$z=\cos\left(-\dfrac{\pi}{4}\right)+i\sin\left(-\dfrac{\pi}{4}\right)$ のとき,

$$z^{10}=\left\{\cos\left(-\frac{\pi}{4}\right)+i\sin\left(-\frac{\pi}{4}\right)\right\}^{10}$$
$$=\cos\left(-\frac{5}{2}\pi\right)+i\sin\left(-\frac{5}{2}\pi\right)=-i$$

これより,

$$z^{10}+\frac{1}{z^{10}}=(-i)+\frac{1}{-i}=-i+i=0$$

よって,　$z^{10}+\dfrac{1}{z^{10}}=\boldsymbol{0}$

☐ **5.** 教科書 **p.98**

複素数平面上で,異なる3つの複素数 α, β, γ の表す点を,それぞれA, B, Cとするとき,次の問いに答えよ。

(1) Bが線分ACを3:1に内分するとき, $\dfrac{\gamma-\beta}{\alpha-\beta}$ の値を求めよ。

(2) △ABCが, AB:BC:CA=3:4:5 を満たすとき, $\dfrac{\gamma-\beta}{\alpha-\beta}$ の値を求めよ。

ガイド 図をかいて，3 点 A，B，C の位置関係を考える。

解答 (1)　右の図より，点Cは，点Aを点Bを中心としてπだけ回転し，さらに点Bからの距離を$\dfrac{1}{3}$倍した点である。

したがって，　$\gamma-\beta=\dfrac{1}{3}(\cos\pi+i\sin\pi)(\alpha-\beta)$

よって，　$\dfrac{\gamma-\beta}{\alpha-\beta}=\dfrac{1}{3}\cdot(-1)=\boldsymbol{-\dfrac{1}{3}}$

(2)　AB：BC：CA＝3：4：5 を満たすとき，△ABC は，右の図のような ∠B を直角とする直角三角形であるから，点Cは，点Aを点Bを中心として$\dfrac{\pi}{2}$または$-\dfrac{\pi}{2}$だけ回転し，さらに点Bからの距離を$\dfrac{4}{3}$倍した点である。

これより，

$$\gamma-\beta=\frac{4}{3}\left(\cos\frac{\pi}{2}+i\sin\frac{\pi}{2}\right)(\alpha-\beta)=\frac{4}{3}i(\alpha-\beta)$$

または，

$$\gamma-\beta=\frac{4}{3}\left\{\cos\left(-\frac{\pi}{2}\right)+i\sin\left(-\frac{\pi}{2}\right)\right\}(\alpha-\beta)=-\frac{4}{3}i(\alpha-\beta)$$

よって，　$\dfrac{\gamma-\beta}{\alpha-\beta}=\boldsymbol{\pm\dfrac{4}{3}i}$

B

6. 教科書 p.99

複素数平面上において，$\alpha=\sqrt{3}+i$，$\beta=6+2i$ とするとき，次の問いに答えよ。

(1)　点βと実軸に関して対称な位置にある点β'を表す複素数を求めよ。

(2)　2 点 0，αを通る直線ℓに関して，点βと対称な位置にある点γを表す複素数を求めよ。

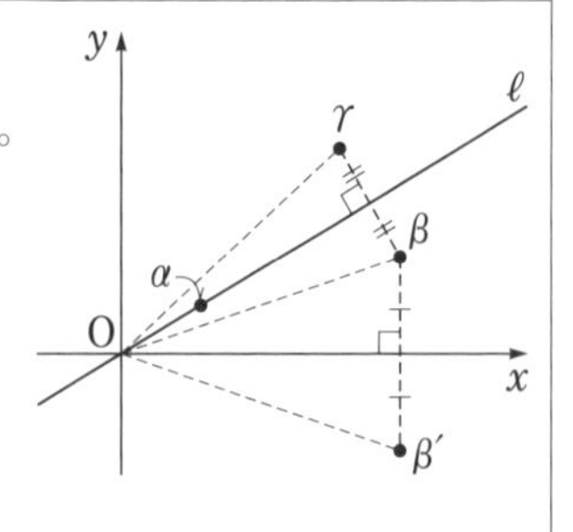

ガイド (1)　点 β と実軸に関して対称な点は，点 $\overline{\beta}$ である。

(2)　直線 ℓ と実軸の正の向きとのなす角を θ とすると，点 γ は，点 β' を原点を中心として角 2θ だけ回転した点である。

解答 (1)　点 β と実軸に関して対称な点 β' は，点 $\overline{\beta}$ と一致するから，

$$\boldsymbol{\beta'=\overline{\beta}=6-2i}$$

(2)　$\alpha=\sqrt{3}+i$ を極形式で表すと，$\alpha=2\left(\cos\dfrac{\pi}{6}+i\sin\dfrac{\pi}{6}\right)$ であるから，α の偏角は $\dfrac{\pi}{6}$ である。

B(β)，B$'(\beta')$，C(γ) とすると，点 B$'$ は点Bと実軸に関して対称な点であるから，実軸は，$\angle$BOB$'$ の二等分線である。

また，点Cは点Bと直線 ℓ に関して対称な点であるから，直線 ℓ は，$\angle$BOC の二等分線である。

したがって，直線 ℓ と実軸の正の向きとのなす角を θ とすると，α の偏角は $\dfrac{\pi}{6}$ であるから，$\theta=\dfrac{\pi}{6}$ より，　$\angle\mathrm{B'OC}=2\theta=\dfrac{\pi}{3}$

また，　OB$'$＝OB＝OC

よって，点Cは，点 B$'$ を原点Oを中心として $\dfrac{\pi}{3}$ だけ回転した点であるから，

$$\boldsymbol{\gamma}=\left(\cos\frac{\pi}{3}+i\sin\frac{\pi}{3}\right)(6-2i)=\left(\frac{1}{2}+\frac{\sqrt{3}}{2}i\right)(6-2i)$$
$$\boldsymbol{=(3+\sqrt{3})+(3\sqrt{3}-1)i}$$

□ 7. 教科書 p.99

複素数平面上で，3点 A(α)，B(β)，C(γ) を頂点とする △ABC について，次が成り立つことを証明せよ。

(1)　△ABC が $\angle$C を直角とする直角二等辺三角形のとき，

$$(\alpha-\gamma)^2+(\beta-\gamma)^2=0$$

(2)　△ABC が正三角形のとき，　$\alpha^2+\beta^2+\gamma^2-\alpha\beta-\beta\gamma-\gamma\alpha=0$

ガイド (1)　点Bは，点Aを点Cを中心として $\dfrac{\pi}{2}$ または $-\dfrac{\pi}{2}$ だけ回転した点である。

(2)　△ABC が正三角形のとき，複素数 $\dfrac{\alpha-\beta}{\gamma-\beta}$ と $\dfrac{\beta-\gamma}{\alpha-\gamma}$ においてどのような関係が成り立っているかを考える。

解答 (1)　△ABC が ∠C を直角とする直角二等辺三角形のとき，点Bは，点Aを点Cを中心として $\frac{\pi}{2}$ または $-\frac{\pi}{2}$ だけ回転した点である。

これより，　$\beta-\gamma=\left(\cos\frac{\pi}{2}+i\sin\frac{\pi}{2}\right)(\alpha-\gamma)$

または，　$\beta-\gamma=\left\{\cos\left(-\frac{\pi}{2}\right)+i\sin\left(-\frac{\pi}{2}\right)\right\}(\alpha-\gamma)$

したがって，

$\beta-\gamma=i(\alpha-\gamma)$　……①

または，

$\beta-\gamma=-i(\alpha-\gamma)$　……②

①の両辺を 2 乗すると，

$(\beta-\gamma)^2=-(\alpha-\gamma)^2$

$(\alpha-\gamma)^2+(\beta-\gamma)^2=0$

②の両辺を 2 乗すると，

$(\beta-\gamma)^2=-(\alpha-\gamma)^2$　　$(\alpha-\gamma)^2+(\beta-\gamma)^2=0$

よって，△ABC が ∠C を直角とする直角二等辺三角形のとき，$(\alpha-\gamma)^2+(\beta-\gamma)^2=0$ が成り立つ。

(2)　△ABC が正三角形のとき，$\frac{\mathrm{BA}}{\mathrm{BC}}=\frac{\mathrm{CB}}{\mathrm{CA}}$，∠CBA＝∠ACB であるから，

$$\left|\frac{\alpha-\beta}{\gamma-\beta}\right|=\left|\frac{\beta-\gamma}{\alpha-\gamma}\right|,\ \arg\frac{\alpha-\beta}{\gamma-\beta}=\arg\frac{\beta-\gamma}{\alpha-\gamma}$$

これより，　$\frac{\alpha-\beta}{\gamma-\beta}=\frac{\beta-\gamma}{\alpha-\gamma}$

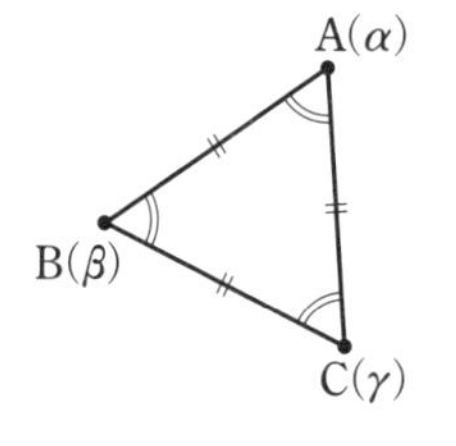

両辺の分母を払って整理すると，

$(\alpha-\beta)(\alpha-\gamma)=(\beta-\gamma)(\gamma-\beta)$

$\alpha^2-\alpha\gamma-\alpha\beta+\beta\gamma=\beta\gamma-\beta^2-\gamma^2+\beta\gamma$

よって，△ABC が正三角形のとき，

$\alpha^2+\beta^2+\gamma^2-\alpha\beta-\beta\gamma-\gamma\alpha=0$ が成り立つ。

□ **8.**　教科書 p.99

$z=2(\cos\theta+i\sin\theta)$ に対して，$w=iz^2$ とおく。θ が $0\leqq\theta\leqq\frac{\pi}{2}$ の範囲を動くとき，点 z の描く図形と点 w の描く図形を，それぞれ複素数平面上に図示せよ。

ガイド 点wの描く図形は，$w=iz^2$ に $z=2(\cos\theta+i\sin\theta)$ を代入して，極形式で表して考える。偏角の範囲に注意する。

解答 $z=2(\cos\theta+i\sin\theta)$ より，　$|z|=2$

θは $0\leqq\theta\leqq\dfrac{\pi}{2}$ の範囲を動くから，　$0\leqq\arg z\leqq\dfrac{\pi}{2}$

したがって，点zは，原点を中心とする半径2の円を $0\leqq\arg z\leqq\dfrac{\pi}{2}$ の範囲で描く。

また，$w=iz^2$ に $z=2(\cos\theta+i\sin\theta)$ を代入すると，$i=\cos\dfrac{\pi}{2}+i\sin\dfrac{\pi}{2}$ であるから，

$$\begin{aligned}w&=\left(\cos\frac{\pi}{2}+i\sin\frac{\pi}{2}\right)\{2(\cos\theta+i\sin\theta)\}^2\\&=4\left(\cos\frac{\pi}{2}+i\sin\frac{\pi}{2}\right)(\cos2\theta+i\sin2\theta)\\&=4\left\{\cos\left(2\theta+\frac{\pi}{2}\right)+i\sin\left(2\theta+\frac{\pi}{2}\right)\right\}\end{aligned}$$

これより，　$|w|=4$

θは $0\leqq\theta\leqq\dfrac{\pi}{2}$ の範囲を動くから，$\dfrac{\pi}{2}\leqq2\theta+\dfrac{\pi}{2}\leqq\dfrac{3}{2}\pi$ より，

$$\frac{\pi}{2}\leqq\arg w\leqq\frac{3}{2}\pi$$

したがって，点wは，原点を中心とする半径4の円を $\dfrac{\pi}{2}\leqq\arg w\leqq\dfrac{3}{2}\pi$ の範囲で描く。

よって，点zと点wが描く図形は，それぞれ次のようになる。

点zの描く図形

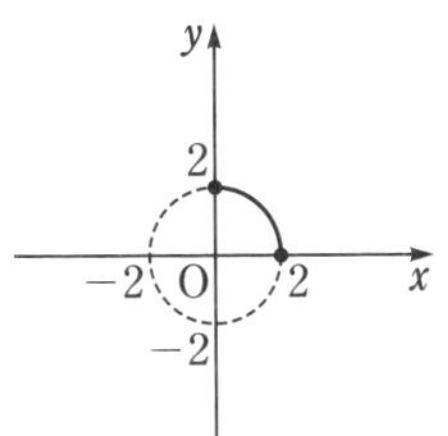

点wの描く図形

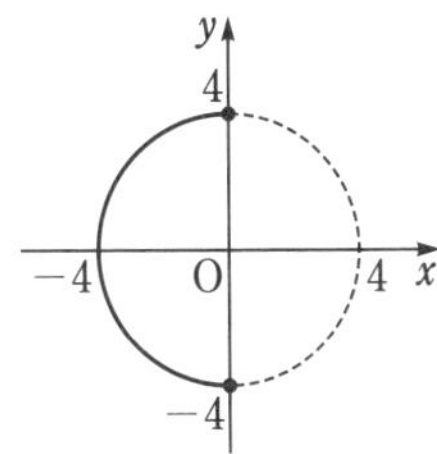

9. 教科書 p.99

複素数平面上に，異なる 2 点 A(α)，B(β) がある。等式

$$(z-\alpha)(\overline{z-\beta})+(\overline{z-\alpha})(z-\beta)=0$$

を満たす点 z の全体は，線分 AB を直径とする円であることを示せ。

ガイド z の値で場合分けをして考える。

解答 $(z-\alpha)(\overline{z-\beta})+(\overline{z-\alpha})(z-\beta)=0$ より，

$(z-\alpha)(\overline{z-\beta})=-(\overline{z-\alpha})(z-\beta)$ ……①

(i) $z=\beta$ のとき

$z-\beta=\overline{z-\beta}=0$ より，①は成り立つ。

このとき，点 z は点Bに一致する。

(ii) $z\neq\beta$ のとき

$z\neq\beta$ より，$z-\beta\neq0$ であるから，①の両辺を $(z-\beta)(\overline{z-\beta})$ で割ると，$\dfrac{z-\alpha}{z-\beta}=\dfrac{-(\overline{z-\alpha})}{\overline{z-\beta}}$ より，　$\dfrac{z-\alpha}{z-\beta}=-\overline{\left(\dfrac{z-\alpha}{z-\beta}\right)}$

これより，$z-\alpha=0$ または $\dfrac{z-\alpha}{z-\beta}$ は純虚数である。

$z-\alpha=0$，すなわち，$z=\alpha$ のとき，点 z は点Aに一致する。

$\dfrac{z-\alpha}{z-\beta}$ が純虚数のとき，P(z) とすると，2 直線 PB，PA は垂直であるから，点Pは線分 AB を直径とする円のうち，2 点 A，B を除いた部分を動く。

(i)，(ii)より，与えられた等式を満たす点 z の全体は，線分 AB を直径とする円である。

10. 教科書 p.99

複素数 z が方程式 $|z+i|=|2z-i|$ を満たすとき，複素数平面上において，次の問いに答えよ。

(1) この方程式を満たす点 z の全体は，どのような図形か。

(2) 3点 $z+i$，i，$z-i$ が三角形を作るとき，この3点を頂点とする三角形の面積の最大値を求めよ。また，そのときの z の値を求めよ。

ガイド (1) 方程式 $|z+i|=|2z-i|$ の両辺を2乗して整理する。

(2) 2点 $z+i$，$z-i$ を結ぶ線分の長さは，つねに2となる。

解答 (1) 方程式の両辺を2乗すると，　$|z+i|^2=|2z-i|^2$

$$(z+i)\overline{(z+i)}=(2z-i)\overline{(2z-i)}$$
$$(z+i)(\overline{z}-i)=(2z-i)(2\overline{z}+i)$$

両辺を展開して整理すると，

$$z\overline{z}+iz-i\overline{z}=0$$
$$z\overline{z}+i(z-\overline{z})+1=1$$
$$(z-i)(\overline{z}+i)=1$$
$$(z-i)\overline{(z-i)}=1$$
$$|z-i|^2=1$$

したがって，　$|z-i|=1$

よって，点 z の全体は，**点 i を中心とする半径1の円**である。

(2) A$(z+i)$，B$(z-i)$，C(i) とすると，△ABC の底辺を辺 AB としたとき，高さは点 C と直線 AB の距離になる。

直線 AB は虚軸に平行であるから，点 C と直線 AB の距離は，点 z と虚軸の距離に等しい。

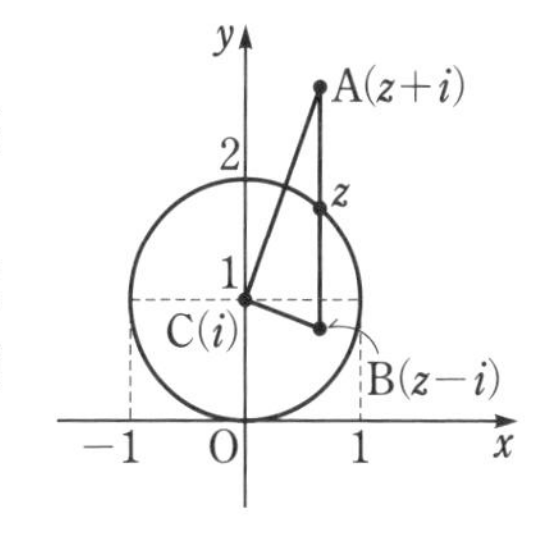

2点 A，B を結ぶ線分の長さは，
$|(z-i)-(z+i)|=|-2i|=2$ より，つねに2となる。

したがって，△ABC の面積が最大となるのは，点 z と虚軸の距離が最大となるときであり，点 z は点 i を中心とする半径1の円周上を動くことから，$z=1+i$，$-1+i$ のときである。

このときの点 z と虚軸の距離は1であるから，△ABC の面積の最大値は，　$\frac{1}{2}\times2\times1=1$

よって，　**$z=1+i$，$-1+i$ のとき，最大値1**

思考力を養う　財宝を見つけることはできる？

ある島の財宝のありかを示した古文書には，次のように書いてあるが，この島に行ってみると，井戸の場所がわからなくなっていた。

まず，井戸より松の木まで歩き，左回りに90° 向きを変え，同じ距離だけ進んで，そこに杭を打て。
次に，井戸より梅の木まで歩き，右回りに90° 向きを変え，同じ距離だけ進んで，そこに杭を打て。
2つの杭の真ん中の地点に財宝を埋めた。

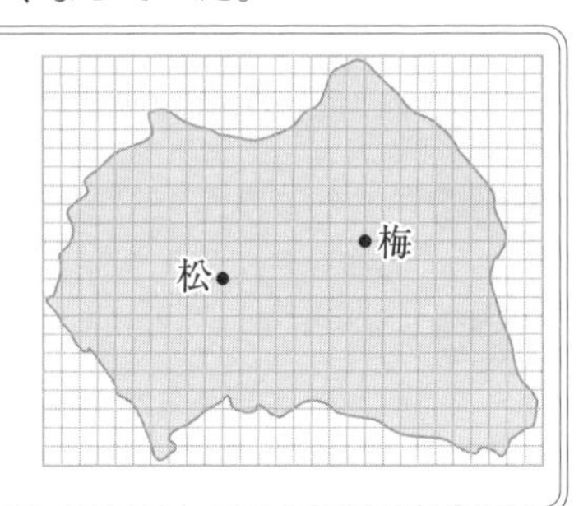

Q1 教科書 p.100

上の島の地図において，井戸の位置を適当に決め，古文書の通りに財宝の位置を調べてみよう。また，井戸の位置を変えて，財宝の位置がどのように変わるか調べてみよう。

ガイド 地図上に点をとって，財宝の位置の変化を調べる。

解答 2つの杭を表す2点を結ぶ線分の中点が財宝を埋めた位置であり，地図上で井戸の位置を表す点をどこにとっても，**財宝の位置は変化しない。**

Q2 教科書 p.100

Q1で調べたことは，教科書93ページの例題から確かめることができる。例題の点Qと点Rが，それぞれ地図上の松と梅の位置に対応しているとみて，Q1で調べたことが成り立つ理由を説明してみよう。

ガイド 教科書93ページの例題で，点Pを井戸の位置として考える。

解答 教科書93ページの例題で，点Pを井戸の位置に対応している点とみると，点SとTが2つの杭を表す点であり，線分STの中点Mが財宝を埋めた地点を表しているとみることができる。

Qを原点とする複素数平面において，Mを表す複素数は$\dfrac{1-i}{2}\beta$であるから，Mの位置は点$\mathrm{P}(\alpha)$の位置に関係なく，点$\mathrm{R}(\beta)$の位置のみによって決まる。ここで，QとRは定点であるから，Pをどこにとっても Mの位置が変わることはない。

よって，地図上で井戸の位置を表す点をどこにとっても，2つの杭を表す2点を結ぶ線分の中点である，財宝の位置は変化しない。

次の古文書から，この島には第二の財宝が埋められていることがわかった。

まず，井戸から松の木までまっすぐ進み，
そのまま同じ距離だけ進め。　……①
次に，そこから桜の木までまっすぐ進み，
そのまま同じ距離だけ進め。　……②
さらに，そこから梅の木までまっすぐ進み，
そのまま同じ距離だけ進め。　……③
その位置と井戸との真ん中の地点に財宝を
埋めた。

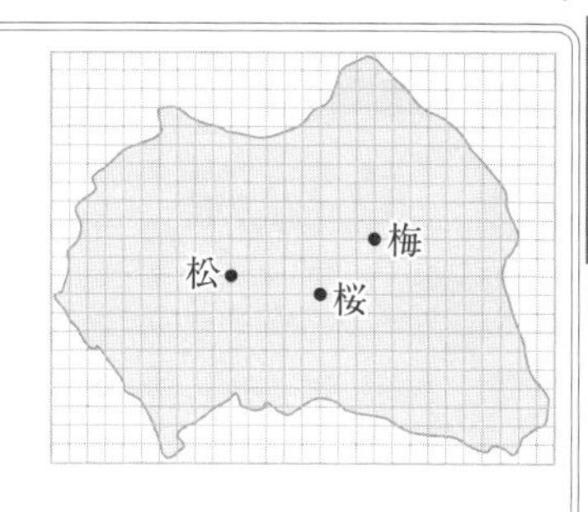

Q 3　教科書 p.100

Q1と同様にして，第二の財宝の位置を調べてみよう。また，調べたことが成り立つ理由をいろいろな方法で確かめてみよう。

ガイド　例えばベクトルを用いて，調べたことが成り立つ理由を確かめる。

解答　(例) ベクトルを用いて調べたことが成り立つ理由を確かめる。

平面上に松，桜，梅，井戸の位置を表す点をとり，それぞれ点A，B，C，Pとし，それぞれの位置ベクトルを$\vec{a}$，$\vec{b}$，$\vec{c}$，$\vec{p}$とする。

①で移動した先の位置を表す点の位置ベクトルは

$$\vec{a}+(\vec{a}-\vec{p})=2\vec{a}-\vec{p}\quad\cdots\cdots④$$

②で移動した先の位置を表す点の位置ベクトルは，④より

$$\vec{b}+\{\vec{b}-(2\vec{a}-\vec{p})\}=2\vec{b}-2\vec{a}+\vec{p}\quad\cdots\cdots⑤$$

③で移動した先の位置を表す点の位置ベクトルは，⑤より

$$\vec{c}+\{\vec{c}-(2\vec{b}-2\vec{a}+\vec{p})\}=2\vec{c}-2\vec{b}+2\vec{a}-\vec{p}\quad\cdots\cdots⑥$$

と，それぞれ表すことができる。

よって，財宝の位置は⑥で表される点と井戸との真ん中であるから，財宝の位置を表す点の位置ベクトルは

$\frac{1}{2}\{(2\vec{c}-2\vec{b}+2\vec{a}-\vec{p})+\vec{p}\}=\vec{a}-\vec{b}+\vec{c}$ と表すことができる。

よって，財宝の位置は，井戸の位置を表す点Pに関係なく，松，桜，梅の位置のみによって決まり，地図上で井戸の位置を表す点をどこにとっても，財宝の位置は変化しない。

第3章 平面上の曲線

第1節 2次曲線

1 放物線

問 1 次の放物線の焦点と準線を求め，その概形をかけ。

教科書 p.102

(1) $x^2=y$　　　　(2) $y=-2x^2$

ガイド 平面上で，定点Fからの距離と，Fを通らない定直線 ℓ からの距離が等しい点Pの軌跡を**放物線**といい，Fをその**焦点**，ℓ をその**準線**という。

焦点が点 $(0,\ p)$，準線が直線 $y=-p$ の放物線の方程式は，

$$\boldsymbol{x^2=4py}\quad \text{または,}\quad y=\frac{1}{4p}x^2$$

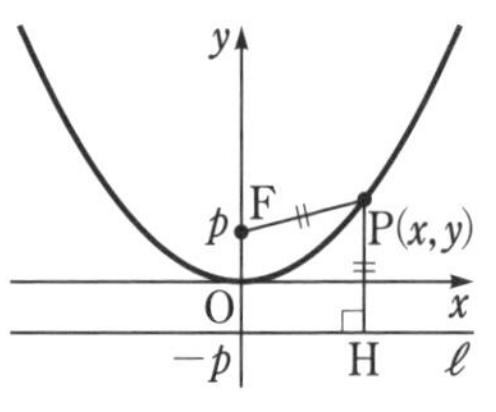

放物線の焦点を通り，準線に垂直な直線を，放物線の**軸**といい，軸と放物線の交点を放物線の**頂点**という。放物線は軸に関して対称である。

$x^2=4py$ の形に変形する。

解答 (1) $x^2=4\cdot\frac{1}{4}\cdot y$ より，

焦点は点 $\left(0,\ \frac{1}{4}\right)$，**準線は直線** $y=-\frac{1}{4}$

概形は右の図のようになる。

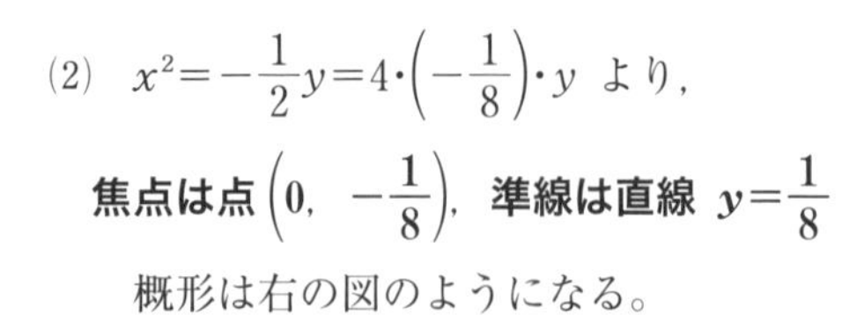

(2) $x^2=-\frac{1}{2}y=4\cdot\left(-\frac{1}{8}\right)\cdot y$ より，

焦点は点 $\left(0,\ -\frac{1}{8}\right)$，**準線は直線** $y=\frac{1}{8}$

概形は右の図のようになる。

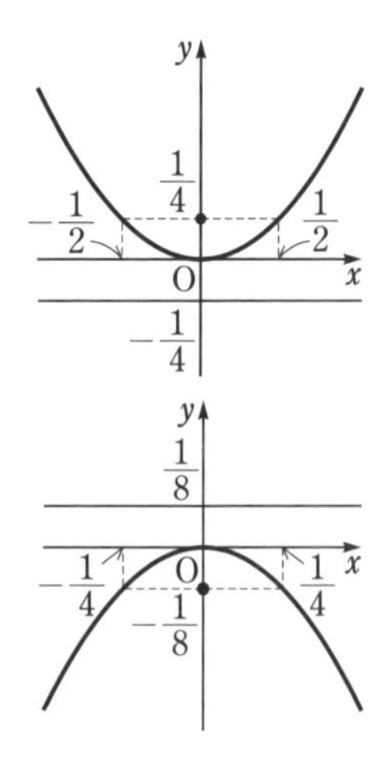

問 2　次の放物線の焦点と準線を求め，その概形をかけ。

教科書 p.103

(1)　$y^2=4x$　　　(2)　$x+2y^2=0$

ガイド　問 1 の ガイド で x と y を入れ換えて考えると，次のことがいえる。

ここがポイント　[放物線 $y^2=4px$]

① 焦点は点 F$(p,\ 0)$
準線は直線 $x=-p$

② 頂点は原点 O，軸は x 軸

③ 放物線上の任意の点 P に対して，P から準線に下ろした垂線を PH とすると，　PF＝PH

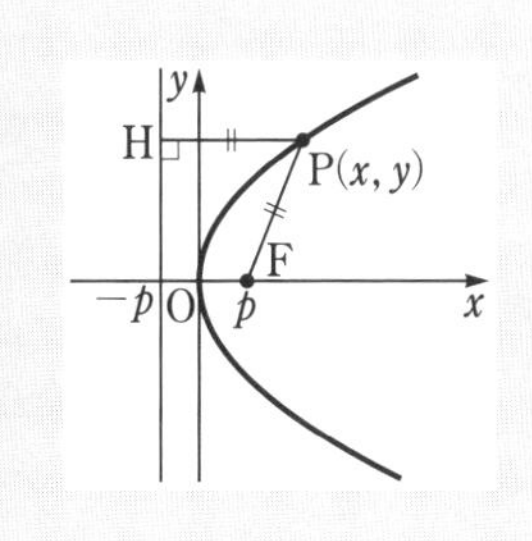

$\boldsymbol{y^2=4px}$ を放物線の方程式の**標準形**という。

$y^2=4px$ の形に変形する。

解答　(1)　$y^2=4\cdot1\cdot x$ より，

焦点は点 $(1,\ 0)$，準線は直線 $x=-1$

概形は右の図のようになる。

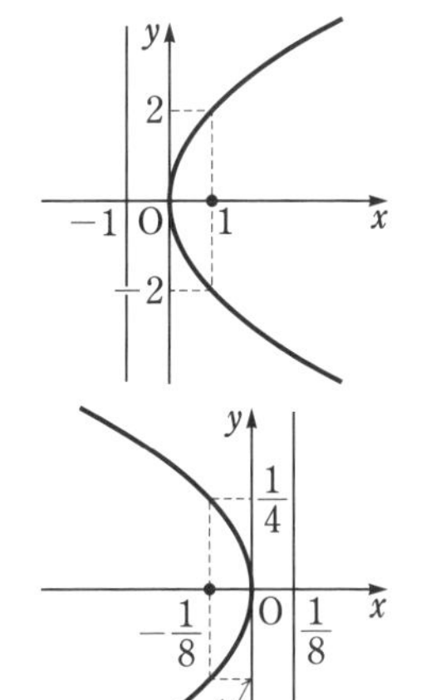

(2)　$y^2=-\dfrac{1}{2}x=4\cdot\left(-\dfrac{1}{8}\right)\cdot x$ より，

焦点は点 $\left(-\dfrac{1}{8},\ 0\right)$，準線は直線 $x=\dfrac{1}{8}$

概形は右の図のようになる。

問 3　次の放物線の方程式を求めよ。

教科書 p.103

(1)　焦点が点 $(2,\ 0)$，準線が直線 $x=-2$ の放物線

(2)　焦点が点 $(-1,\ 0)$，準線が直線 $x=1$ の放物線

ガイド　焦点が x 軸上にあるから，求める方程式は $y^2=4px$ の標準形で書ける。

解答 (1)　$y^2=4\cdot2\cdot x$ より，放物線の方程式は，
$$y^2=8x$$

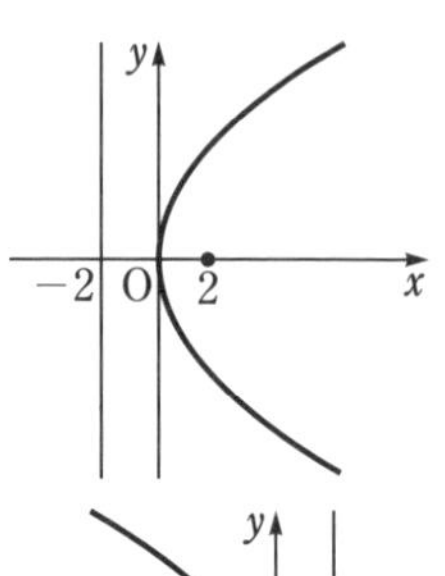

(2)　$y^2=4\cdot(-1)\cdot x$ より，放物線の方程式は，
$$y^2=-4x$$

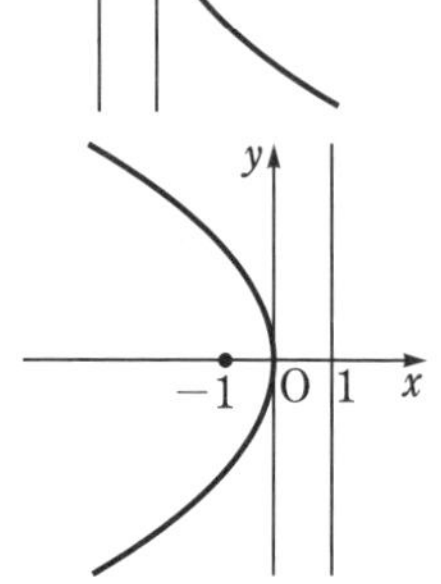

2　楕　円

問 4　次の楕円の焦点，頂点および長軸，短軸の長さを求め，その概形をかけ。

教科書 p.105
(1)　$\dfrac{x^2}{9}+\dfrac{y^2}{4}=1$　　(2)　$\dfrac{x^2}{3}+\dfrac{y^2}{2}=1$　　(3)　$x^2+4y^2=4$

ガイド　平面上の 2 定点 F，F′ からの距離の和が一定である点 P の軌跡を**楕円**（だえん）といい，F，F′ をその**焦点**という。

2 定点 F$(c,\ 0)$，F′$(-c,\ 0)$ を焦点として，F，F′ からの距離の和が $2a$ $(a>c>0)$ である楕円の方程式は，$\sqrt{a^2-c^2}=b$ とおくと，$a>b>0$ で，

$$\frac{x^2}{a^2}+\frac{y^2}{b^2}=1 \quad \cdots\cdots①$$

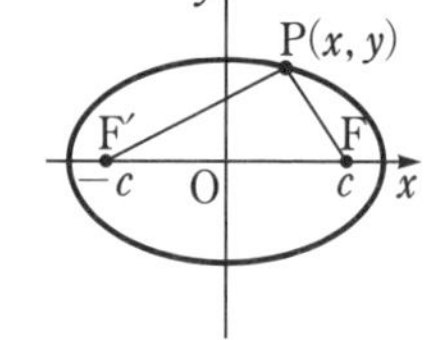

①を楕円の方程式の**標準形**という。

楕円において，2 つの焦点 F，F′ を結ぶ線分の中点を楕円の**中心**という。

直線 FF′ と楕円の交点を A，A′ とし，中心を通り直線 FF′ と垂直な直線と楕円の交点を B，B′ とするとき，線分 AA′ を**長軸**，線分 BB′ を**短軸**といい，4 点 A，A′，B，B′ を楕円の**頂点**という。楕円は，長軸，短軸，中心に関して対称である。

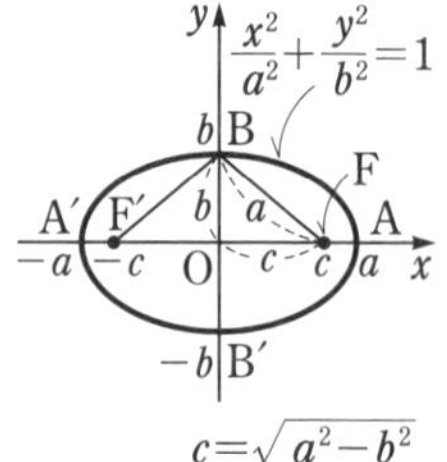

ここがポイント $\left[\text{楕円}\ \dfrac{x^2}{a^2}+\dfrac{y^2}{b^2}=1\quad(a>b>0)\right]$

① 焦点は，2点 $\mathrm{F}(\sqrt{a^2-b^2},\ 0)$，$\mathrm{F}'(-\sqrt{a^2-b^2},\ 0)$

② 頂点は，4点 $(a,\ 0)$，$(-a,\ 0)$，$(0,\ b)$，$(0,\ -b)$
長軸の長さは $2a$，短軸の長さは $2b$

③ 楕円上の任意の点Pに対して，　$\mathrm{PF}+\mathrm{PF}'=2a$
(距離の和が一定)

解答 (1) **焦点は**，$\sqrt{9-4}=\sqrt{5}$ より，
2点 $(\sqrt{5},\ 0)$，$(-\sqrt{5},\ 0)$
頂点は，4点 $(3,\ 0)$，$(-3,\ 0)$，
$(0,\ 2)$，$(0,\ -2)$
長軸の長さは 6，**短軸の長さは** 4
概形は右の図のようになる。

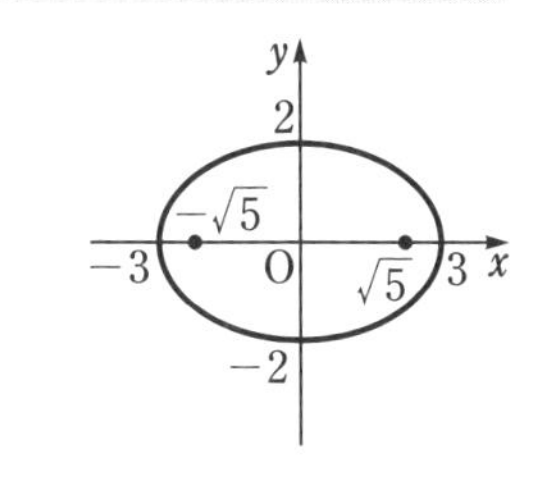

(2) **焦点は**，$\sqrt{3-2}=1$ より，

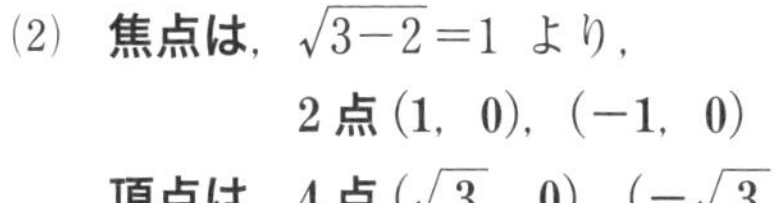

2点 $(1,\ 0)$，$(-1,\ 0)$
頂点は，4点 $(\sqrt{3},\ 0)$，$(-\sqrt{3},\ 0)$，
$(0,\ \sqrt{2})$，$(0,\ -\sqrt{2})$
長軸の長さは $2\sqrt{3}$，**短軸の長さは** $2\sqrt{2}$
概形は右の図のようになる。

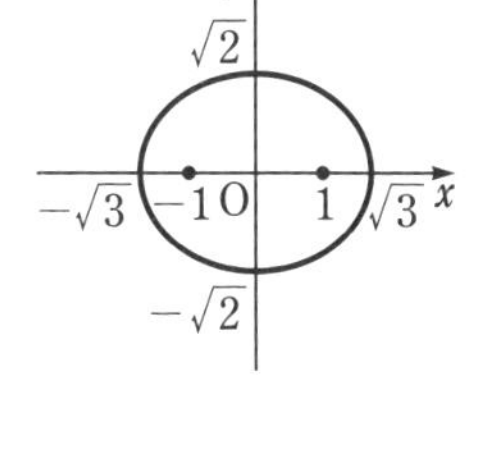

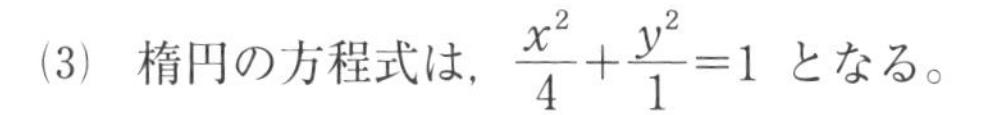

(3) 楕円の方程式は，$\dfrac{x^2}{4}+\dfrac{y^2}{1}=1$ となる。
焦点は，$\sqrt{4-1}=\sqrt{3}$ より，
2点 $(\sqrt{3},\ 0)$，$(-\sqrt{3},\ 0)$
頂点は，4点 $(2,\ 0)$，$(-2,\ 0)$，
$(0,\ 1)$，$(0,\ -1)$
長軸の長さは 4，**短軸の長さは** 2
概形は右の図のようになる。

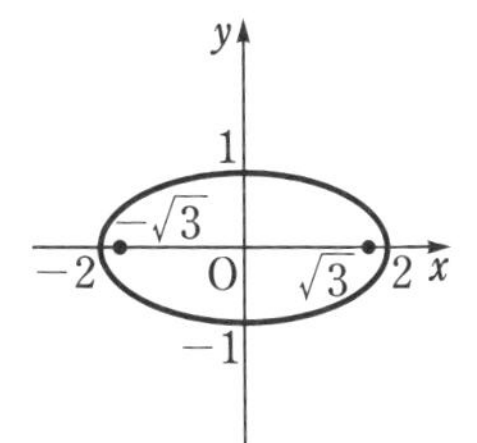

問 5 2点 (5, 0), (−5, 0) を焦点とし，焦点からの距離の和が 12 である楕円の方程式を求めよ。

教科書 p. 106

ガイド 楕円の方程式を $\dfrac{x^2}{a^2}+\dfrac{y^2}{b^2}=1$ $(a>b>0)$ とおくと，焦点からの距離の和が 12 であるから，$2a=12$ である。

解答 求める方程式は，$\dfrac{x^2}{a^2}+\dfrac{y^2}{b^2}=1$ $(a>b>0)$ とおける。

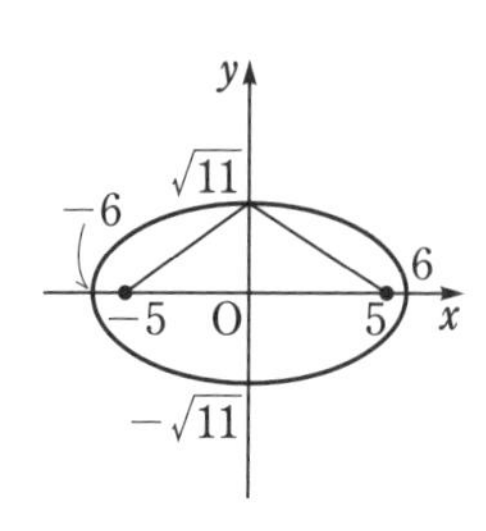

焦点からの距離の和が 12 より，

$2a=12$，すなわち，　$a=6$

また，$\sqrt{a^2-b^2}=5$ より，　$b=\sqrt{11}$

よって，楕円の方程式は，　$\boldsymbol{\dfrac{x^2}{36}+\dfrac{y^2}{11}=1}$

問 6 次の楕円の焦点および長軸，短軸の長さを求め，その概形をかけ。

教科書 p. 107

(1) $\dfrac{x^2}{9}+\dfrac{y^2}{25}=1$　　(2) $5x^2+y^2=5$

ガイド 方程式

$$\frac{x^2}{a^2}+\frac{y^2}{b^2}=1 \quad \cdots\cdots①$$

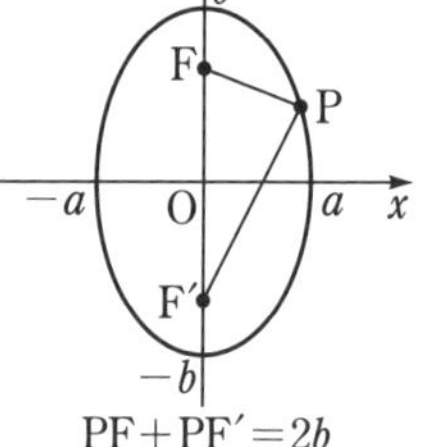

PF＋PF′＝2b

において，$b>a>0$ のとき，①は，y 軸上の2点

$\mathbf{F}(0,\ \sqrt{\boldsymbol{b}^2-\boldsymbol{a}^2})$，$\mathbf{F}'(0,\ -\sqrt{\boldsymbol{b}^2-\boldsymbol{a}^2})$

を焦点とする楕円を表す。

このとき，2つの焦点 F，F′ から楕円上の点 P までの距離の和は $2b$ である。また，長軸は y 軸上，短軸は x 軸上にあり，長軸の長さは $\boldsymbol{2b}$，短軸の長さは $\boldsymbol{2a}$ である。

解答 (1) **焦点は**，$\sqrt{25-9}=4$ より，

2点 (0, 4)，(0, −4)

長軸の長さは 10，短軸の長さは 6

概形は右の図のようになる。

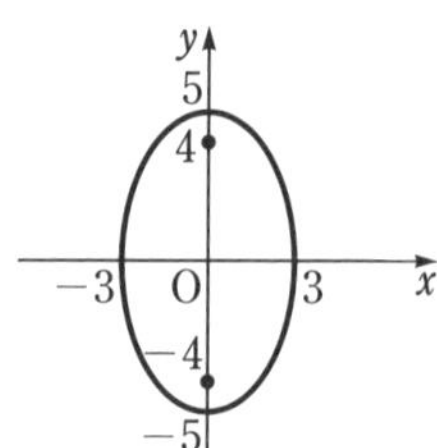

(2) 楕円の方程式は $x^2+\frac{y^2}{5}=1$ となる。

焦点は，$\sqrt{5-1}=2$ より，

2点 $(0,\ 2)$，$(0,\ -2)$

長軸の長さは $2\sqrt{5}$，**短軸の長さは** 2

概形は右の図のようになる。

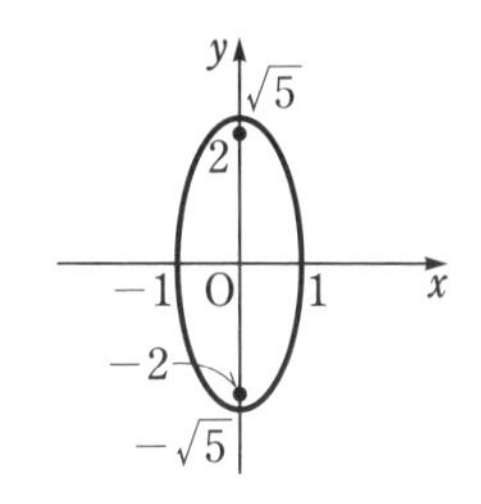

問 7 円 $x^2+y^2=9$ を x 軸を基準にして y 軸方向に2倍してできる曲線は，どのような曲線か。

教科書 p.107

ガイド 円上の点Pの座標を $(s,\ t)$，求める曲線上の点Qの座標を $(x,\ y)$ とする。$s,\ t,\ x,\ y$ の関係式を導き，点Pが円周上の点であることを用いて，x と y の関係式を導く。

解答 円上の点 $P(s,\ t)$ を y 軸方向に2倍した点を $Q(x,\ y)$ とすると，

$x=s,\ y=2t$，すなわち，

$$s=x,\ t=\frac{1}{2}y \quad \cdots\cdots①$$

Pは円上の点であるから，　$s^2+t^2=9$

①を代入して，　$x^2+\left(\frac{1}{2}y\right)^2=9$

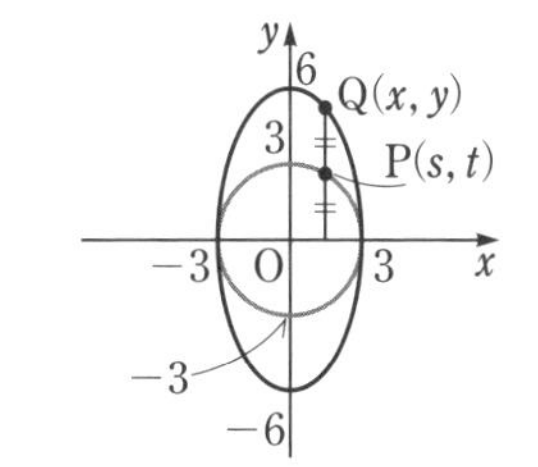

よって，求める曲線は，**楕円** $\boldsymbol{\frac{x^2}{9}+\frac{y^2}{36}=1}$ である。

参考 一般に，楕円 $\frac{x^2}{a^2}+\frac{y^2}{b^2}=1$ は，円 $x^2+y^2=a^2$ を x 軸を基準にして y 軸方向に $\frac{b}{a}$ 倍した曲線である。一方，円の方程式は楕円の方程式で $a=b$ とした特別な場合である。

問 8 長さ5の線分PQがある。点Pは x 軸上を，点Qは y 軸上を動くとき，線分PQを $4:1$ に内分する点Sの軌跡を求めよ。

教科書 p.108

ガイド 点P，Qの座標をそれぞれ $(s,\ 0)$，$(0,\ t)$，点Sの座標を $(x,\ y)$ とおく。$s,\ t,\ x,\ y$ の関係式を導き，線分PQの長さが5であることを用いて，x と y の関係式を導く。

解答 点P，Qの座標を，それぞれ $(s,\ 0)$，$(0,\ t)$ とおくと，

PQ=5 より，　$s^2+t^2=25$　……①

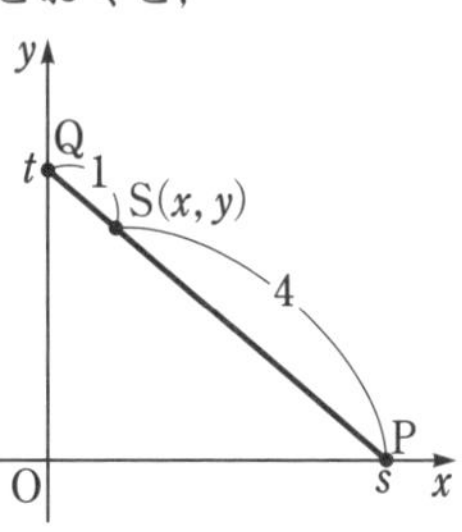

点Sの座標を $(x,\ y)$ とすると，Sは線分PQを 4：1 に内分するから，

$$x=\frac{1}{5}s,\quad y=\frac{4}{5}t$$

したがって，　$s=5x,\quad t=\dfrac{5}{4}y$

これらを①に代入すると，

$$(5x)^2+\left(\frac{5}{4}y\right)^2=25$$

すなわち，　$x^2+\dfrac{y^2}{4^2}=1$

よって，点Sの軌跡は，

楕円 $x^2+\dfrac{y^2}{16}=1$ である。

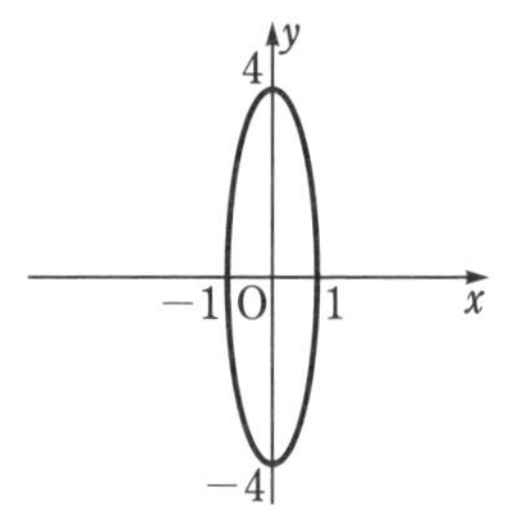

3 双曲線

問 9 次の双曲線の焦点，頂点および漸近線を求め，その概形をかけ。

教科書 p.111

(1) $\dfrac{x^2}{9}-\dfrac{y^2}{4}=1$　　(2) $x^2-y^2=1$　　(3) $2x^2-3y^2=6$

ガイド 平面上の2定点F，F′からの距離の差が一定である点Pの軌跡を**双曲線**といい，F，F′をその**焦点**という。

2定点 $\mathrm{F}(c,\ 0)$，$\mathrm{F}'(-c,\ 0)$ を焦点として，F，F′からの距離の差が $2a$ $(c>a>0)$ である双曲線の方程式は，$\sqrt{c^2-a^2}=b$ とおくと，

$b>0$ で，　$\dfrac{x^2}{a^2}-\dfrac{y^2}{b^2}=1$　……①

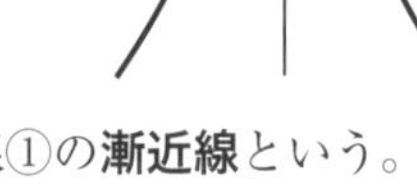

①を双曲線の方程式の**標準形**という。

双曲線①の焦点は，$\mathrm{F}(\sqrt{a^2+b^2},\ 0)$，$\mathrm{F}'(-\sqrt{a^2+b^2},\ 0)$ となる。

また，2直線 $y=\dfrac{b}{a}x$，$y=-\dfrac{b}{a}x$ を双曲線①の**漸近線**という。

双曲線の焦点F，F′ を通る直線FF′ を**主軸**といい，主軸と双曲線の2つの交点を双曲線の**頂点**，2つの焦点を結ぶ線分の中点を双曲線の**中心**という。双曲線は x 軸，y 軸，原点Oに関して対称である。

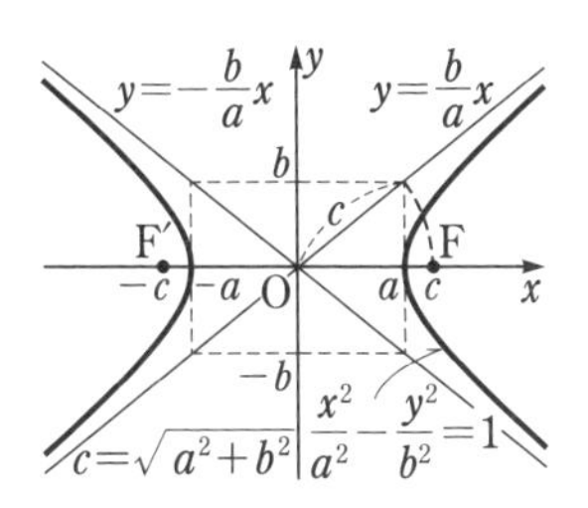

ここがポイント 【双曲線 $\frac{x^2}{a^2}-\frac{y^2}{b^2}=1$ $(a>0,\ b>0)$】

① 焦点は，2点 $\mathrm{F}(\sqrt{a^2+b^2},\ 0)$，$\mathrm{F}'(-\sqrt{a^2+b^2},\ 0)$

② 頂点は，2点 $(a,\ 0)$，$(-a,\ 0)$

③ 漸近線は，2直線 $y=\frac{b}{a}x$，$y=-\frac{b}{a}x$

④ 双曲線上の任意の点Pに対して，　$|\mathrm{PF}-\mathrm{PF}'|=2a$
(距離の差が一定)

解答 (1) **焦点は**，$\sqrt{9+4}=\sqrt{13}$ より，
2点 $(\sqrt{13},\ 0)$，$(-\sqrt{13},\ 0)$
頂点は，**2点** $(3,\ 0)$，$(-3,\ 0)$
漸近線は，**2直線** $y=\frac{2}{3}x$，$y=-\frac{2}{3}x$
概形は右の図のようになる。

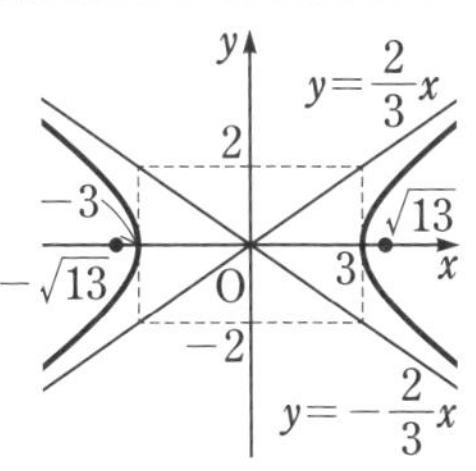

(2) **焦点は**，$\sqrt{1+1}=\sqrt{2}$ より，
2点 $(\sqrt{2},\ 0)$，$(-\sqrt{2},\ 0)$
頂点は，**2点** $(1,\ 0)$，$(-1,\ 0)$
漸近線は，**2直線** $y=x$，$y=-x$
概形は右の図のようになる。

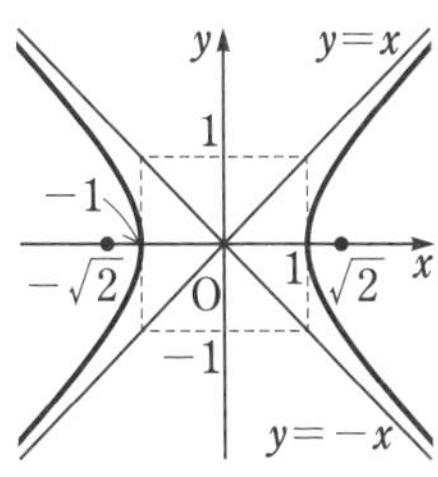

(3) 双曲線の方程式は，$\frac{x^2}{3}-\frac{y^2}{2}=1$ となる。

焦点は，$\sqrt{3+2}=\sqrt{5}$ より，
2点 $(\sqrt{5},\ 0)$，$(-\sqrt{5},\ 0)$
頂点は，**2点** $(\sqrt{3},\ 0)$，$(-\sqrt{3},\ 0)$
漸近線は，**2直線** $y=\frac{\sqrt{6}}{3}x$，$y=-\frac{\sqrt{6}}{3}x$
概形は右の図のようになる。

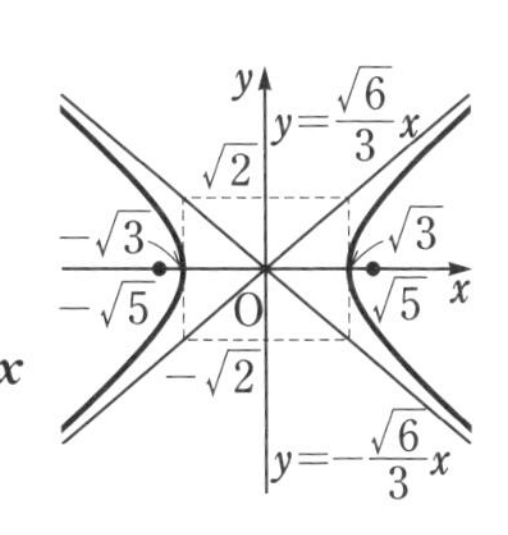

問10 2点(5, 0), (−5, 0)を焦点とし，焦点からの距離の差が6である双曲線の方程式を求めよ。

教科書 p.112

ガイド 双曲線の方程式を $\dfrac{x^2}{a^2}-\dfrac{y^2}{b^2}=1$ $(a>0,\ b>0)$ とおくと，焦点からの距離の差が6であるから，$2a=6$ である。

解答 求める方程式は，$\dfrac{x^2}{a^2}-\dfrac{y^2}{b^2}=1$ $(a>0,\ b>0)$ とおける。

焦点からの距離の差が6より，

$2a=6$，すなわち，　$a=3$

また，$\sqrt{a^2+b^2}=5$ より，　$b=4$

よって，双曲線の方程式は，

$$\boldsymbol{\frac{x^2}{9}-\frac{y^2}{16}=1}$$

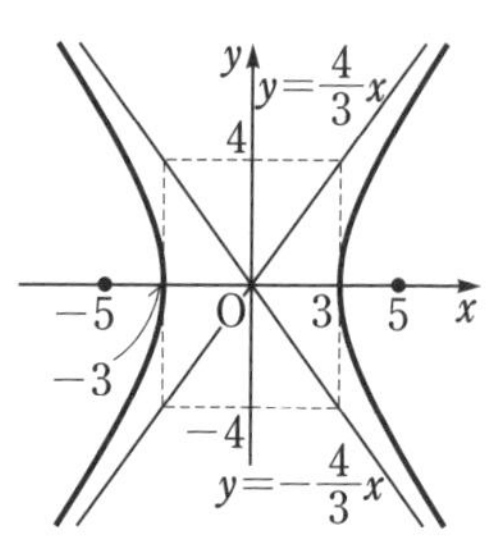

問11 次の双曲線の焦点，頂点および漸近線を求め，その概形をかけ。

教科書 p.112

(1) $\dfrac{x^2}{4}-\dfrac{y^2}{9}=-1$　　(2) $x^2-y^2=-1$

ガイド 方程式 $\dfrac{x^2}{a^2}-\dfrac{y^2}{b^2}=-1$ は，y 軸を主軸とし，

焦点が，2点 $\mathbf{F}(0,\ \sqrt{a^2+b^2})$,

$\mathbf{F}'(0,\ -\sqrt{a^2+b^2})$

頂点が，2点 $(0,\ b)$, $(0,\ -b)$

漸近線が，2直線 $y=\dfrac{b}{a}x$, $y=-\dfrac{b}{a}x$

となる双曲線を表している。

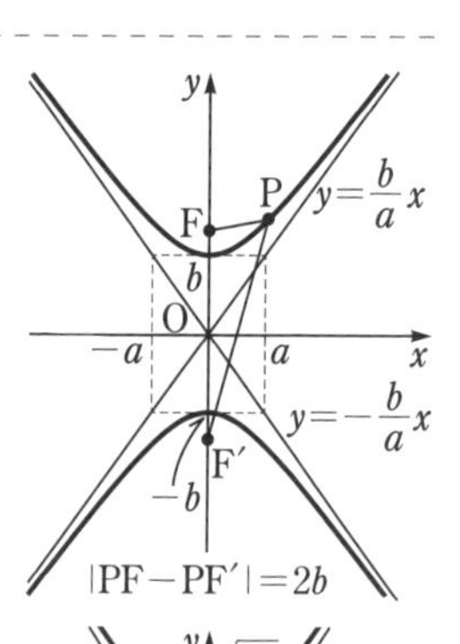

(1) **焦点は**，$\sqrt{4+9}=\sqrt{13}$ より，

2点 $(0,\ \sqrt{13})$, $(0,\ -\sqrt{13})$

頂点は，**2点** $(0,\ 3)$, $(0,\ -3)$

漸近線は，**2直線** $\boldsymbol{y=\frac{3}{2}x}$, $\boldsymbol{y=-\frac{3}{2}x}$

概形は右の図のようになる。

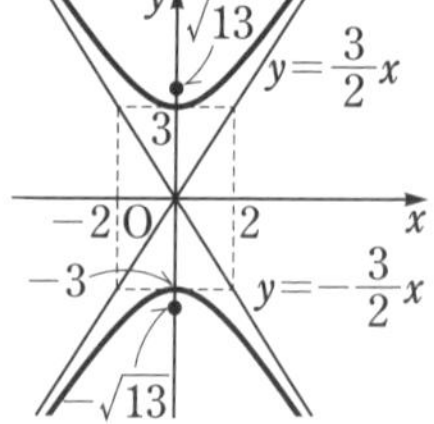

(2)　**焦点は**，$\sqrt{1+1}=\sqrt{2}$ より，

　　　　2 点 $(0,\ \sqrt{2})$，$(0,\ -\sqrt{2})$

頂点は，2 点 $(0,\ 1)$，$(0,\ -1)$

漸近線は，2 直線 $\boldsymbol{y=x}$，$\boldsymbol{y=-x}$

概形は右の図のようになる。

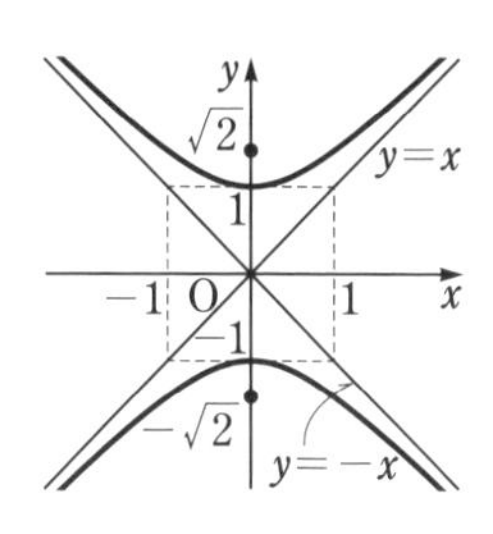

問12　2 点 $(4,\ 0)$，$(-4,\ 0)$ を焦点とする直角双曲線の方程式を求めよ。

教科書 p.113

ガイド　双曲線 $\dfrac{x^2}{a^2}-\dfrac{y^2}{b^2}=1$ において，特に $a=b$ のとき，この双曲線の漸近線は，2 直線 $y=x$ と $y=-x$ で，これらは互いに直交している。このように，直交する漸近線をもつ双曲線を**直角双曲線**という。

解答　求める方程式は，$\dfrac{x^2}{a^2}-\dfrac{y^2}{a^2}=1$ $(a>0)$ とおける。

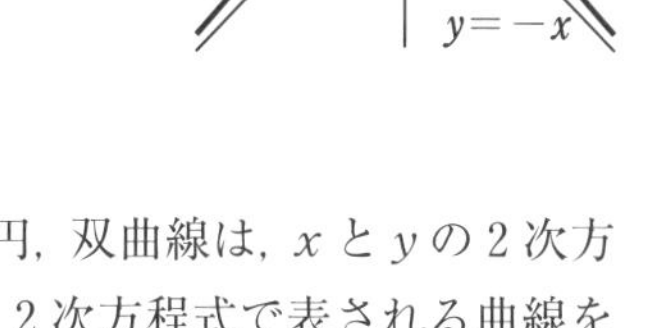

焦点が 2 点 $(4,\ 0)$，$(-4,\ 0)$ であるから，

$\sqrt{a^2+a^2}=4$ より，　$a=2\sqrt{2}$

よって，直角双曲線の方程式は，

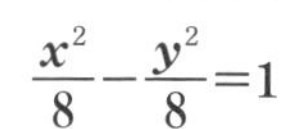

$$\boldsymbol{\frac{x^2}{8}-\frac{y^2}{8}=1}$$

参考　これまでに学んだように，放物線，楕円，双曲線は，x と y の 2 次方程式で表される。このような，x と y の 2 次方程式で表される曲線を **2 次曲線**という。

2 次曲線は，円錐(すい)をその頂点を通らない平面で切ったときの切り口に現れる曲線であることが知られていて，**円錐曲線**ともいわれる。

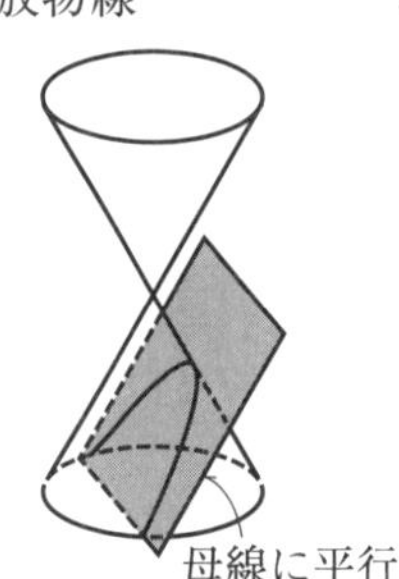

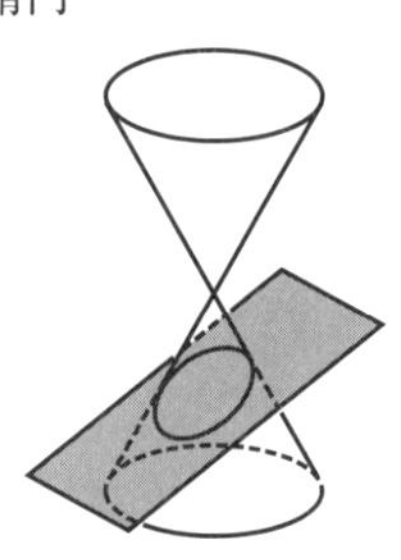

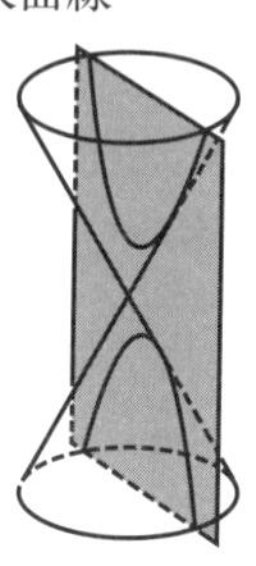

4 2次曲線の平行移動

問13 双曲線 $x^2-y^2=1$ を，x 軸方向に 2，y 軸方向に -3 だけ平行移動した双曲線の方程式とその焦点を求めよ。

教科書 p.115

ガイド 変数 x，y を含む式を $F(x,\ y)$ と表す。方程式 $F(x,\ y)=0$ を満たす点 $(x,\ y)$ の全体が曲線を表すならば，この曲線を，

方程式 $F(x,\ y)=0$ の表す曲線または，**曲線 $F(x,\ y)=0$** という。

また，方程式 $F(x,\ y)=0$ をこの**曲線の方程式**という。

ここがポイント [曲線の平行移動]

曲線 $F(x,\ y)=0$ を，x 軸方向に p，y 軸方向に q だけ平行移動した曲線の方程式は，　$F(x-p,\ y-q)=0$

解答 双曲線 $x^2-y^2=1$ ……① を，

x 軸方向に 2，y 軸方向に -3

だけ平行移動した**双曲線の方程式は**，

$(x-2)^2-\{y-(-3)\}^2=1$

すなわち，　$(x-2)^2-(y+3)^2=1$

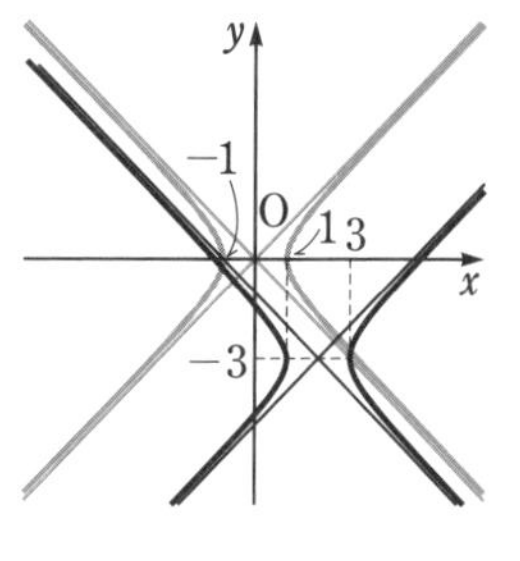

双曲線①の焦点は，2点 $(\sqrt{2},\ 0)$，$(-\sqrt{2},\ 0)$ であるから，この双曲線の**焦点は**，

2点 $(\sqrt{2}+2,\ -3)$，$(-\sqrt{2}+2,\ -3)$ である。

問14 次の方程式はどのような図形を表すか。

教科書 p.116

(1) $9x^2+4y^2-18x+16y-11=0$

(2) $3x^2-y^2+6x-6y=0$

(3) $y^2=x+2y+1$

ガイド 与えられた方程式を，x，y についてそれぞれ平方完成する。

解答 (1) $9x^2+4y^2-18x+16y-11=0$ を変形すると，

$$9(x^2-2x)+4(y^2+4y)-11=0$$

$$9(x-1)^2+4(y+2)^2=36$$

$$\frac{(x-1)^2}{4}+\frac{(y+2)^2}{9}=1$$

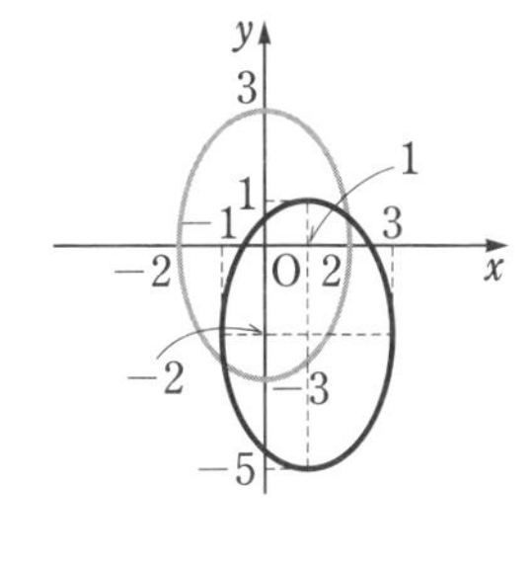

よって，この方程式は，**楕円 $\frac{x^2}{4}+\frac{y^2}{9}=1$ を x 軸方向に 1，y 軸方向に -2 だけ平行移動した楕円**を表す。

(2) $3x^2-y^2+6x-6y=0$ を変形すると，

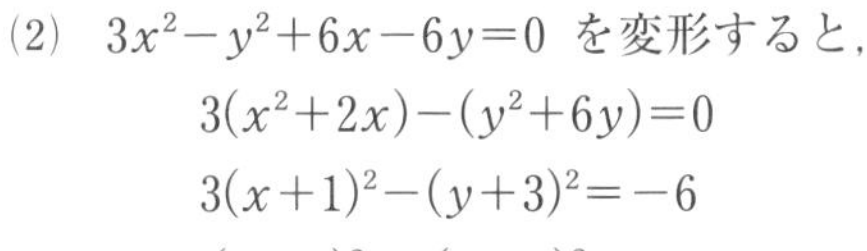

$$3(x^2+2x)-(y^2+6y)=0$$

$$3(x+1)^2-(y+3)^2=-6$$

$$\frac{(x+1)^2}{2}-\frac{(y+3)^2}{6}=-1$$

よって，この方程式は，**双曲線 $\frac{x^2}{2}-\frac{y^2}{6}=-1$ を x 軸方向に -1，y 軸方向に -3 だけ平行移動した双曲線**を表す。

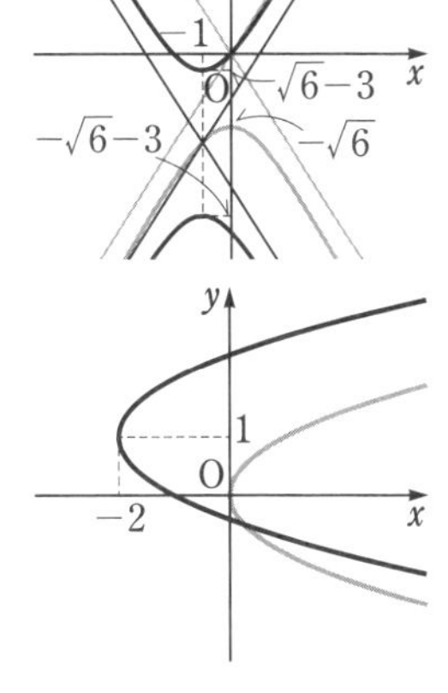

(3) $y^2=x+2y+1$ を変形すると，

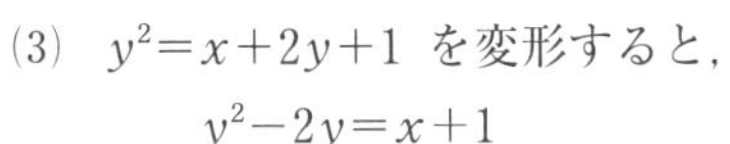

$$y^2-2y=x+1$$

$$(y-1)^2=x+2$$

よって，この方程式は，**放物線 $y^2=x$ を x 軸方向に -2，y 軸方向に 1 だけ平行移動した放物線**を表す。

5 2次曲線と直線の共有点

問15 k を定数とするとき，放物線 $y^2=4x$ と直線 $y=x+k$ の共有点の個数を調べよ。

教科書 p.117

ガイド $y^2=4x$ と $y=x+k$ を連立させて得られる2次方程式の判別式の符号を調べる。

解答
$$\begin{cases} y^2=4x & \cdots\cdots① \\ y=x+k & \cdots\cdots② \end{cases}$$

②を①に代入して y を消去すると，　$(x+k)^2=4x$

$$x^2+2(k-2)x+k^2=0 \quad \cdots\cdots③$$

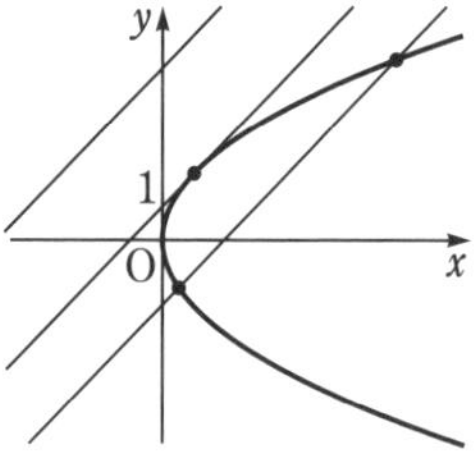

放物線①と直線②の共有点の個数は，2次方程式③の異なる実数解の個数に等しい。

③の判別式を D とすると，

$$\frac{D}{4}=(k-2)^2-k^2=-4(k-1)$$

よって，①と②の共有点の個数は，次のようになる。

$D>0$，すなわち，$\boldsymbol{k<1}$ **のとき，　2個**

$D=0$，すなわち，$\boldsymbol{k=1}$ **のとき，　1個**

$D<0$，すなわち，$\boldsymbol{k>1}$ **のとき，　0個**

問16 点 $(2,\ 0)$ から楕円 $3x^2+y^2=6$ に引いた接線の方程式を求めよ。

教科書 p.118

ガイド 2次曲線と直線の方程式を連立させて得られる2次方程式の判別式を D とすると，$D=0$ のとき共有点は1個である。このとき，直線は2次曲線に**接する**といい，その直線を**接線**，共有点を**接点**という。

点 $(2,\ 0)$ を通る接線は，y 軸に平行ではないから，その方程式は，$y=m(x-2)$ とおくことができる。これと楕円の方程式を連立させて得られる2次方程式の判別式 D が0となるときの m の値を求める。

解答 点 (2, 0) を通る接線は，y 軸に平行ではないから，その方程式は，

$$y=m(x-2)$$

とおくことができる。

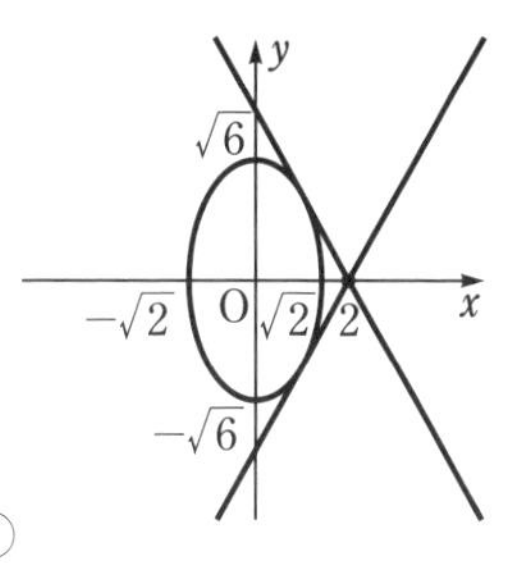

これを $3x^2+y^2=6$ に代入すると，

$$3x^2+\{m(x-2)\}^2=6$$

$$(m^2+3)x^2-4m^2x+4m^2-6=0 \quad \cdots\cdots①$$

$m^2+3 \neq 0$ より，接するのは，2次方程式①の判別式を D とすると，$D=0$ のときであるから，　$\dfrac{D}{4}=(-2m^2)^2-(m^2+3)(4m^2-6)=0$

これより，　$m^2-3=0$

したがって，　$m=\pm\sqrt{3}$

よって，接線の方程式は，　$\boldsymbol{y=\sqrt{3}x-2\sqrt{3}}$，$\boldsymbol{y=-\sqrt{3}x+2\sqrt{3}}$

問17 双曲線 $x^2-3y^2=3$ と直線 $y=x-2$ は，異なる2つの点で交わる。その交点を P，Q とするとき，線分 PQ の中点 M の座標を求めよ。

教科書 p.119

ガイド 交点 P，Q の x 座標をそれぞれ α，β とすると，中点 M の x 座標は $\dfrac{\alpha+\beta}{2}$ となるから，解と係数の関係を利用する。

解答
$$\begin{cases} x^2-3y^2=3 & \cdots\cdots① \\ y=x-2 & \cdots\cdots② \end{cases}$$

②を①に代入すると，

$$x^2-3(x-2)^2=3$$

$$2x^2-12x+15=0 \quad \cdots\cdots③$$

点 P，Q の x 座標をそれぞれ α，β とすると，α，β は2次方程式③の解であるから，解と係数の関係より，

$$\alpha+\beta=-\frac{-12}{2}=6$$

したがって，中点 M の座標を $(x,\ y)$ とすると，　$x=\dfrac{\alpha+\beta}{2}=3$

また，点 M は直線 $y=x-2$ 上にあるから，　$y=3-2=1$

よって，中点 M の座標は，　**(3, 1)**

研究 〉 2次曲線と接線の方程式

問題　次の曲線上の点Pにおける接線の方程式を求めよ。

教科書 p.120 (1)　放物線 $y^2=4x$，$\mathrm{P}(3,\ 2\sqrt{3})$　(2)　楕円 $\dfrac{x^2}{8}+\dfrac{y^2}{2}=1$，$\mathrm{P}(2,\ 1)$

ガイド　放物線，楕円，双曲線上の点 $\mathrm{P}(x_1,\ y_1)$ における接線の方程式は，それぞれ次のようになる。

放物線 $y^2=4px$ では，　$\boldsymbol{y_1y=2p(x+x_1)}$

楕円 $\dfrac{x^2}{a^2}+\dfrac{y^2}{b^2}=1$ では，　$\boldsymbol{\dfrac{x_1x}{a^2}+\dfrac{y_1y}{b^2}=1}$

双曲線 $\dfrac{x^2}{a^2}-\dfrac{y^2}{b^2}=1$ では，　$\boldsymbol{\dfrac{x_1x}{a^2}-\dfrac{y_1y}{b^2}=1}$

解答　(1)　$2\sqrt{3}\,y=2\cdot1\cdot(x+3)$ より，

$$\boldsymbol{y=\frac{\sqrt{3}}{3}x+\sqrt{3}}$$

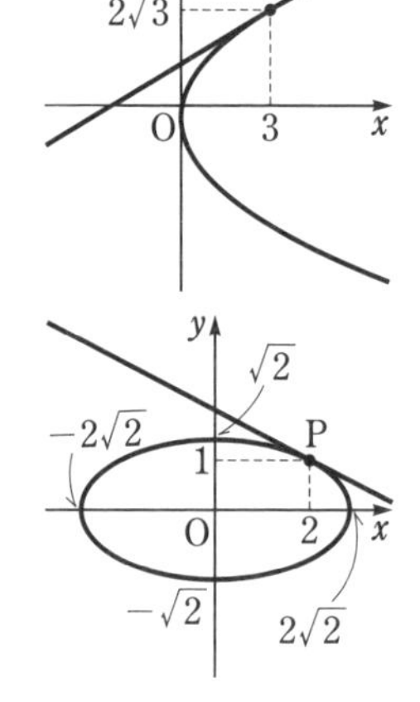

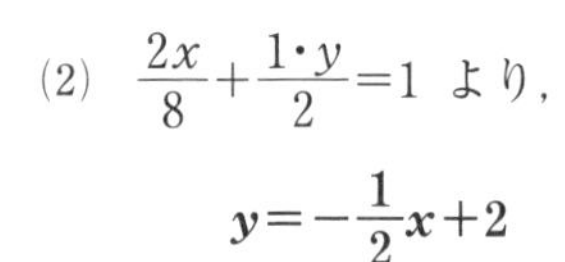

(2)　$\dfrac{2x}{8}+\dfrac{1\cdot y}{2}=1$ より，

$$\boldsymbol{y=-\frac{1}{2}x+2}$$

6　2次曲線と離心率

問18　点 P$(x,\ y)$ について，点 F$(7,\ 0)$ からの距離 PF と，直線 $x=1$ から
教科書 p.122
の距離 PH の比の値 $\dfrac{\text{PF}}{\text{PH}}$ が2であるとき，点 P の軌跡を求めよ。

ガイド　一般に，点Pについて，定点Fからの距離 PF と，定直線 ℓ からの距離 PH の比の値 $e=\dfrac{\text{PF}}{\text{PH}}$ が一定であるとき，点Pの軌跡は次のような2次曲線になる。

(i)　$0<e<1$ のとき，F を焦点の1つとする楕円
(ii)　$e=1$ のとき，F を焦点，ℓ を準線とする放物線
(iii)　$1<e$ のとき，F を焦点の1つとする双曲線

このとき，e の値を2次曲線の**離心率**，直線 ℓ を**準線**という。

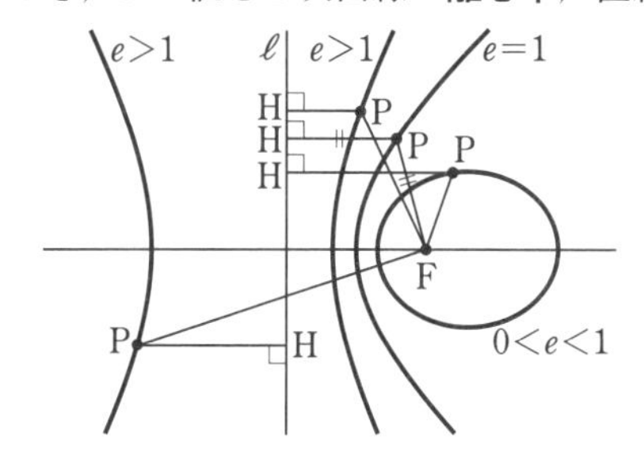

解答　$\dfrac{\text{PF}}{\text{PH}}=2$ より，　$2\text{PH}=\text{PF}$

これより，$4\text{PH}^2=\text{PF}^2$ であるから，

$4(x-1)^2=(x-7)^2+y^2$

$3x^2+6x-y^2=45$

$3(x+1)^2-y^2=48$

よって，点Pの軌跡は，

双曲線 $\boldsymbol{\dfrac{(x+1)^2}{16}-\dfrac{y^2}{48}=1}$

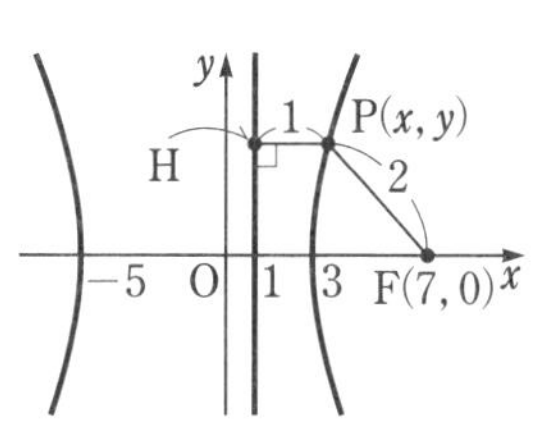

参考　離心率 e の値が0に近いほど，点Pの軌跡は，円に近づく。

第3章　平面上の曲線

節末問題

第1節｜2次曲線

1

教科書 p.123

次の条件を満たす曲線の方程式を求めよ。

(1) 焦点が x 軸上にあり，頂点が原点Oで，点 $(-2,\ -8)$ を通る放物線

(2) 焦点が2点 $(1,\ 0)$，$(-1,\ 0)$，短軸の長さが2の楕円

(3) 焦点が2点 $(2,\ 0)$，$(-2,\ 0)$，漸近線が2直線 $y=x$，$y=-x$ の双曲線

ガイド (1) 焦点が x 軸上にあるから，求める方程式は，$y^2=4px$ とおける。

(2) 焦点が x 軸上にあるから，求める方程式は，$\dfrac{x^2}{a^2}+\dfrac{y^2}{b^2}=1$ $(a>b>0)$ とおける。短軸の長さが2であるから，$2b=2$ である。

(3) 漸近線が直交しているから，直角双曲線である。

解答 (1) 求める方程式は，$y^2=4px$ とおける。

点 $(-2,\ -8)$ を通るから，

$(-8)^2=4p\cdot(-2)$ より，　$p=-8$

よって，放物線の方程式は，

$\boldsymbol{y^2=-32x}$

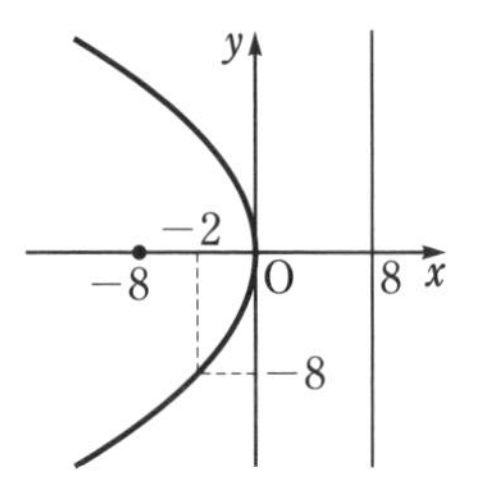

(2) 求める方程式は，$\dfrac{x^2}{a^2}+\dfrac{y^2}{b^2}=1$ $(a>b>0)$ とおける。

短軸の長さが2より，

$2b=2$，すなわち，　$b=1$

また，$\sqrt{a^2-b^2}=1$ より，　$a=\sqrt{2}$

よって，楕円の方程式は，　$\boldsymbol{\dfrac{x^2}{2}+y^2=1}$

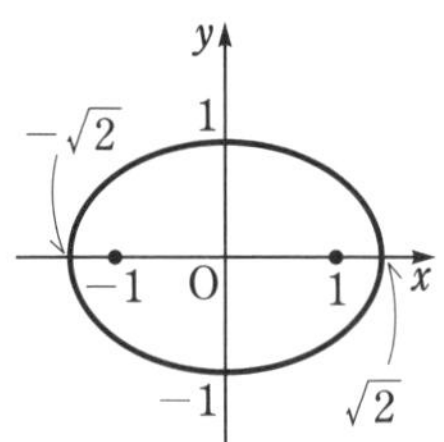

(3) 直角双曲線であるから，求める方程式は，

$\dfrac{x^2}{a^2}-\dfrac{y^2}{a^2}=1$ $(a>0)$ とおける。

焦点が2点 $(2,\ 0)$，$(-2,\ 0)$ であるから，

$\sqrt{a^2+a^2}=2$ より，　$a=\sqrt{2}$

よって，双曲線の方程式は，

$\boldsymbol{\dfrac{x^2}{2}-\dfrac{y^2}{2}=1}$

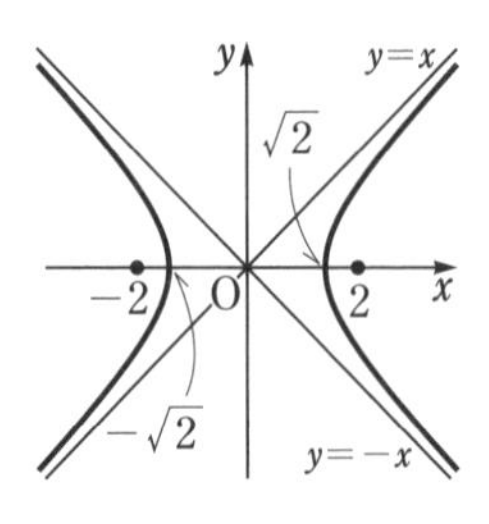

2　教科書 p.123

直線 $x=-2$ に接し，点 A(2, 0) を通る円の中心Cの軌跡を求めよ。

ガイド　点Aからの距離と直線 $x=-2$ からの距離が等しい点の軌跡である。

解答　円の中心Cの軌跡は，点Aからの距離と直線 $x=-2$ からの距離が等しい点の軌跡であるから，焦点が点 A(2, 0)，準線が $x=-2$ の放物線である。

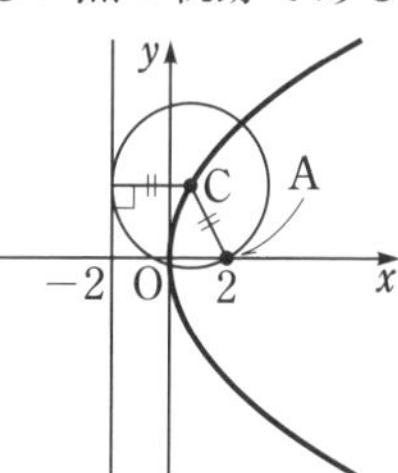

したがって，円の中心Cの軌跡は，$y^2=4\cdot2\cdot x$ より，　**放物線 $y^2=8x$**

3　教科書 p.123

k を定数とするとき，双曲線 $2x^2-y^2=1$ と直線 $y=kx+1$ の共有点の個数を調べよ。

ガイド　$2x^2-y^2=1$ と $y=kx+1$ を連立させて y を消去すると，x についての方程式が $ax^2+bx+c=0$ の形で得られる。x^2 の係数が0の場合と0でない場合に分けて調べる。

解答

$$\begin{cases} 2x^2-y^2=1 & \cdots\cdots① \\ y=kx+1 & \cdots\cdots② \end{cases}$$

②を①に代入して y を消去すると，

$2x^2-(kx+1)^2=1$,　$(2-k^2)x^2-2kx-2=0$　……③

(i)　$2-k^2=0$，すなわち，$k=\pm\sqrt{2}$ のとき

方程式③は，$-2\sqrt{2}x-2=0$ または $2\sqrt{2}x-2=0$ と1次方程式になり，解はそれぞれ $x=-\dfrac{\sqrt{2}}{2}$，$x=\dfrac{\sqrt{2}}{2}$ となるから，双曲線①と直線②の共有点は1個である。

(ii)　$2-k^2\neq0$，すなわち，$k\neq\pm\sqrt{2}$ のとき

方程式③は2次方程式になるから，双曲線①と直線②の共有点の個数は，2次方程式③の異なる実数解の個数に等しい。

③の判別式を D とすると，

$$\frac{D}{4}=(-k)^2-(2-k^2)\cdot(-2)$$
$$=-(k^2-4)=-(k+2)(k-2)$$

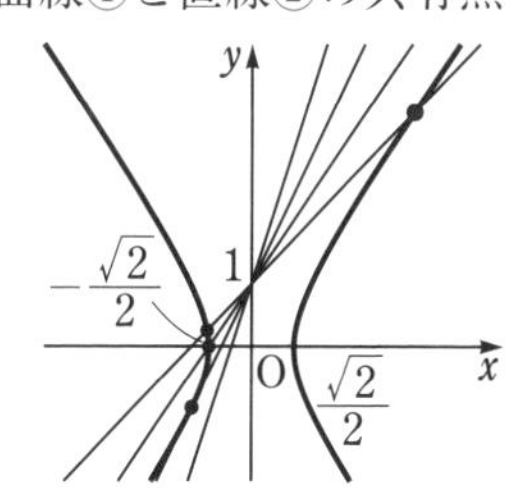

よって，①と②の共有点の個数は，

$D>0$，すなわち，$-2<k<-\sqrt{2}$，$-\sqrt{2}<k<\sqrt{2}$，$\sqrt{2}<k<2$ のとき，　2個

$D=0$，すなわち，$k=\pm 2$ のとき，　1個

$D<0$，すなわち，$k<-2$，$2<k$ のとき，　0個

(i)，(ii)より，①と②の共有点の個数は，次のようになる。

$-2<k<-\sqrt{2}$，$-\sqrt{2}<k<\sqrt{2}$，$\sqrt{2}<k<2$ のとき，　2個

$k=\pm\sqrt{2}$，± 2 のとき，　1個

$k<-2$，$2<k$ のとき，　0個

□ **4**　放物線 $y^2=4x$ において，焦点Fと準線上の点Pを結ぶ線分FPの垂直二等分線は，この放物線に接することを示せ。

教科書 p.123

ガイド　点Pの座標を $(-1,\ y_1)$ とおき，$y_1 \neq 0$ と $y_1=0$ の場合に分けて示す。$y_1 \neq 0$ のとき，線分FPの垂直二等分線の方程式と放物線の方程式を連立させて得られる2次方程式が重解をもつことから示すことができる。

解答　放物線 $y^2=4x$ の焦点Fの座標は $(1,\ 0)$，準線は直線 $x=-1$ であるから，点Pの座標は，$(-1,\ y_1)$ とおける。

P$(-1, y_1)$　M　F　y　x　-1　O　1

このとき，線分FPの傾きは，

$$\frac{0-y_1}{1-(-1)}=-\frac{y_1}{2}$$

線分FPの中点Mの座標は，

$$\left(\frac{1+(-1)}{2},\ \frac{0+y_1}{2}\right)，すなわち，\left(0,\ \frac{y_1}{2}\right)$$

(i)　$y_1 \neq 0$ のとき

線分FPの垂直二等分線の傾きを a とすると，$-\frac{y_1}{2}a=-1$

より，$a=\frac{2}{y_1}$ であり，点Mを通るから，その方程式は，

$$y-\frac{y_1}{2}=\frac{2}{y_1}x$$

すなわち，$x=\frac{y_1}{2}y-\frac{{y_1}^2}{4}$　……①

①を放物線の方程式 $y^2=4x$ に代入して x を消去すると，

$$y^2=4\left(\frac{y_1}{2}y-\frac{y_1^2}{4}\right)$$

$$(y-y_1)^2=0 \quad \cdots\cdots ②$$

よって，方程式②は，重解 $y=y_1$ をもつから，線分FPの垂直二等分線は，放物線 $y^2=4x$ に接する。

(ii)　$y_1=0$ のとき

線分FPの垂直二等分線は，直線 $x=0$ となり，放物線 $y^2=4x$ に接する。

(i)，(ii)より，線分FPの垂直二等分線は，放物線 $y^2=4x$ に接する。

参考　$y_1 \neq 0$ のときは，次のようにして示すこともできる。

①より，　$y=\frac{2}{y_1}x+\frac{y_1}{2}$

これを放物線の方程式 $y^2=4x$ に代入して y を消去すると，

$$\left(\frac{2}{y_1}x+\frac{y_1}{2}\right)^2=4x \qquad \frac{4}{y_1^2}x^2-2x+\frac{y_1^2}{4}=0 \quad \cdots\cdots ③$$

2次方程式③の判別式を D とすると，

$$\frac{D}{4}=(-1)^2-\frac{4}{y_1^2}\cdot\frac{y_1^2}{4}=0$$

よって，線分FPの垂直二等分線は，放物線 $y^2=4x$ に接する。

☐ **5**　教科書 p.123

楕円 $4x^2+y^2=8$ と直線 $y=2x+k$ が異なる2つの点A，Bで交わるような，定数 k の値の範囲を求めよ。また，このとき，線分ABの中点Mの軌跡を求めよ。

ガイド　中点Mの座標を $(x,\ y)$ とおく。x，y をそれぞれ k を用いて表し，k を消去して，x，y の関係式を導く。

解答　$y=2x+k$ を $4x^2+y^2=8$ に代入すると，

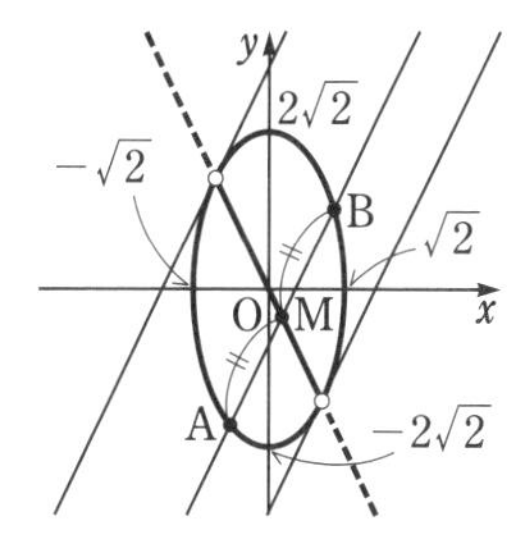

$$4x^2+(2x+k)^2=8$$

$$8x^2+4kx+k^2-8=0 \quad \cdots\cdots ①$$

楕円と直線が異なる2つの点で交わるのは，2次方程式①の判別式を D とすると，$D>0$ のときであるから，

$$\frac{D}{4}=(2k)^2-8(k^2-8)>0$$

これより，　$(k+4)(k-4)<0$

したがって，　$-4<k<4$

次に，点 A，B の x 座標をそれぞれ α，β とすると，α，β は 2 次方程式①の解であるから，解と係数の関係より，

$$\alpha+\beta=-\frac{4k}{8}=-\frac{k}{2}$$

したがって，中点 M の座標を $(x,\ y)$ とすると，

$$x=\frac{\alpha+\beta}{2}=-\frac{k}{4}\quad \cdots\cdots②$$

また，点 M は直線 $y=2x+k$ 上にあるから，

$$y=2\left(-\frac{k}{4}\right)+k=\frac{k}{2}\quad \cdots\cdots③$$

②より，　$k=-4x$

これを③に代入して k を消去すると，　$y=\dfrac{-4x}{2}$

すなわち，　$y=-2x$

$-4<k<4$ であるから，②より，　$-1<x<1$

以上より，求める定数 k の値の範囲は，　$\boldsymbol{-4<k<4}$

線分 AB の中点 M の軌跡は，　**直線** $\boldsymbol{y=-2x}$　$\boldsymbol{(-1<x<1)}$

☐ **6**　教科書 p.123

点 F(5，0) からの距離と直線 $x=2$ からの距離の比が 1：2 である点 P$(x,\ y)$ の軌跡を求めよ。

ガイド　直線 $x=2$ からの距離を PH とすると，$\dfrac{\mathrm{PF}}{\mathrm{PH}}=\dfrac{1}{2}$ であるから，点 P の軌跡は楕円になる。

解答　直線 $x=2$ からの距離を PH とすると，

PF：PH＝1：2 より，　PH＝2PF

これより，$\mathrm{PH}^2=4\mathrm{PF}^2$ であるから，

$$(x-2)^2=4\{(x-5)^2+y^2\}$$

よって，点 P の軌跡は，

楕円 $\boldsymbol{\dfrac{(x-6)^2}{4}+\dfrac{y^2}{3}=1}$

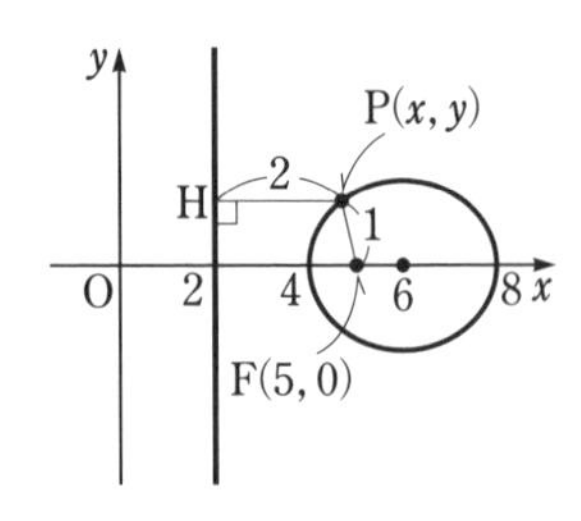

第２節 媒介変数表示と極座標

1 曲線の媒介変数表示

問19 媒介変数 t によって，$x=t+2$，$y=-t^2+2t$ $(t \geqq 0)$ で表される点 $(x,\ y)$ は，どのような曲線を描くか。

教科書 p.125

ガイド 一般に，曲線 C 上の点 $\mathrm{P}(x,\ y)$ が，１つの変数，例えば t を用いて，

$$x=f(t),\quad y=g(t)$$

の形に表されるとき，これを曲線 C の**媒介変数表示**または**パラメータ表示**といい，t を**媒介変数**または**パラメータ**という。なお，媒介変数は実数の範囲で動くものとする。また，媒介変数による曲線 C の表示の仕方は，１通りとは限らない。

$x=t+2$ より，　$t=x-2$

これを $y=-t^2+2t$ に代入すると，

$$y=-(x-2)^2+2(x-2)$$
$$=-x^2+6x-8$$

ここで，$t \geqq 0$ より，　$x=t+2 \geqq 2$

よって，求める曲線は，

放物線 $y=-x^2+6x-8$ の $x \geqq 2$ の部分

である。

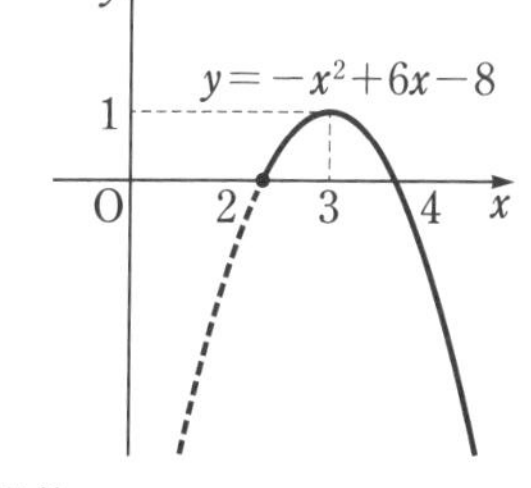

問20 放物線 $y=x^2+tx-t$ の頂点は，t の値が変化するとき，どのような曲線を描くか。

教科書 p.125

ガイド 頂点の座標を $(X,\ Y)$ として，X，Y を t を用いて表し，t を消去して，X，Y の関係式を導く。

解答 頂点の座標を $(X,\ Y)$ とすると，

$$y=\left(x+\frac{t}{2}\right)^2-\frac{t^2}{4}-t$$

より，

$$X=-\frac{t}{2},\quad Y=-\frac{t^2}{4}-t$$

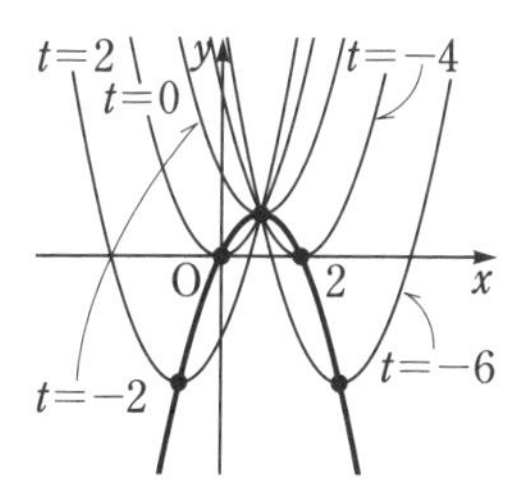

第３章　平面上の曲線

この2式から t を消去すると，

$$Y=-\frac{(-2X)^2}{4}-(-2X)=-X^2+2X$$

また，X はすべての実数値をとる。

よって，頂点は，**放物線 $y=-x^2+2x$** を描く。

問21 下の ガイド と同様に考えて，次の円の媒介変数表示を求めよ。

教科書 p.126

(1) $x^2+y^2=9$　　(2) $(x-1)^2+y^2=3$

ガイド 原点Oを中心とする半径 a の円

$$x^2+y^2=a^2$$

上の点を $\mathrm{P}(x,\ y)$ とする。Pが円上を動くとき，x 軸の正の部分を始線とする動径 OP の表す一般角を θ とすると，

$$\boldsymbol{x=a\cos\theta,\ y=a\sin\theta}$$

となる。

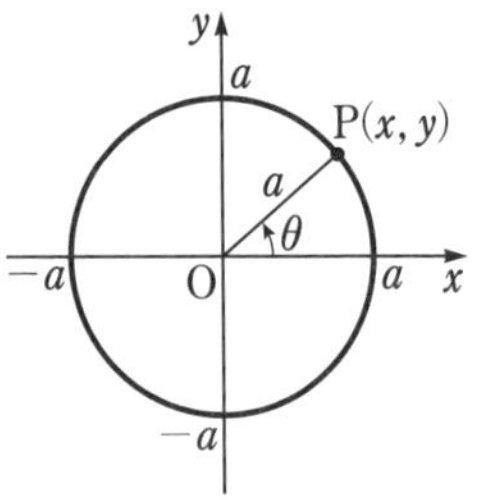

これが，角 θ による**円の媒介変数表示**である。

なお，角 θ は弧度法で表すことにする。

解答 (1) 原点Oが中心で，半径が3であるから，

$$\boldsymbol{x=3\cos\theta,\ y=3\sin\theta}$$

(2) 円 $x^2+y^2=3$ は原点Oが中心で，半径が $\sqrt{3}$ の円であるから，その媒介変数表示は，

$$x=\sqrt{3}\cos\theta,\ y=\sqrt{3}\sin\theta$$

円 $(x-1)^2+y^2=3$ は，円 $x^2+y^2=3$ を x 軸方向に1だけ平行移動したものであるから，

$$\boldsymbol{x=\sqrt{3}\cos\theta+1,\ y=\sqrt{3}\sin\theta}$$

問22 下の ガイド と同様に考えて，次の楕円の媒介変数表示を求めよ。

教科書 p.126

(1) $\dfrac{x^2}{9}+\dfrac{y^2}{6}=1$　　(2) $\dfrac{x^2}{4}+\dfrac{(y-1)^2}{16}=1$

ガイド 楕円 $\dfrac{x^2}{a^2}+\dfrac{y^2}{b^2}=1$ は，円 $x^2+y^2=a^2$ を x 軸を基準にして y 軸方向に $\dfrac{b}{a}$ 倍した曲線である。

よって，**楕円の媒介変数表示**は，

$$x=a\cos\theta,\ \ y=\frac{b}{a}\cdot a\sin\theta$$

すなわち，次のようになる。

$$\boldsymbol{x=a\cos\theta,\ \ y=b\sin\theta}$$

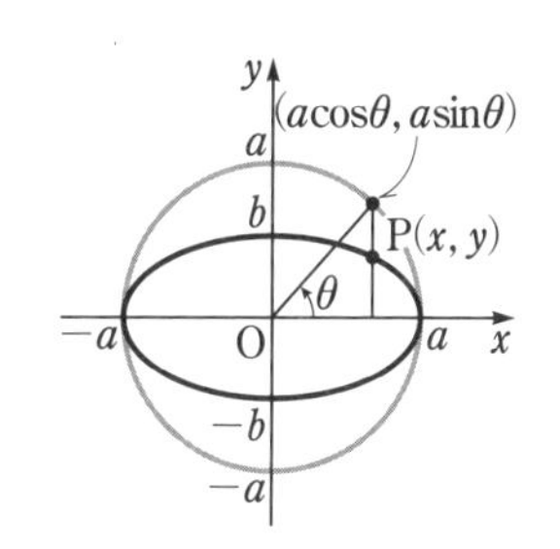

解答 (1) $\dfrac{x^2}{3^2}+\dfrac{y^2}{(\sqrt{6})^2}=1$ であるから，

$$\boldsymbol{x=3\cos\theta,\ \ y=\sqrt{6}\sin\theta}$$

(2) 楕円 $\dfrac{x^2}{4}+\dfrac{y^2}{16}=1$ は $\dfrac{x^2}{2^2}+\dfrac{y^2}{4^2}=1$ であるから，その媒介変数表示は，

$$x=2\cos\theta,\ \ y=4\sin\theta$$

楕円 $\dfrac{x^2}{4}+\dfrac{(y-1)^2}{16}=1$ は，楕円 $\dfrac{x^2}{4}+\dfrac{y^2}{16}=1$ を y 軸方向に1だけ平行移動したものであるから，

$$\boldsymbol{x=2\cos\theta,\ \ y=4\sin\theta+1}$$

問23 θ が変化するとき，点 $\mathrm{P}\left(\dfrac{2}{\cos\theta},\ 3\tan\theta\right)$ は，双曲線 $\dfrac{x^2}{4}-\dfrac{y^2}{9}=1$ 上にあることを確かめよ。

教科書 p.127

ガイド 一般に，双曲線 $\dfrac{x^2}{a^2}-\dfrac{y^2}{b^2}=1$ の媒介変数表示は，次のようになる。

$$\boldsymbol{x=\frac{a}{\cos\theta},\ \ y=b\tan\theta}$$

解答 点 $\mathrm{P}\left(\dfrac{2}{\cos\theta},\ 3\tan\theta\right)$ より，

$$\frac{x^2}{4}-\frac{y^2}{9}=\frac{\left(\dfrac{2}{\cos\theta}\right)^2}{4}-\frac{(3\tan\theta)^2}{9}=\frac{4}{4\cos^2\theta}-\frac{9\tan^2\theta}{9}$$

$$=\frac{1}{\cos^2\theta}-\tan^2\theta=(1+\tan^2\theta)-\tan^2\theta=1$$

よって，点 $\mathrm{P}\left(\dfrac{2}{\cos\theta},\ 3\tan\theta\right)$ は，双曲線 $\dfrac{x^2}{4}-\dfrac{y^2}{9}=1$ 上にある。

問24 次の媒介変数表示は，どのような曲線を表すか。

教科書 p.127

$$x=4\cos\theta+1,\ y=5\sin\theta-2$$

ガイド $\sin^2\theta+\cos^2\theta=1$ を利用する。

解答 与えられた式より，　$\cos\theta=\dfrac{x-1}{4}$，$\sin\theta=\dfrac{y+2}{5}$

これらを $\sin^2\theta+\cos^2\theta=1$ に代入すると，

$$\frac{(x-1)^2}{16}+\frac{(y+2)^2}{25}=1$$

よって，**楕円** $\boldsymbol{\dfrac{(x-1)^2}{16}+\dfrac{(y+2)^2}{25}=1}$ を表す。

問25 サイクロイド $x=\theta-\sin\theta$，$y=1-\cos\theta$ において，θ が次の値をとるときの座標 $(x,\ y)$ を求めよ。

教科書 p.128

(1) $\theta=\dfrac{\pi}{4}$　　(2) $\theta=\dfrac{\pi}{2}$　　(3) $\theta=\pi$

ガイド 1つの円が定直線に接しながら，滑ることなく回転していくとき，その円周上の定点が描く図形を**サイクロイド**という。

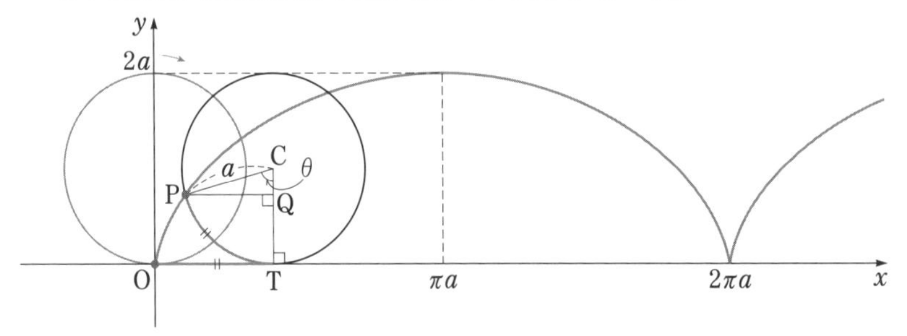

サイクロイドの媒介変数表示は，次のようになる。

$$\boldsymbol{x=a(\theta-\sin\theta),\ y=a(1-\cos\theta)}$$

解答 (1)

$$x=\frac{\pi}{4}-\sin\frac{\pi}{4}=\frac{\pi}{4}-\frac{1}{\sqrt{2}}$$

$$y=1-\cos\frac{\pi}{4}=1-\frac{1}{\sqrt{2}}$$

よって，　$\boldsymbol{\left(\dfrac{\pi}{4}-\dfrac{1}{\sqrt{2}},\ 1-\dfrac{1}{\sqrt{2}}\right)}$

(2)　　$x=\frac{\pi}{2}-\sin\frac{\pi}{2}=\frac{\pi}{2}-1$

$y=1-\cos\frac{\pi}{2}=1$

よって，　$\left(\boldsymbol{\frac{\pi}{2}-1,\ 1}\right)$

(3)　　$x=\pi-\sin\pi=\pi$

$y=1-\cos\pi=2$

よって，　$(\boldsymbol{\pi,\ 2})$

参考　原点Oを中心とする半径aの定円Oの内側を，半径$\frac{a}{4}$の円Cが滑ることなく回転していくとき，円Cの周上の定点Pの始めの位置を点$(a,\ 0)$とすると，Pは右の図のような曲線を描く。この曲線の媒介変数表示は次のようになる。

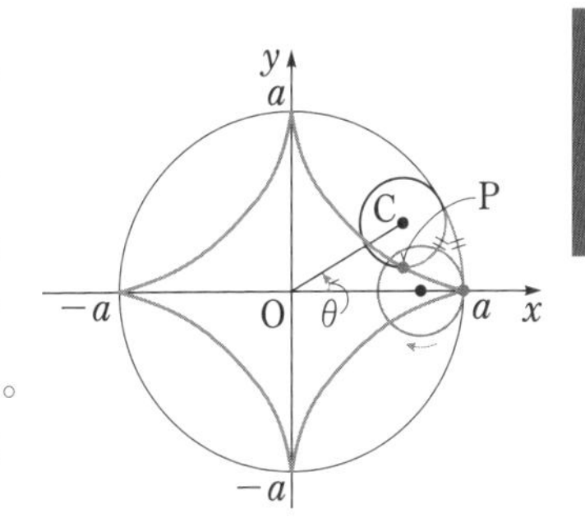

$$\boldsymbol{x=a\cos^3\theta,\ y=a\sin^3\theta}$$

このような曲線を，**アステロイド**または**星芒形**(せいぼう)という。

また，原点Oを中心とする半径aの定円Oの外側を，半径aの円Cが滑ることなく回転していくとき，円Cの周上の定点Pの始めの位置を点$(a,\ 0)$とすると，Pは右の図のような曲線を描く。

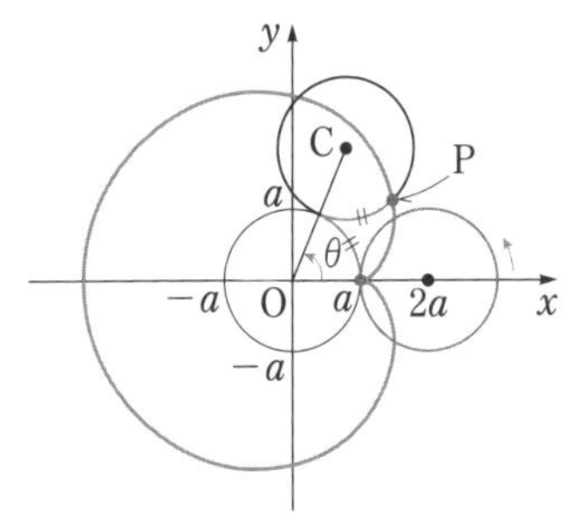

この曲線の媒介変数表示は次のようになる。

$$\boldsymbol{x=a(2\cos\theta-\cos2\theta),\ y=a(2\sin\theta-\sin2\theta)}$$

このような曲線を，**カージオイド**または**心臓形**という。

2 極座標と極方程式

☐ **問26** 次の極座標で表される点の直交座標 $(x,\ y)$ を求めよ。

教科書 p.131 (1) $\left(2,\ \dfrac{2}{3}\pi\right)$　　(2) $(1,\ \pi)$　　(3) $\left(3,\ \dfrac{7}{6}\pi\right)$

ガイド これまでは平面上の点を表すのに，原点で直交する2直線をとり，座標 $(x,\ y)$ を考えてきた。このような座標を**直交座標**という。

平面上に，点Oと半直線OXを定めると，Oと異なる平面上の点Pは，OPの長さ r と，OXから半直線OPへ測った角 θ によって定まる。このとき，点Oを**極**，半直線OXを**始線**，角 θ を点Pの**偏角**といい，$(r,\ \theta)$ を点Pの**極座標**という。また，任意の角 θ について，点 $(0,\ \theta)$ は極Oを表す。

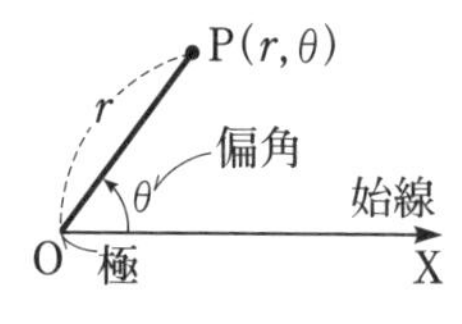

なお，偏角 θ は弧度法で表した一般角である。

ここがポイント

点Pの直交座標が $(x,\ y)$ のとき，原点Oを極，x 軸の正の部分を始線とする点Pの極座標を $(r,\ \theta)$ とすると，

$$\boldsymbol{x=r\cos\theta,\quad y=r\sin\theta}$$

$$\boldsymbol{r=\sqrt{x^2+y^2}}$$

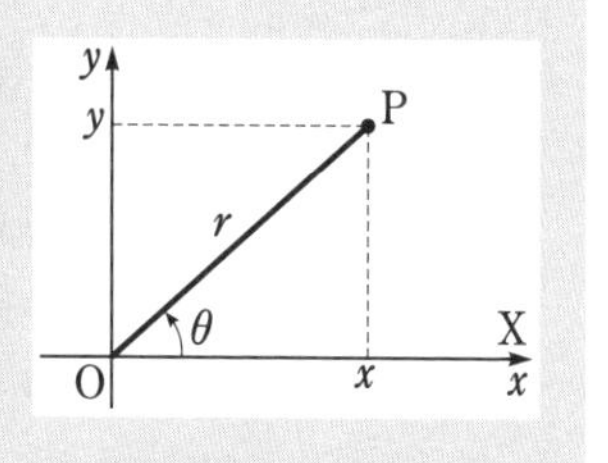

今後特に断らない限り，極座標では，直交座標の原点Oを極，x 軸の正の部分を始線とする。

解答 与えられた極座標で表される点を点Pとする。

(1)

$$x=2\cos\frac{2}{3}\pi=-1$$

$$y=2\sin\frac{2}{3}\pi=\sqrt{3}$$

よって，点Pの直交座標は，　$\boldsymbol{(-1,\ \sqrt{3})}$

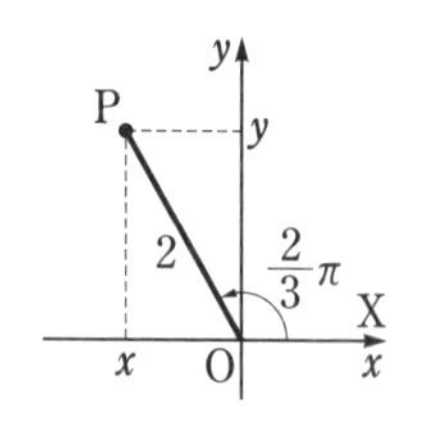

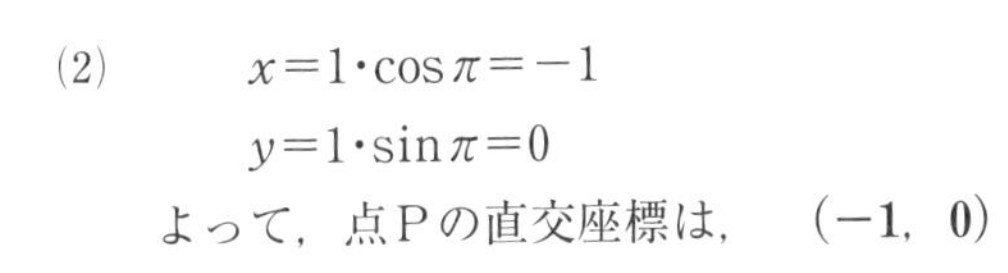

(2)　　$x=1\cdot\cos\pi=-1$

　　　$y=1\cdot\sin\pi=0$

よって，点Pの直交座標は，　$(-1,\ 0)$

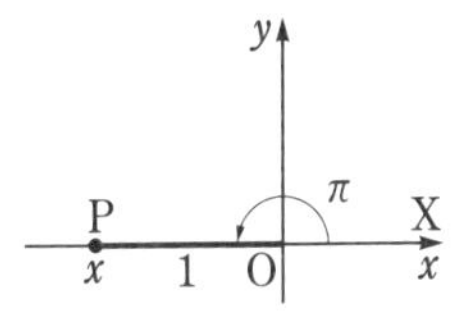

(3)　　$x=3\cos\dfrac{7}{6}\pi=-\dfrac{3\sqrt{3}}{2}$

　　　$y=3\sin\dfrac{7}{6}\pi=-\dfrac{3}{2}$

よって，点Pの直交座標は，

$\left(-\dfrac{3\sqrt{3}}{2},\ -\dfrac{3}{2}\right)$

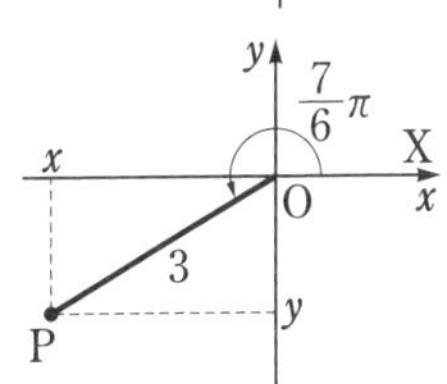

問27　次の直交座標で表される点の極座標 $(r,\ \theta)$ を求めよ。ただし，偏角 θ は $0\leqq\theta<2\pi$ とする。

教科書 p.132

(1)　$(1,\ 1)$　　　(2)　$(-\sqrt{3},\ 1)$　　　(3)　$(-2,\ 0)$

ガイド　$r=\sqrt{x^2+y^2}$，$\cos\theta=\dfrac{x}{r}$，$\sin\theta=\dfrac{y}{r}$ より，r と θ の値を求める。

解答　与えられた直交座標で表される点を点Pとする。

(1)　　$r=\sqrt{1^2+1^2}=\sqrt{2}$

　　　$\cos\theta=\dfrac{1}{\sqrt{2}}$，$\sin\theta=\dfrac{1}{\sqrt{2}}$

$0\leqq\theta<2\pi$ とすると，　$\theta=\dfrac{\pi}{4}$

よって，点Pの極座標は，　$\left(\sqrt{2},\ \dfrac{\pi}{4}\right)$

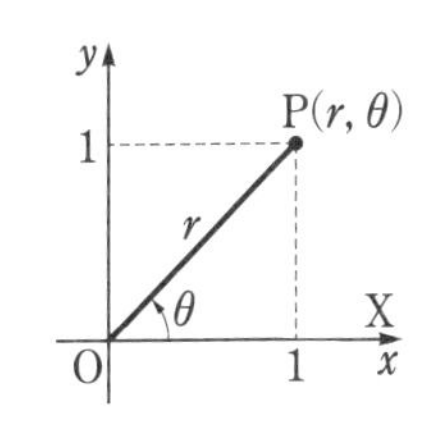

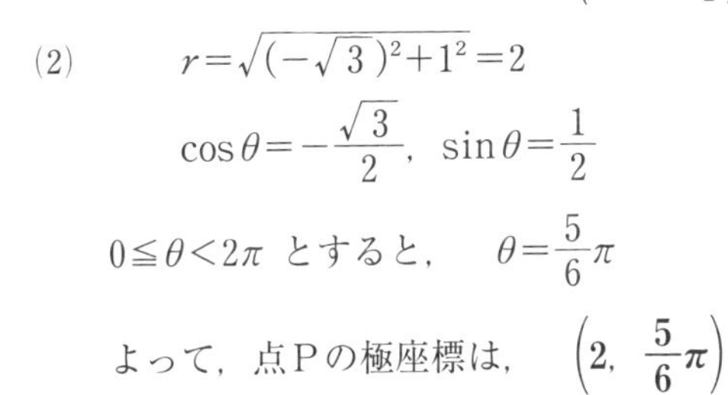

(2)　　$r=\sqrt{(-\sqrt{3})^2+1^2}=2$

　　　$\cos\theta=-\dfrac{\sqrt{3}}{2}$，$\sin\theta=\dfrac{1}{2}$

$0\leqq\theta<2\pi$ とすると，　$\theta=\dfrac{5}{6}\pi$

よって，点Pの極座標は，　$\left(2,\ \dfrac{5}{6}\pi\right)$

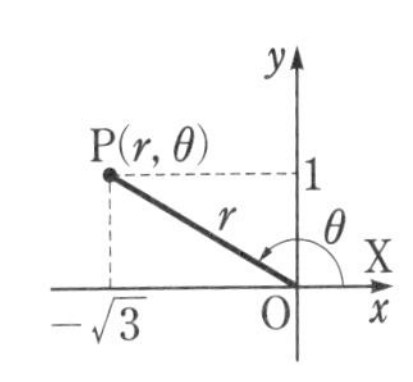

(3) $r=\sqrt{(-2)^2+0^2}=2$

$\cos\theta=-1,\ \sin\theta=0$

$0 \leqq \theta < 2\pi$ とすると， $\theta=\pi$

よって，点Pの極座標は， $(2,\ \pi)$

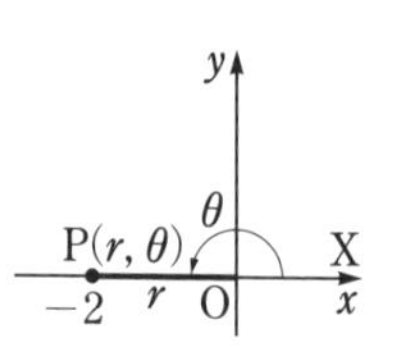

問28

教科書 p.132

極方程式 $r=2\cos\theta\ \left(-\frac{\pi}{2} \leqq \theta \leqq \frac{\pi}{2}\right)$ において，θ が 0，$\pm\frac{\pi}{6}$，$\pm\frac{\pi}{4}$，$\pm\frac{\pi}{3}$，$\pm\frac{\pi}{2}$ のときの点 $(r,\ \theta)$ を図示せよ。

ガイド 一般に，平面上の曲線 C が，極座標 $(r,\ \theta)$ によって，方程式

$r=f(\theta)$ または $F(r,\ \theta)=0$

と表されるとき，これらの方程式を曲線 C の**極方程式**という。

$r=2\cos\theta$ に θ の値をそれぞれ代入して r の値を求める。

解答 θ が，

$0,\ \pm\frac{\pi}{6},\ \pm\frac{\pi}{4},\ \pm\frac{\pi}{3},\ \pm\frac{\pi}{2}$

のときの r の値をそれぞれ求めると，

$2,\ \sqrt{3},\ \sqrt{2},\ 1,\ 0$

これらの点を順に P，Q，R，S，T，U，V，W とすると，右の図のようになる（解答の際には，図中の P，Q，R，S，T，U，V，W の記述は不要）。

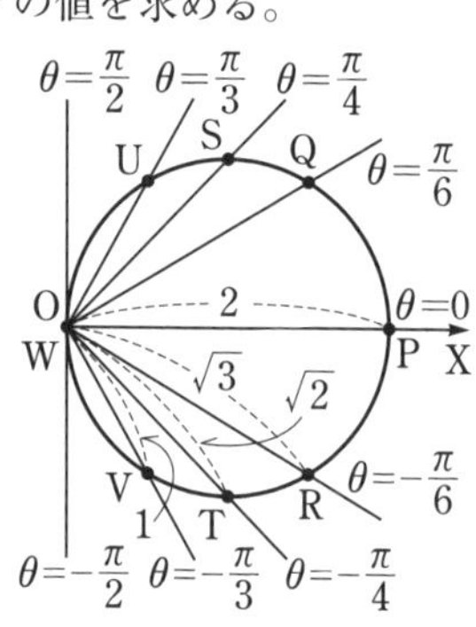

問29

教科書 p.133

極方程式 $r=2\cos\theta$ において，θ が $\frac{2}{3}\pi$，$\frac{3}{4}\pi$，$\frac{5}{6}\pi$，π のときの点 $(r,\ \theta)$ を図示せよ。

ガイド 極方程式においては，偏角 θ の値によっては r が負の値をとることもある。

$r<0$ の場合には，点 $(r,\ \theta)$ は点 $(-r,\ \theta+\pi)$ を表すものと考える。

解答 $\theta=\frac{2}{3}\pi$ のとき， $r=2\cos\frac{2}{3}\pi=-1$

点 $\left(-1,\ \frac{2}{3}\pi\right)$ は点 $\left(1,\ \frac{5}{3}\pi\right)$ と同じ点を表す。

$\theta=\dfrac{3}{4}\pi$ のとき，　$r=2\cos\dfrac{3}{4}\pi=-\sqrt{2}$

点 $\left(-\sqrt{2},\ \dfrac{3}{4}\pi\right)$ は点 $\left(\sqrt{2},\ \dfrac{7}{4}\pi\right)$ と同じ点を表す。

$\theta=\dfrac{5}{6}\pi$ のとき，　$r=2\cos\dfrac{5}{6}\pi=-\sqrt{3}$

点 $\left(-\sqrt{3},\ \dfrac{5}{6}\pi\right)$ は点 $\left(\sqrt{3},\ \dfrac{11}{6}\pi\right)$ と同じ点を表す。

$\theta=\pi$ のとき，

$r=2\cos\pi=-2$

点 $(-2,\ \pi)$ は点 $(2,\ 2\pi)$，すなわち，点 $(2,\ 0)$ と同じ点を表す。

これらの点を順にP，Q，R，Sとすると，右の図のようになる（解答の際には，図中のP，Q，R，Sの記述は不要）。

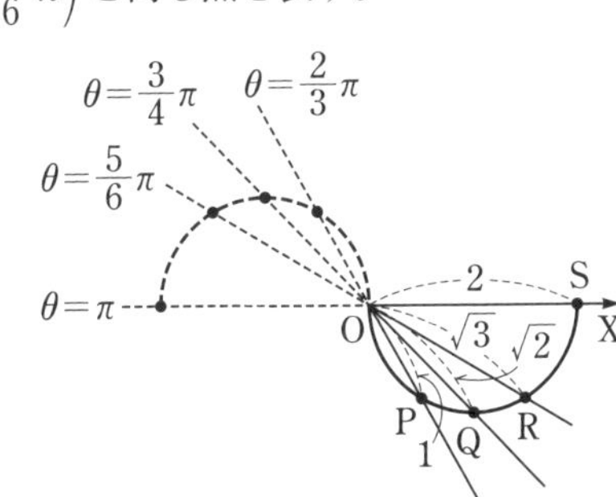

☐ **問30** 次の極方程式は，どのような図形を表すか。

教科書 p.133

(1)　$r=4$　　　(2)　$\theta=\dfrac{\pi}{6}$

ガイド　r が一定のときは円，θ が一定のときは直線を表す。

解答　(1)　**極Oを中心とする半径4の円**を表す。

(2)　**極Oを通り，始線OXとのなす角が $\dfrac{\pi}{6}$ の直線**を表す。

参考　それぞれの極方程式が表す図形は，下の図のようになる。

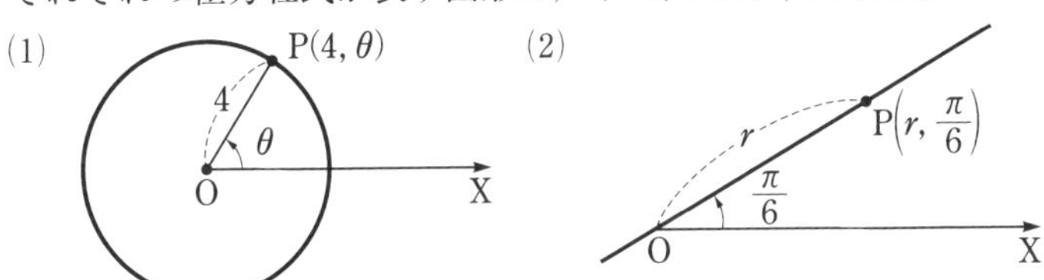

問31 極座標が $\left(1,\ \dfrac{\pi}{4}\right)$ の点Aを通り線分 OA に垂直な直線 ℓ の極方程式を求めよ。

教科書 p.134

ガイド ℓ 上の任意の点を $\mathrm{P}(r,\ \theta)$ とする。

解答 ℓ 上の任意の点を $\mathrm{P}(r,\ \theta)$ とすると，

$$\mathrm{OP}\cos\left(\theta-\frac{\pi}{4}\right)=\mathrm{OA}$$

よって，求める直線の極方程式は，

$$\boldsymbol{r\cos\left(\theta-\frac{\pi}{4}\right)=1}$$

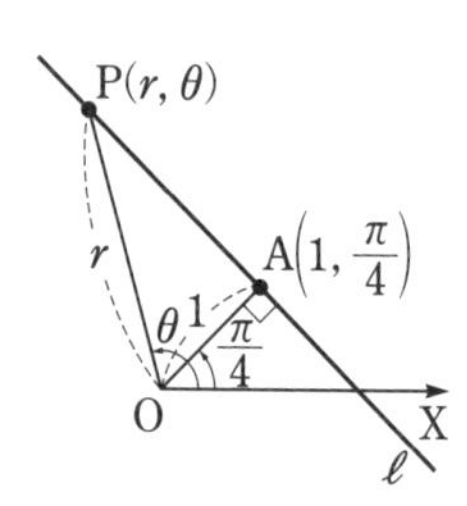

問32 極Oを焦点とし，極座標が $\left(2,\ \dfrac{\pi}{2}\right)$ の点Aを通り始線に平行である直線を準線とする放物線の極方程式を求めよ。

教科書 p.134

ガイド 放物線上の任意の点を $\mathrm{P}(r,\ \theta)$ とする。放物線は，定点（焦点）と定直線（準線）からの距離が等しい点の軌跡であることを用いる。

解答 放物線上の点 $\mathrm{P}(r,\ \theta)$ から準線に下ろした垂線を PH とすると，放物線の定義から，

$$\mathrm{OP}=\mathrm{PH}$$

$\mathrm{PH}=2-r\sin\theta$ であるから，

$$r=2-r\sin\theta$$

よって， $\boldsymbol{r=\dfrac{2}{1+\sin\theta}}$

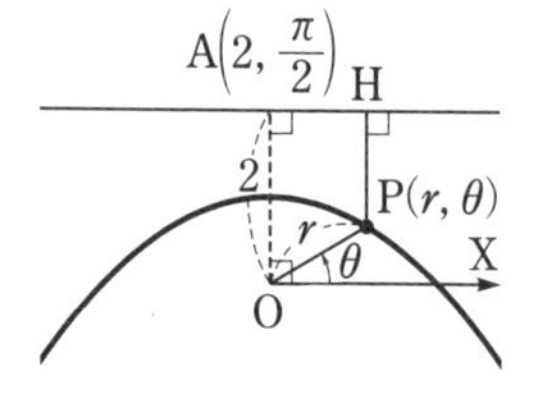

問33 次の極方程式で表される曲線を直交座標の方程式で表し，それがどのような曲線であるか答えよ。

教科書 p.135

(1) $r=4\cos\theta$　　(2) $r^2\sin 2\theta=2$

ガイド 任意の点の直交座標を $(x,\ y)$，極座標を $(r,\ \theta)$ とするとき，関係式

$$\boldsymbol{x=r\cos\theta,\ \ y=r\sin\theta,\ \ x^2+y^2=r^2}$$

を用いて，極方程式で表された曲線を直交座標の方程式で表すことができる。

(1) 極方程式の両辺を r 倍する。

解答 (1) $r=4\cos\theta$ の両辺を r 倍すると，

$r^2=4r\cos\theta$

$r^2=x^2+y^2$，$r\cos\theta=x$ であるから，

$x^2+y^2=4x$

よって，**円 $(x-2)^2+y^2=4$** を表す。

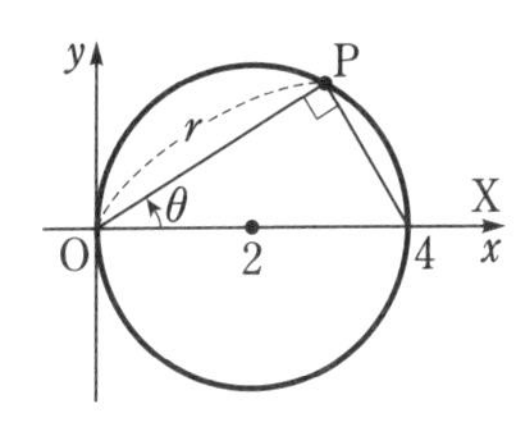

(2) $r^2\sin 2\theta=2$ より，

$r^2\sin\theta\cos\theta=1$

$r\cos\theta=x$，$r\sin\theta=y$ であるから，

$xy=1$

よって，**双曲線 $xy=1$** を表す。

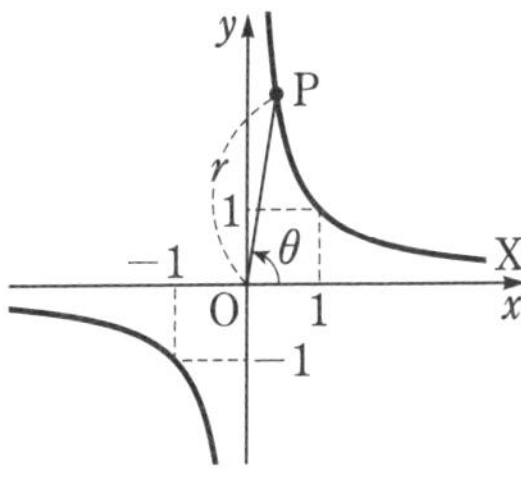

第3章　平面上の曲線

問34 次の曲線の方程式を極方程式で表せ。

教科書 p.135

(1) $x^2+y^2=4$　　(2) $\dfrac{x^2}{3}+\dfrac{y^2}{2}=1$

ガイド (1)は $x^2+y^2=r^2$，(2)は $x=r\cos\theta$，$y=r\sin\theta$ を代入する。

解答 (1) $x^2+y^2=4$ に $x^2+y^2=r^2$ を代入すると，

$r^2=4$

$r=2$，$r=-2$

$r=2$ と $r=-2$ は同じ図形を表すから，

$\boldsymbol{r=2}$

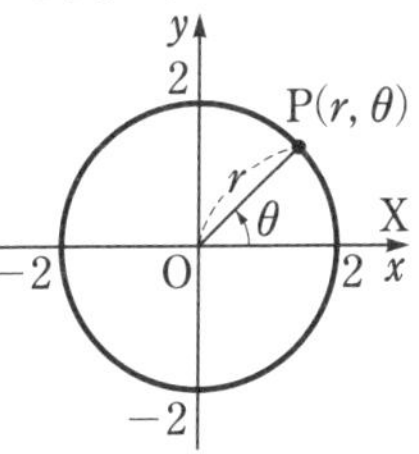

(2) $\dfrac{x^2}{3}+\dfrac{y^2}{2}=1$ に $x=r\cos\theta$，$y=r\sin\theta$ を代入すると，

$\dfrac{r^2\cos^2\theta}{3}+\dfrac{r^2\sin^2\theta}{2}=1$

$2r^2\cos^2\theta+3r^2\sin^2\theta=6$

$2r^2(\cos^2\theta+\sin^2\theta)+r^2\sin^2\theta=6$

$2r^2+r^2\sin^2\theta=6$

よって，　$\boldsymbol{r^2(2+\sin^2\theta)=6}$

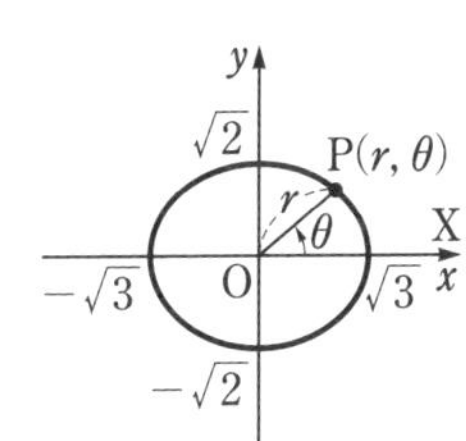

研究 2次曲線を表す極方程式と離心率

問題 $r=\dfrac{ea}{1+e\cos\theta}$ において，e と a が次の値のとき，どのような曲線になるか確かめよ。

教科書 p.136

(1) $e=1$，$a=3$　　　(2) $e=\dfrac{1}{2}$，$a=3$

ガイド a を正の定数とし，極座標が $(a,\ 0)$ である点Aを通り，始線に垂直な直線を ℓ とする。任意の点 $\mathrm{P}(r,\ \theta)$ から，ℓ に下ろした垂線を PH とするとき，離心率 $e=\dfrac{\mathrm{PO}}{\mathrm{PH}}$ が一定であるときの点Pの軌跡は，2次曲線になる。この2次曲線の極方程式は，次のようにして導かれる。

$\mathrm{PO}=e\mathrm{PH}$ であるから，　$r=e(a-r\cos\theta)$

r について解くと，　$r=\dfrac{ea}{1+e\cos\theta}$

解答 (1) $e=1$，$a=3$ のとき，

$$r=\frac{3}{1+\cos\theta}\qquad\cdots\cdots①$$

①の分母を払って整理すると，

$r=3-r\cos\theta$

両辺を2乗すると，　$r^2=(3-r\cos\theta)^2$

$x^2+y^2=(3-x)^2$

展開して整理すると，　$y^2=-6\left(x-\dfrac{3}{2}\right)$

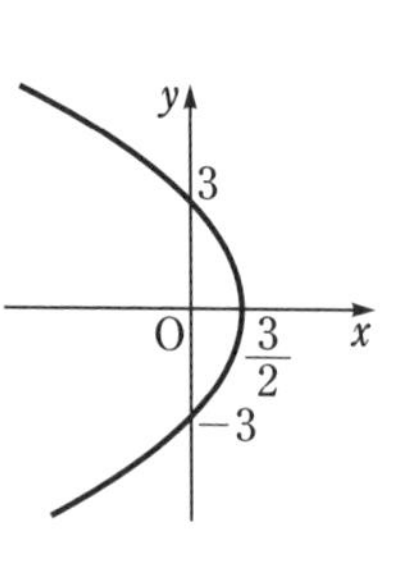

よって，**放物線 $\boldsymbol{y^2=-6\left(x-\dfrac{3}{2}\right)}$** になる。

(2) $e=\dfrac{1}{2}$，$a=3$ のとき，

$$r=\frac{\frac{3}{2}}{1+\frac{1}{2}\cos\theta}=\frac{3}{2+\cos\theta}\qquad\cdots\cdots②$$

②の分母を払って整理すると，　$2r=3-r\cos\theta$

両辺を2乗すると，　$4r^2=(3-r\cos\theta)^2$

$4(x^2+y^2)=(3-x)^2$

展開すると，

$3x^2+4y^2+6x-9=0$

$\dfrac{(x+1)^2}{4}+\dfrac{y^2}{3}=1$

よって，**楕円** $\boldsymbol{\dfrac{(x+1)^2}{4}+\dfrac{y^2}{3}=1}$ になる。

3　いろいろな曲線

参考　媒介変数表示や極方程式を用いると，様々な曲線を表すことができる。

2つの自然数 a，b に対して，媒介変数表示

$\boldsymbol{x=\sin a\theta,\ y=\sin b\theta}$

で表される曲線を**リサージュ曲線**という。

a，b に以下のような数値を入れると，それぞれのグラフは次の図のようになる。

①　$a=1$，$b=2$　　②　$a=3$，$b=5$　　③　$a=4$，$b=5$

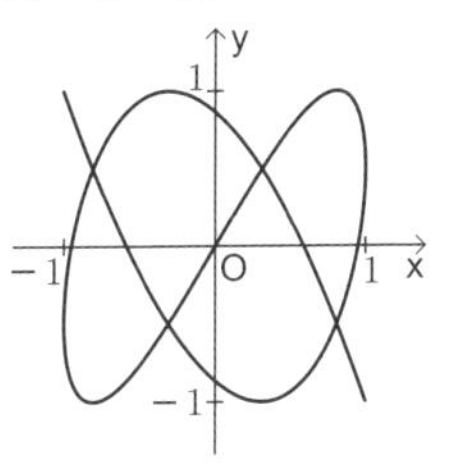

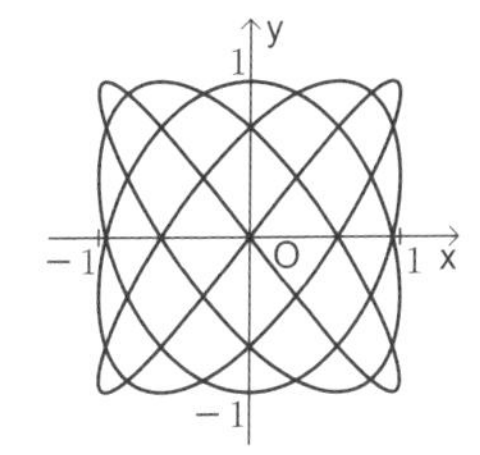

正の定数 a に対して，媒介変数表示

$x=a\cos^3\theta,\ y=a\sin^3\theta$

で表される曲線はアステロイドである。

$x=\cos^3\theta,\ y=\sin^3\theta$

のグラフは右の図のようになる。

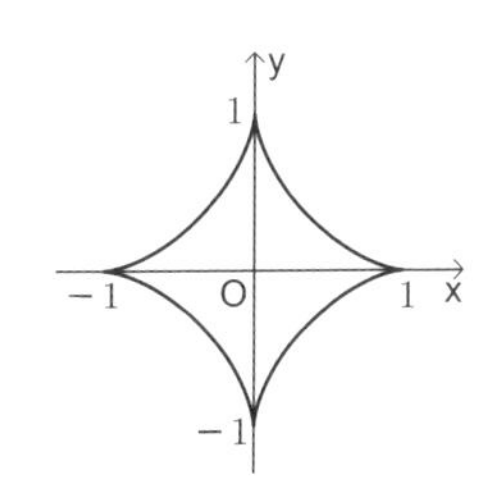

極方程式 $r=\sin a\theta$ $(a>0)$ で表される曲線を**正葉曲線**という。

a に以下のような数値を入れると，それぞれのグラフは次の図のようになる。

① $a=2$

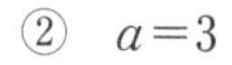

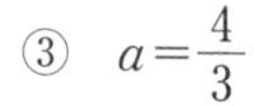

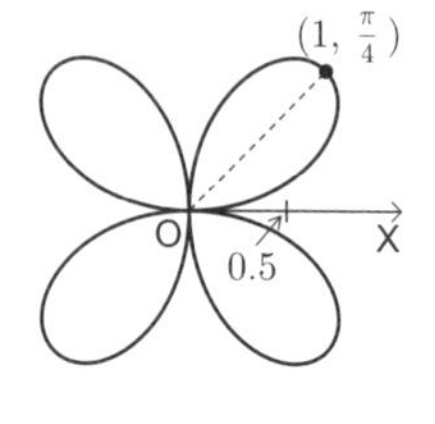

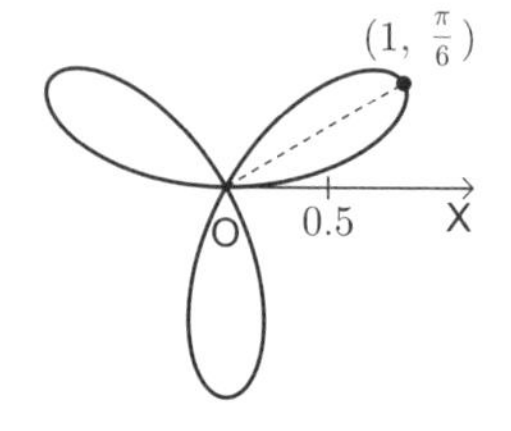

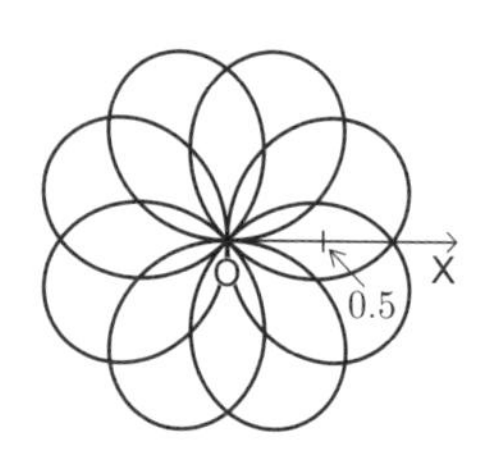

極方程式 $r=a\theta$ $(a>0)$ で表される曲線を**アルキメデスの渦巻線**(うずまき)または**アルキメデスの螺線**(ら)という。

$r=\theta$ $(\theta \geqq 0)$ のグラフは右の図のようになる。

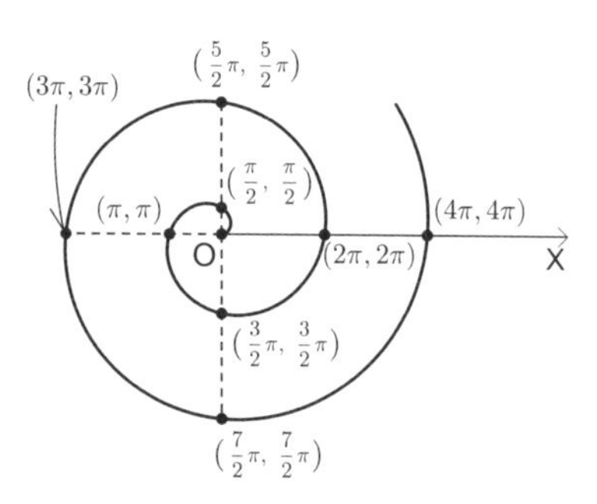

極方程式 $r=a+b\cos\theta$ $(b>0)$ で表される曲線を**リマソン**という。

特に，$a=b$ のとき，カージオイドである。

$r=2(1+\cos\theta)$ のグラフは右の図のようになる。

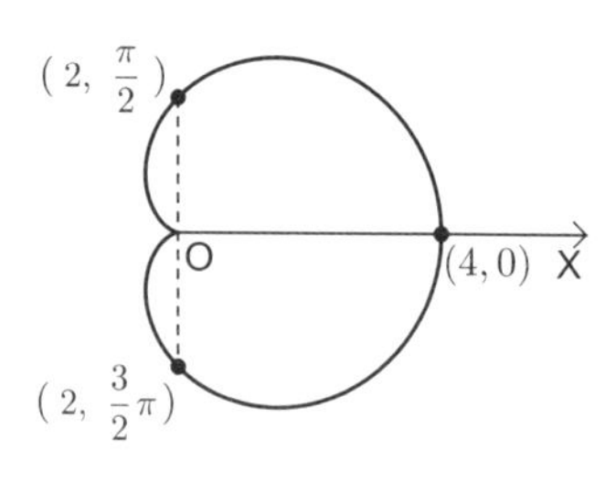

媒介変数表示や極方程式でいろいろな曲線が表せるんだね。

節末問題

第2節｜媒介変数表示と極座標

□ **1**

教科書 p.139

媒介変数 t によって次の式で表される点 $(x,\ y)$ は，どのような曲線を描くか。また，それを図示せよ。

(1)　$x=\sqrt{t}$，$y=\sqrt{1-t}$　　　(2)　$x=\sin t$，$y=\cos 2t$

ガイド　x，y の値の範囲に注意する。

解答　(1)　$x=\sqrt{t}$　より，　$t=x^2$

これを $y=\sqrt{1-t}$ に代入すると，

$y=\sqrt{1-x^2}$

$x^2+y^2=1$

ここで，$t\geqq 0$，$1-t\geqq 0$ より，

$0\leqq t\leqq 1$

したがって，　$0\leqq x\leqq 1$，$0\leqq y\leqq 1$

よって，求める曲線は，**円 $x^2+y^2=1$ $(x\geqq 0,\ y\geqq 0)$** である。

また，図示すると，右の図のようになる。

(2)　$y=\cos 2t=1-2\sin^2 t$

これに $x=\sin t$ を代入すると，

$y=1-2x^2$

ここで，$x=\sin t$ より，

$-1\leqq x\leqq 1$

よって，求める曲線は，**放物線 $y=1-2x^2$ $(-1\leqq x\leqq 1)$** である。

また，図示すると，右の図のようになる。

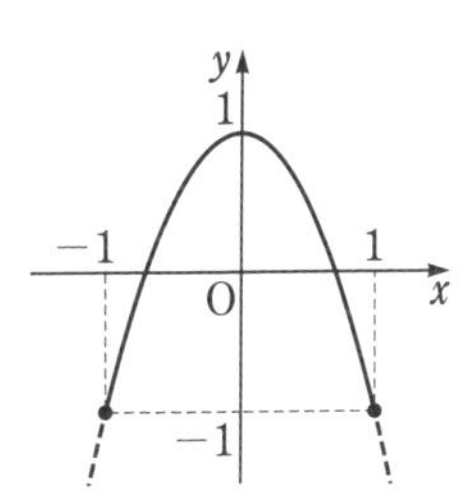

□ **2**

教科書 p.139

楕円 $\dfrac{x^2}{4}+y^2=1$ に内接し，辺が座標軸に平行な長方形のうちで，面積が最大となる長方形の2辺の長さとその面積を求めよ。

ガイド　楕円の媒介変数表示を用いて，第1象限にある長方形の頂点の座標を表す。媒介変数の値の範囲に注意する。

解答 第1象限にある長方形の頂点をPとする。

点Pは楕円上にあるから，媒介変数表示を用いると，

$$P(2\cos\theta,\ \sin\theta)\ \left(0<\theta<\frac{\pi}{2}\right)$$

と表せる。

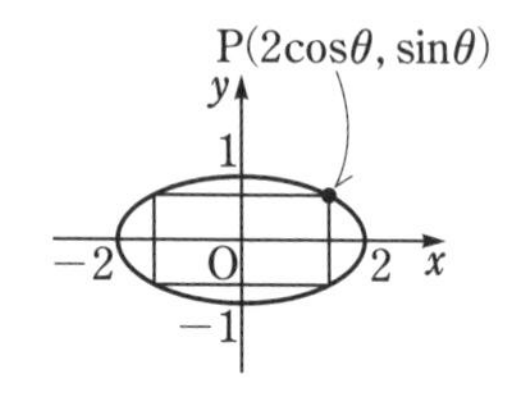

したがって，長方形の面積をSとすると，

$$S=(2\times2\cos\theta)\times(2\times\sin\theta)$$
$$=8\sin\theta\cos\theta=4\sin2\theta$$

ここで，$0<\theta<\frac{\pi}{2}$ より，$0<2\theta<\pi$ であるから，

$$0<\sin2\theta\leqq1$$
$$0<4\sin2\theta\leqq4$$

よって，長方形の面積は，$\theta=\frac{\pi}{4}$ のとき，最大値4となる。

このとき，2辺の長さは，

$$2\times2\cos\frac{\pi}{4}=2\sqrt{2},\quad 2\times\sin\frac{\pi}{4}=\sqrt{2}$$

以上より，**2辺の長さが $\sqrt{2}$，$2\sqrt{2}$ のとき，面積の最大値**は**4**である。

□ **3**

教科書 p.139

原点Oを極とする極座標において，$A\left(2,\ \frac{\pi}{12}\right)$，$B\left(3,\ \frac{5}{12}\pi\right)$ とするとき，次の問いに答えよ。

(1) 2点A，B間の距離ABを求めよ。

(2) △OABの面積を求めよ。

ガイド (1) △OABに余弦定理を利用する。

解答 (1) △OABに余弦定理を用いると，

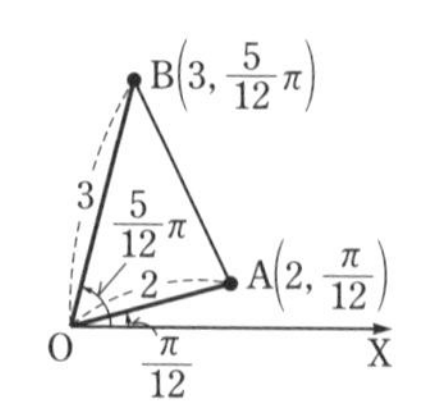

$$AB^2=2^2+3^2-2\cdot2\cdot3\cos\left(\frac{5}{12}\pi-\frac{\pi}{12}\right)$$
$$=13-12\times\frac{1}{2}=7$$

よって，$AB>0$ より， $\mathbf{AB=\sqrt{7}}$

(2) $\triangle OAB=\frac{1}{2}\cdot2\cdot3\sin\left(\frac{5}{12}\pi-\frac{\pi}{12}\right)=\mathbf{\frac{3\sqrt{3}}{2}}$

参考　△OAB の面積を求める際，直交座標では，距離 OA，OB，$\sin\angle AOB$ を煩雑な計算によって求めなければならない。これに対し，極座標を用いると，距離 OA，OB はそれぞれ点 A，B の座標から明らかであり，∠AOB は点 A，B の座標から簡単な減法によって求めることができるから，△OAB の面積を簡単に求めることができる。

□ **4**　次の図形を表す極方程式を求めよ。

教科書 p.139

(1)　中心の極座標が $A\left(3,\ \frac{\pi}{6}\right)$ で，半径が 3 の円

(2)　極座標が (4, 0) である点 A を通り，始線とのなす角が $\frac{\pi}{3}$ である直線

ガイド　(1)　円上の任意の点を $P(r,\ \theta)$ とおき，余弦定理を用いて，r，θ の関係式を導く。

(2)　直線上の任意の点を $P(r,\ \theta)$ とおき，正弦定理を用いて，r，θ の関係式を導く。

解答　(1)　円上の任意の点を $P(r,\ \theta)$とすると，

$$OA=AP=3,\ \angle POA=\theta-\frac{\pi}{6}$$

△OAP に余弦定理を用いると，

$$3^2=r^2+3^2-2\cdot r\cdot 3\cos\left(\theta-\frac{\pi}{6}\right)$$

$$r^2-6r\cos\left(\theta-\frac{\pi}{6}\right)=0$$

これを解くと，　$r=0,\ r=6\cos\left(\theta-\frac{\pi}{6}\right)$

ここで，$r=6\cos\left(\theta-\frac{\pi}{6}\right)$ は，$\theta=\frac{2}{3}\pi$ のとき $r=0$ となり，$r=0$ を含んでいるから，求める円の極方程式は，

$$\boldsymbol{r=6\cos\left(\theta-\frac{\pi}{6}\right)}$$

(2)　直線上の任意の点を $P(r,\ \theta)$ とすると，

$$\angle OPA=\frac{\pi}{3}-\theta,\ \angle OAP=\frac{2}{3}\pi$$

△OAP に正弦定理を用いると，

$$\frac{r}{\sin\frac{2}{3}\pi}=\frac{4}{\sin\left(\frac{\pi}{3}-\theta\right)}$$

$$r\sin\left(\frac{\pi}{3}-\theta\right)=4\cdot\frac{\sqrt{3}}{2}$$

よって，求める直線の極方程式は，

$$\boldsymbol{r\sin\left(\frac{\pi}{3}-\theta\right)=2\sqrt{3}}$$

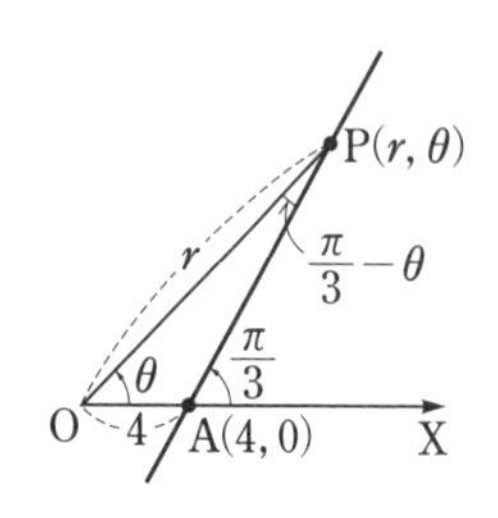

□ **5** 次の極方程式で表される曲線を直交座標の方程式で表し，それがどのような曲線であるか答えよ。

教科書 p.139

(1)　$2r\sin\left(\theta+\frac{\pi}{6}\right)=1$　　　(2)　$r(1-2\cos\theta)=3$

ガイド　与えられた式を変形し，$x=r\cos\theta$，$y=r\sin\theta$，$x^2+y^2=r^2$ を用いて直交座標の方程式を導く。

解答　(1)　$2r\sin\left(\theta+\frac{\pi}{6}\right)=1$ より，

$$2r\left(\sin\theta\cos\frac{\pi}{6}+\cos\theta\sin\frac{\pi}{6}\right)=1$$

$$\sqrt{3}\,r\sin\theta+r\cos\theta=1$$

$r\cos\theta=x$，$r\sin\theta=y$ であるから，

$$x+\sqrt{3}\,y=1$$

よって，**直線 $x+\sqrt{3}\,y=1$** を表す。

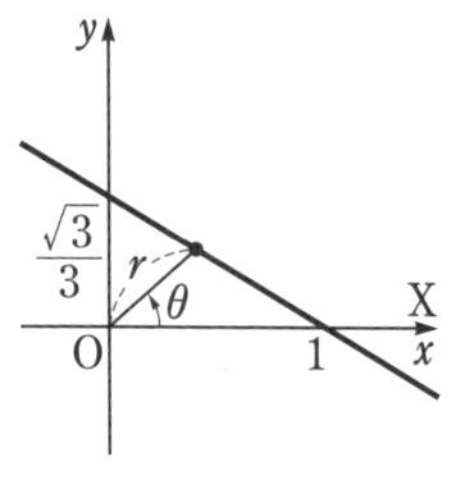

(2)　$r(1-2\cos\theta)=3$ より，　$r=3+2r\cos\theta$　……①

①の両辺を 2 乗すると，

$$r^2=(3+2r\cos\theta)^2$$

$r^2=x^2+y^2$，$r\cos\theta=x$ であるから，

$$x^2+y^2=(3+2x)^2$$

$$3x^2+12x-y^2+9=0$$

$$3(x+2)^2-y^2=3$$

よって，**双曲線 $(x+2)^2-\frac{y^2}{3}=1$** を表す。

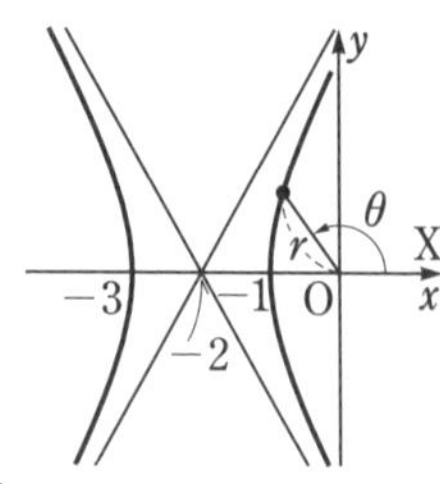

章末問題

A

1. 教科書 p.140

次の方程式は，放物線，楕円，双曲線のうちのどれを表すか。また，その焦点を求めよ。双曲線については漸近線も求めよ。

(1)　$x^2+3y^2+4x+6y+1=0$

(2)　$4x^2-16x-y^2=0$

(3)　$8x-y^2-2y-17=0$

ガイド　与えられた方程式を，x，y についてそれぞれ平方完成する。

焦点や漸近線は，求めた曲線の方程式が，それぞれ標準形の曲線をどのように平行移動したものを表すかをもとにして求める。

解答　(1)　$x^2+3y^2+4x+6y+1=0$ を変形すると，

$$(x^2+4x)+3(y^2+2y)+1=0$$

$$(x+2)^2+3(y+1)^2=6$$

よって，この方程式は，**楕円**

$$\boldsymbol{\frac{(x+2)^2}{6}+\frac{(y+1)^2}{2}=1} \quad \cdots\cdots①$$

を表す。

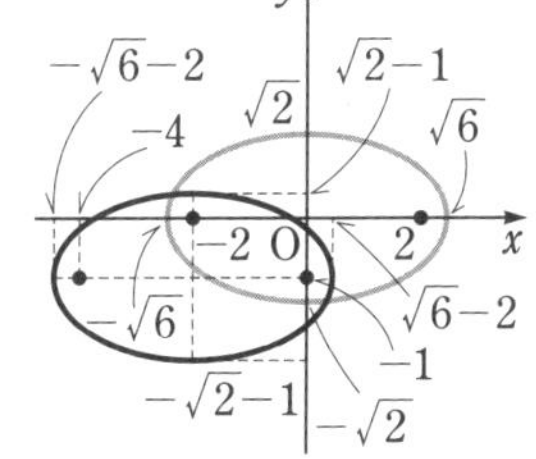

楕円①は，楕円 $\dfrac{x^2}{6}+\dfrac{y^2}{2}=1$ を x 軸方向に -2，y 軸方向に -1 だけ平行移動したものであり，楕円 $\dfrac{x^2}{6}+\dfrac{y^2}{2}=1$ の焦点は，2 点 $(2,\ 0)$，$(-2,\ 0)$ であるから，楕円①の**焦点は，2 点 $(0,\ -1)$，$(-4,\ -1)$** である。

(2)　$4x^2-16x-y^2=0$ を変形すると，

$$4(x^2-4x)-y^2=0$$

$$4(x-2)^2-y^2=16$$

よって，この方程式は，**双曲線**

$$\boldsymbol{\frac{(x-2)^2}{4}-\frac{y^2}{16}=1} \quad \cdots\cdots②$$

を表す。

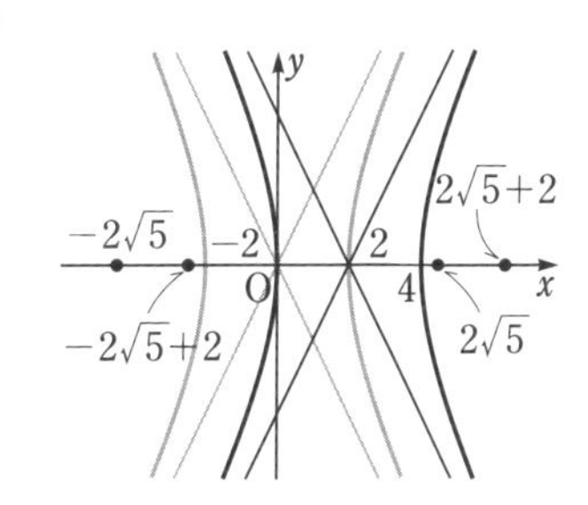

双曲線②は，双曲線 $\dfrac{x^2}{4}-\dfrac{y^2}{16}=1$ を x 軸方向に 2 だけ平行移動したものであり，双曲線 $\dfrac{x^2}{4}-\dfrac{y^2}{16}=1$ の焦点は，2 点 $(2\sqrt{5},\ 0)$，$(-2\sqrt{5},\ 0)$ であるから，双曲線②の**焦点は，2 点 $(2\sqrt{5}+2,\ 0)$，$(-2\sqrt{5}+2,\ 0)$** である。

また，双曲線 $\dfrac{x^2}{4}-\dfrac{y^2}{16}=1$ の漸近線は，2 直線 $y=2x$，$y=-2x$ であるから，双曲線②の**漸近線は**，2 直線 $y=2(x-2)$，$y=-2(x-2)$，すなわち，**2 直線 $y=2x-4$，$y=-2x+4$** である。

(3) $8x-y^2-2y-17=0$ を変形すると，

$$y^2+2y=8x-17$$
$$(y+1)^2=8x-16$$

よって，この方程式は，**放物線**

$$(y+1)^2=8(x-2) \quad \cdots\cdots ③$$

を表す。

放物線③は，放物線 $y^2=8x$ を x 軸方向に 2，y 軸方向に -1 だけ平行移動したものであり，放物線 $y^2=8x$ の焦点は，点 $(2,\ 0)$ であるから，放物線③の**焦点は，点 $(4,\ -1)$** である。

☐ **2.** 教科書 p. 140

円 $x^2+(y-4)^2=4$ と外接し，x 軸と接する円の中心 P の軌跡を求めよ。

ガイド 図をかいて考える。点 P の軌跡は，円 $x^2+(y-4)^2=4$ の中心 $(0,\ 4)$ を焦点，直線 $y=-2$ を準線とする放物線になる。

解答 点 P を中心とする円の半径を r とし，円 $x^2+(y-4)^2=4$ の中心を C，点 P から直線 $y=-2$ に下ろした垂線を PH とすると，

$$\mathrm{PC}=r+2,\ \mathrm{PH}=r-(-2)=r+2$$

したがって，PC＝PH より，点 P の軌跡は，C(0, 4) を焦点，直線 $y=-2$ を準線とする放物線になる。

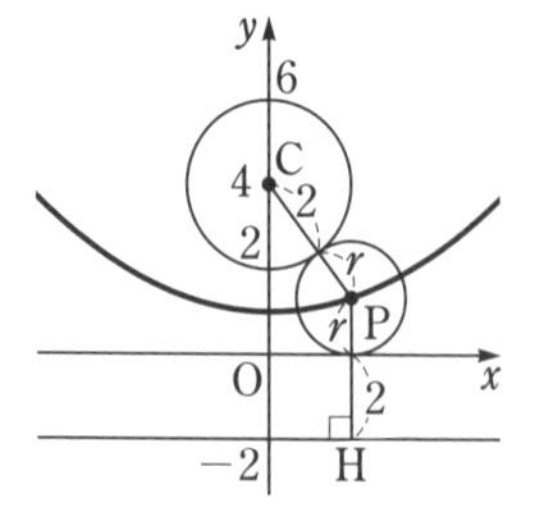

この放物線の頂点は(0, 1)である。この放物線を y 軸方向に -1 だけ平行移動した放物線は，焦点が点(0, 3)，準線が直線 $y=-3$ の放物線であり，その方程式は，$x^2=4\cdot3y=12y$ で表される。

よって，点Pの軌跡は，　**放物線 $x^2=12(y-1)$**

☐ 3.

教科書 p.140

媒介変数 t によって，

$$x=2\left(t+\frac{1}{t}\right),\quad y=t-\frac{1}{t}\quad(t>0)$$

で表される点$(x,\ y)$は，どのような曲線を描くか。

ガイド　$t>0$ より，相加平均と相乗平均の関係から x の値の範囲を求める。

解答　$x=2\left(t+\dfrac{1}{t}\right)$ より，　$x^2=4\left(t^2+\dfrac{1}{t^2}+2\right)$ ……①

$y=t-\dfrac{1}{t}$ より，　$y^2=t^2+\dfrac{1}{t^2}-2$

すなわち，　$t^2+\dfrac{1}{t^2}=y^2+2$ ……②

②を①に代入すると，　$x^2=4(y^2+4)$

すなわち，　$\dfrac{x^2}{16}-\dfrac{y^2}{4}=1$

ここで，$t>0$ より，相加平均と相乗平均の関係から，

$$x=2\left(t+\frac{1}{t}\right)\geqq2\cdot2\sqrt{t\cdot\frac{1}{t}}=4$$

等号が成り立つのは，$t=\dfrac{1}{t}$，すなわち，$t=1$ のときである。

よって，求める曲線は，**双曲線 $\dfrac{x^2}{16}-\dfrac{y^2}{4}=1$ $(x\geqq4)$** である。

☐ 4.

教科書 p.140

2つの円

$$x^2+y^2=1,\quad x^2+y^2=9$$

と原点からのばした半直線の交点を，それぞれP，Qとする。点Pを通り y 軸に平行な直線と，点Qを通り x 軸に平行な直線との交点Rの軌跡を求めよ。

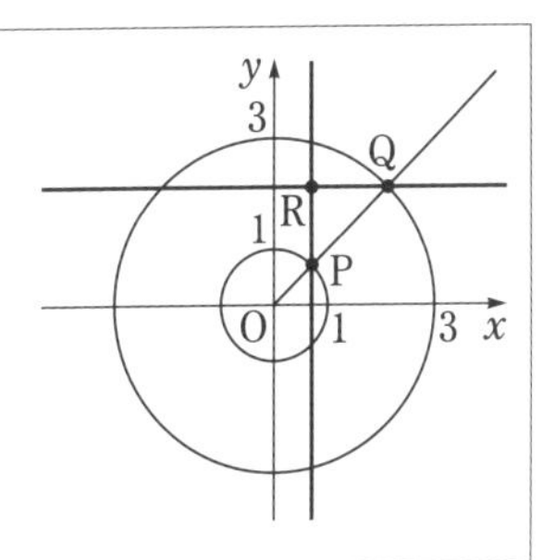

ガイド 交点Rの座標を $(x,\ y)$ とする。点Rの座標を媒介変数表示を用いて表し，x，y の関係式を導く。

解答 半直線OPと x 軸の正の向きとのなす角を θ とすると，点P，Qは円上にあるから，媒介変数表示を用いて，

$$\mathrm{P}(\cos\theta,\ \sin\theta),\ \mathrm{Q}(3\cos\theta,\ 3\sin\theta)$$

と表せる。よって，交点Rの座標は，媒介変数表示を用いると，

$$\mathrm{R}(\cos\theta,\ 3\sin\theta)$$

と表せる。したがって，交点Rの座標を $(x,\ y)$ とすると，

$$x=\cos\theta,\ y=3\sin\theta$$

これより，　$\cos\theta=x,\ \sin\theta=\dfrac{y}{3}$

これらを $\sin^2\theta+\cos^2\theta=1$ に代入すると，

$$x^2+\frac{y^2}{9}=1$$

よって，交点Rの軌跡は，

楕円 $x^2+\dfrac{y^2}{9}=1$

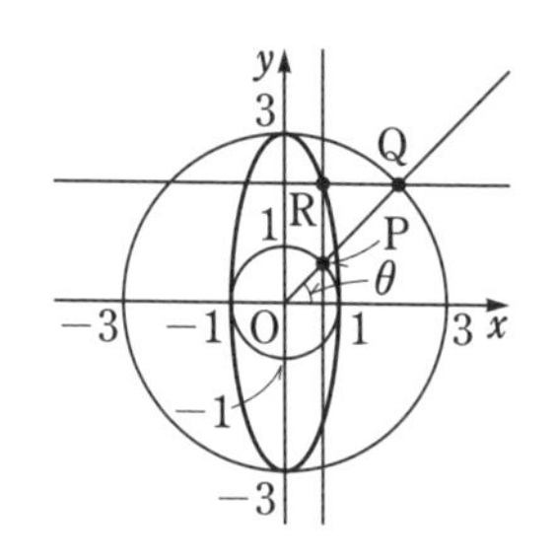

5. 教科書 p.140

楕円 $\dfrac{x^2}{3}+\dfrac{y^2}{4}=1$ 上の点Pと直線 $2x+y=5$ との距離の最小値を求めよ。

ガイド 楕円の媒介変数表示を用いて点Pの座標を表し，点と直線の距離の公式を利用する。

解答 点Pの座標を $(x,\ y)$ とする。

点Pは楕円上にあるから，媒介変数表示を用いると，

$$x=\sqrt{3}\cos\theta,\ y=2\sin\theta$$

点Pと直線 $2x+y=5$ との距離を d とすると，点と直線の距離の公式により，

$$d=\frac{|2\cdot\sqrt{3}\cos\theta+1\cdot2\sin\theta-5|}{\sqrt{2^2+1^2}}$$

$$=\frac{1}{\sqrt{5}}\left|4\sin\left(\theta+\frac{\pi}{3}\right)-5\right|$$

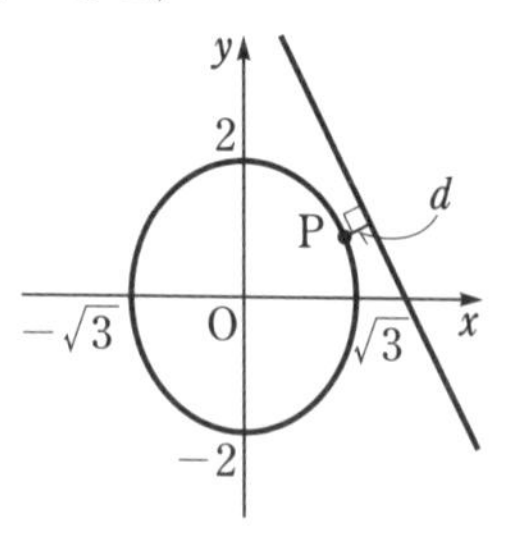

$-1\leqq\sin\left(\theta+\dfrac{\pi}{3}\right)\leqq1$ より，距離 d の最小値は，　$\boldsymbol{\dfrac{\sqrt{5}}{5}}$

6. 教科書 p.140

中心の極座標が A$(a,\ 0)$ で半径が a の円周上の任意の点 Q における接線に，極 O から下ろした垂線を OP とするとき，点 P の軌跡の極方程式は，

$$r=a(1+\cos\theta)$$

であることを示せ。

ガイド 点 P の極座標を $(r,\ \theta)$ とし，r と θ が満たす関係を考える。

解答 点 A から直線 OP に垂線 AH を下ろすと，四角形 AQPH は長方形であるから，　HP=AQ=a

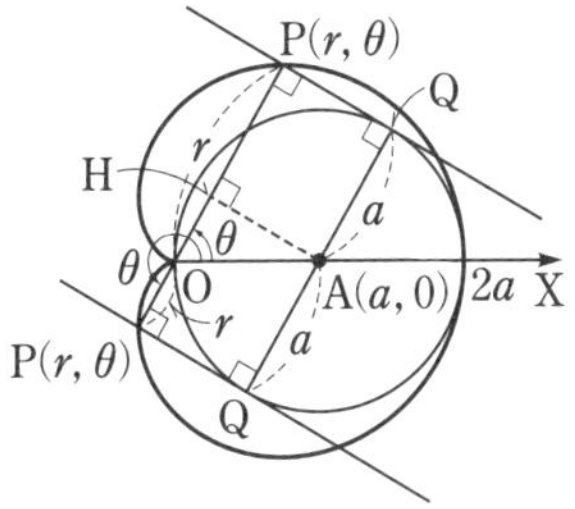

点 P の極座標を $(r,\ \theta)$ とする。

$-\dfrac{\pi}{2}\leqq\theta\leqq\dfrac{\pi}{2}$ のとき，OP=OH+HP

より，

$$r=a\cos\theta+a=a(1+\cos\theta)$$

$\dfrac{\pi}{2}<\theta<\dfrac{3}{2}\pi$ のとき，OP=HP−OH

より，

$$r=a-a\cos(\theta-\pi)=a(1+\cos\theta)$$

よって，点 P の軌跡の極方程式は，　$r=a(1+\cos\theta)$

B

7. 教科書 p.141

次の条件を満たす 2 次曲線の方程式を求めよ。

(1) 焦点が点 $(4,\ -1)$，準線が直線 $x=0$ の放物線

(2) 焦点が 2 点 $(\sqrt{6},\ 1)$，$(-\sqrt{6},\ 1)$，長軸の長さが 6 の楕円

(3) 漸近線が 2 直線 $y=2x-3$，$y=-2x+1$ で，点 $(1+\sqrt{6},\ 3)$ を通る双曲線

ガイド 与えられた条件から標準形の曲線をどのように平行移動した曲線かを考える。まず，標準形の方程式を求める。

第3章 平面上の曲線

解答 (1) 求める放物線の軸は x 軸に平行で，頂点は点 $(2,\ -1)$ である。この放物線を x 軸方向に -2，y 軸方向に 1 だけ平行移動した放物線は，焦点が点 $(4-2,\ -1+1)$，すなわち，点 $(2,\ 0)$，準線が直線 $x=-2$ の放物線であり，その方程式は $y^2=4\cdot2x=8x$ で表される。

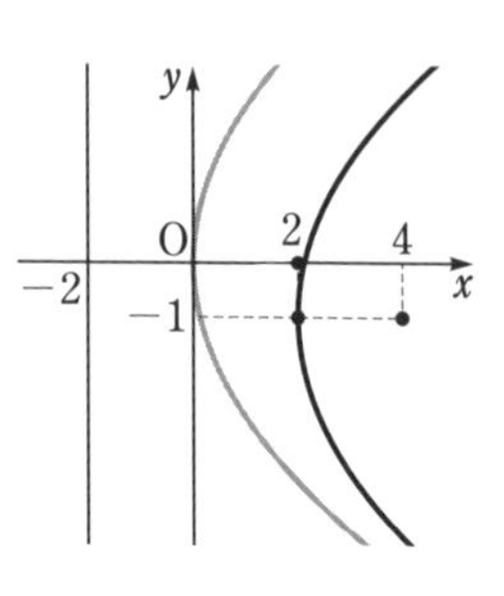

よって，求める方程式は，

$$(y+1)^2=8(x-2)$$

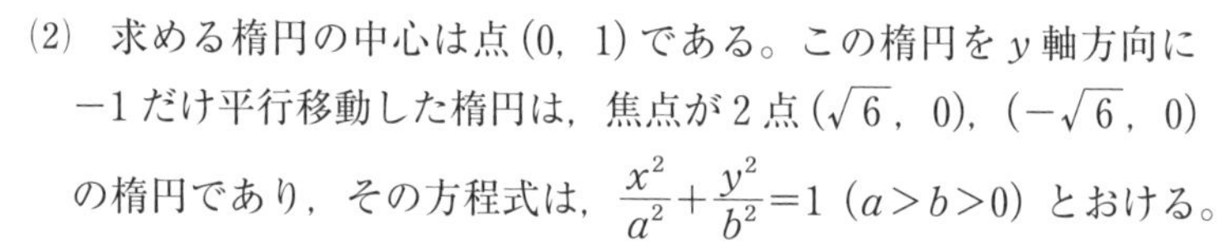

(2) 求める楕円の中心は点 $(0,\ 1)$ である。この楕円を y 軸方向に -1 だけ平行移動した楕円は，焦点が 2 点 $(\sqrt{6},\ 0)$，$(-\sqrt{6},\ 0)$ の楕円であり，その方程式は，$\dfrac{x^2}{a^2}+\dfrac{y^2}{b^2}=1$ $(a>b>0)$ とおける。

長軸の長さが 6 より，

$2a=6$，すなわち，　$a=3$

また，$\sqrt{a^2-b^2}=\sqrt{6}$ より，　$b=\sqrt{3}$

したがって，　$\dfrac{x^2}{9}+\dfrac{y^2}{3}=1$

よって，求める方程式は，

$$\frac{x^2}{9}+\frac{(y-1)^2}{3}=1$$

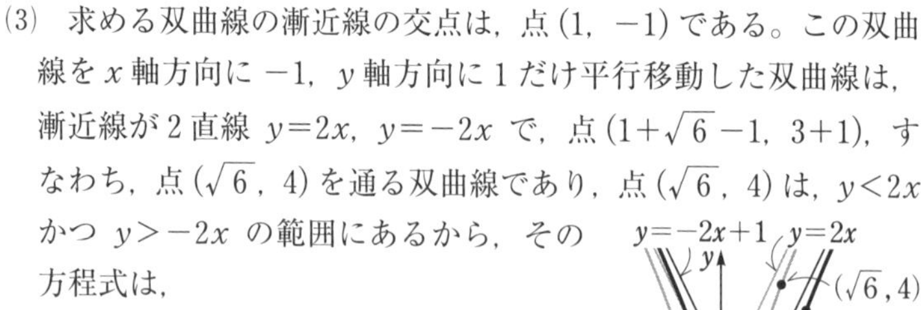

(3) 求める双曲線の漸近線の交点は，点 $(1,\ -1)$ である。この双曲線を x 軸方向に -1，y 軸方向に 1 だけ平行移動した双曲線は，漸近線が 2 直線 $y=2x$，$y=-2x$ で，点 $(1+\sqrt{6}-1,\ 3+1)$，すなわち，点 $(\sqrt{6},\ 4)$ を通る双曲線であり，点 $(\sqrt{6},\ 4)$ は，$y<2x$ かつ $y>-2x$ の範囲にあるから，その方程式は，

$\dfrac{x^2}{a^2}-\dfrac{y^2}{b^2}=1$ $(a>0,\ b>0)$ とおける。

漸近線の傾きより，

$\dfrac{b}{a}=2$，すなわち，　$b=2a$

また，点 $(\sqrt{6},\ 4)$ を通ることより，

$\dfrac{(\sqrt{6})^2}{a^2}-\dfrac{4^2}{4a^2}=1$，すなわち，　$\dfrac{6}{a^2}-\dfrac{4}{a^2}=1$

これより，　$a=\sqrt{2}$，$b=2\sqrt{2}$

したがって，　$\dfrac{x^2}{2}-\dfrac{y^2}{8}=1$

よって，求める方程式は，　$\dfrac{(\boldsymbol{x}-\mathbf{1})^2}{\mathbf{2}}-\dfrac{(\boldsymbol{y}+\mathbf{1})^2}{\mathbf{8}}=\mathbf{1}$

8. 教科書 p.141

2つの円 $(x+4)^2+y^2=16$，$(x-4)^2+y^2=4$ に外接する円の中心Pの軌跡を求めよ。

ガイド 2つの円の中心をそれぞれ，A，Bとすると，$|\mathrm{PA}-\mathrm{PB}|=2$ である。

解答 円 $(x+4)^2+y^2=16$ の中心をA$(-4,\ 0)$，円 $(x-4)^2+y^2=4$ の中心をB$(4,\ 0)$ とする。

点Pを中心とする円の半径を r とすると，この円は点Aを中心とする円と点Bを中心とする円に外接するから，

$$|\mathrm{PA}-\mathrm{PB}|=|(r+4)-(r+2)|=2$$

すなわち，点Pは，2定点A，Bからの距離の差が2である点であるから，その軌跡は双曲線である。

この双曲線の方程式は，焦点A，Bが x 軸上にあるから，

$\dfrac{x^2}{a^2}-\dfrac{y^2}{b^2}=1$ $(a>0,\ b>0)$ とおける。

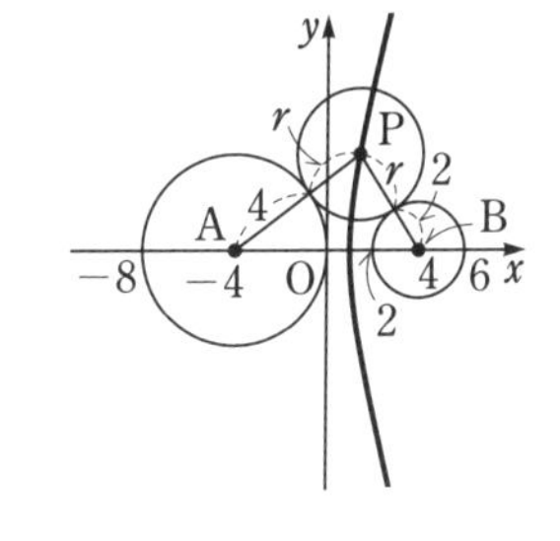

焦点からの距離の差が2より，

$2a=2$，すなわち，　$a=1$

また，$\sqrt{a^2+b^2}=4$ より，　$b=\sqrt{15}$

よって，双曲線の方程式は，

$$x^2-\frac{y^2}{15}=1$$

ここで，PA>PB より，点Pは，線分ABの垂直二等分線より点Bの側，すなわち，$x>0$ の領域にあり，その領域にある双曲線の頂点は点$(1,\ 0)$であるから，$x\geqq 1$ である。

以上より，中心Pの軌跡は，　**双曲線** $\boldsymbol{x}^2-\dfrac{\boldsymbol{y}^2}{\mathbf{15}}=\mathbf{1}$ $(\boldsymbol{x}\geqq\mathbf{1})$

☐ **9.** 教科書 **p.141**

$a>0$ とする。極座標がそれぞれ，$(a,\ 0)$，$(-a,\ 0)$ である2点A，Bが与えられているとき，

$$\mathrm{PA}\cdot\mathrm{PB}=a^2$$

を満たす点Pの軌跡の極方程式 $r=f(\theta)$ を求めよ。
（この点の軌跡をレムニスケートという。）

ガイド 点Pの極座標を $(r,\ \theta)$ として，図をかき，まずは PA^2，PB^2 を a，r，θ を用いて表す。

解答 点Pの極座標を $(r,\ \theta)$ とすると，

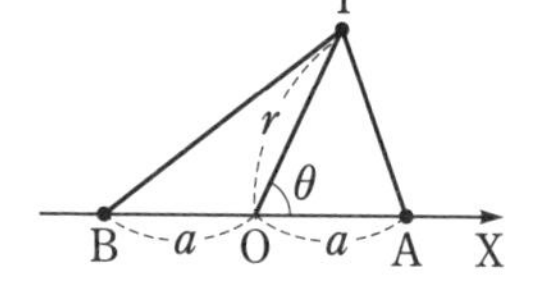

余弦定理により，

$$\mathrm{PA}^2=r^2+a^2-2ar\cos\theta$$
$$\mathrm{PB}^2=r^2+a^2-2ar\cos(\pi-\theta)$$
$$=r^2+a^2+2ar\cos\theta$$

また，$\mathrm{PA}\cdot\mathrm{PB}=a^2$ の両辺を2乗すると，

$$\mathrm{PA}^2\cdot\mathrm{PB}^2=a^4$$

よって，

$$(r^2+a^2-2ar\cos\theta)(r^2+a^2+2ar\cos\theta)=a^4$$
$$(r^2+a^2)^2-(2ar\cos\theta)^2=a^4$$
$$r^4+2a^2r^2-4a^2r^2\cos^2\theta=0$$

$r\neq 0$ のとき，$r^2+2a^2-4a^2\cos^2\theta=0$ より，

$$r^2=2a^2(2\cos^2\theta-1)，すなわち，r^2=2a^2\cos 2\theta$$

$\theta=\dfrac{\pi}{4}$ のとき，$r=0$ であるから，$r=0$ はこの極方程式に含まれる。

よって，求める極方程式は，　$\boldsymbol{r^2=2a^2\cos 2\theta}$

☐ **10.** 教科書 **p.141**

楕円 $\dfrac{x^2}{4}+\dfrac{y^2}{3}=1$ の1つの焦点 $(1,\ 0)$ をFとする。点Fを極とし，Fから x 軸の正の方向に向かう半直線を始線とする極座標を考える。このとき，この楕円の極方程式を求めよ。

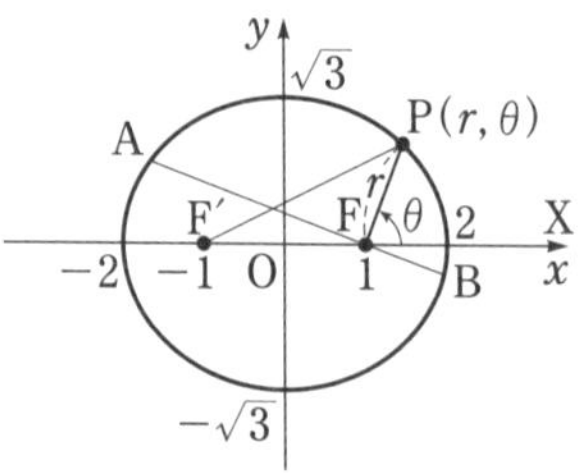

また，Fを通る弦をABとするとき，

$$\frac{1}{\mathrm{FA}}+\frac{1}{\mathrm{FB}}$$

は一定であることを示せ。

ガイド 楕円の極方程式は，他の焦点を F′ として，△PFF′ に余弦定理を用いて求める。PF＋PF′＝4 である。

また，点Aの極座標を $(r_1,\ \theta_1)$ とおくと，点Bの極座標は $(r_2,\ \theta_1+\pi)$ とおけることから，$\dfrac{1}{\mathrm{FA}}+\dfrac{1}{\mathrm{FB}}$ が一定になることを示す。

解答 楕円上の点Pの極座標を $(r,\ \theta)$，楕円の他の焦点を F′ とする。

△PFF′ に余弦定理を用いて，

$$\mathrm{PF'}^2=\mathrm{PF}^2+\mathrm{FF'}^2-2\mathrm{PF}\cdot\mathrm{FF'}\cos(\pi-\theta) \quad \cdots\cdots①$$

PF＝r，PF＋PF′＝4 より，　PF′＝$4-r$

また，F′ の座標は $(-1,\ 0)$ であるから，

FF′＝2

これらを①に代入すると，

$$(4-r)^2=r^2+2^2-2\cdot r\cdot 2(-\cos\theta)$$

よって，楕円の極方程式は，

$$\boldsymbol{r(2+\cos\theta)=3}$$

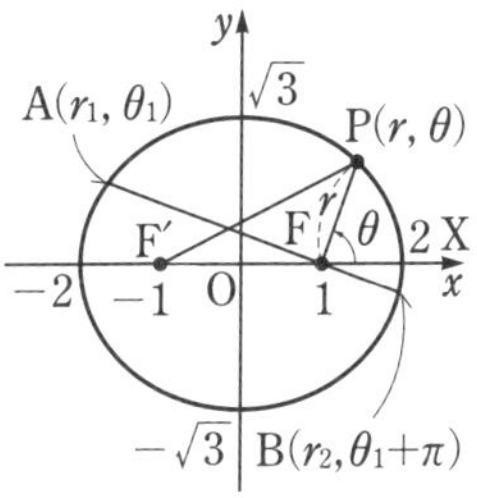

次に，点Aの極座標を $(r_1,\ \theta_1)$ とおくと，点Bの極座標は，$(r_2,\ \theta_1+\pi)$ とおける。

点 A，B は，楕円 $r(2+\cos\theta)=3$ 上にあるから，

$$r_1(2+\cos\theta_1)=3,\quad r_2\{2+\cos(\theta_1+\pi)\}=r_2(2-\cos\theta_1)=3$$

これより，　$r_1=\dfrac{3}{2+\cos\theta_1}$，$r_2=\dfrac{3}{2-\cos\theta_1}$

したがって，　$\dfrac{1}{\mathrm{FA}}+\dfrac{1}{\mathrm{FB}}=\dfrac{1}{r_1}+\dfrac{1}{r_2}=\dfrac{2+\cos\theta_1}{3}+\dfrac{2-\cos\theta_1}{3}=\dfrac{4}{3}$

よって，$\dfrac{1}{\mathrm{FA}}+\dfrac{1}{\mathrm{FB}}$ は一定である。

参考 楕円の1つの焦点Fを極とするとき，楕円の極方程式は，

$r=\dfrac{ea}{1+e\cos\theta}$ $(0<e<1)$ と表される。

Fを通る任意の弦を AB とするとき，点Aの極座標は $(r_1,\ \theta_1)$，点Bの極座標は $(r_2,\ \theta_1+\pi)$ とおけることから，

$$\frac{1}{\mathrm{FA}}+\frac{1}{\mathrm{FB}}=\frac{1}{r_1}+\frac{1}{r_2}=\frac{1+e\cos\theta_1}{ea}+\frac{1+e\cos(\theta_1+\pi)}{ea}=\frac{2}{ea}$$

したがって，一般に，楕円の1つの焦点Fを通る任意の弦を AB とするとき，$\dfrac{1}{\mathrm{FA}}+\dfrac{1}{\mathrm{FB}}$ は一定になるといえる。

思考力を養う 放物線の焦点

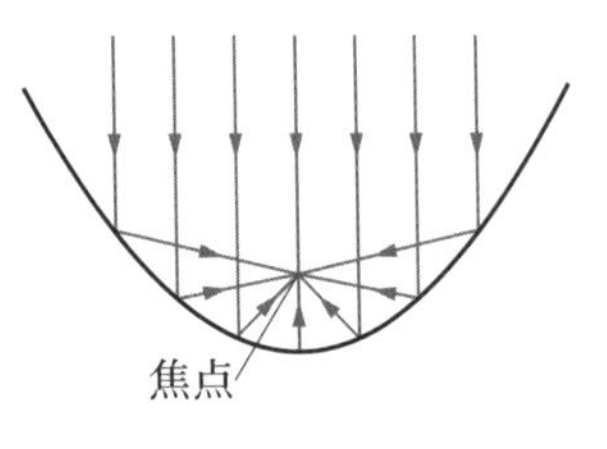

衛星放送などを受信するパラボラアンテナは，放物線をその軸のまわりに回転させてできる曲面の形をしている。この曲面には，右の断面図のように，軸に平行に入ってきた光や電波をある1点に集める性質がある。この点が焦点である。

放物線の定義をもとに，この焦点の性質を確かめる。

まず，長方形の紙ABCDを用意し，図1のように点Fを適当にとる。

そして，辺BC上に点Pをとり，Pを通ってBCに垂直な直線 m を引く。

次に，PをFに重ねるように紙を折って開くと，図2のように折り目ができる。この折り目を直線 n とし，m と n の交点をQとすると，PQ=FQ である。

図1

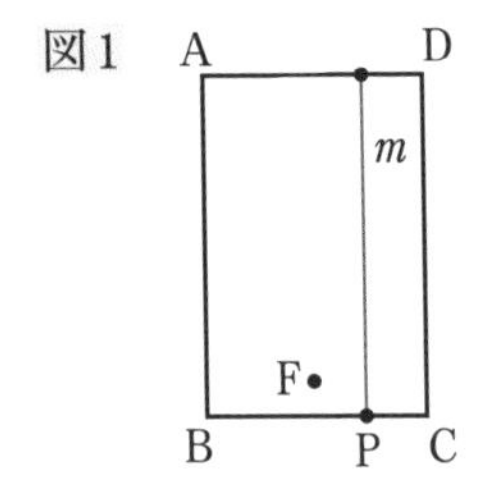

図2

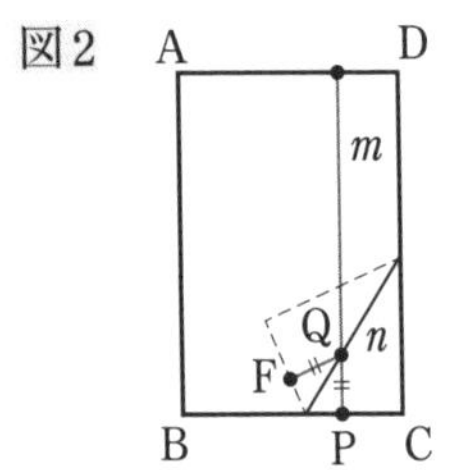

Q 1 辺BC上で点Pをいろいろな位置にとってみて，Pが点Fに重なるように紙を折ると，放物線のような形が現れることを確認してみよう。 教科書 p.142

ガイド 点Pを細かい間隔でとると，よりきれいに放物線の形が確認できる。

Q 2 PQ=FQ より，点Qの軌跡は放物線である。この放物線と折り目 n がQ以外に共有点をもたないことを，背理法を用いて説明してみよう。 教科書 p.142

ガイド 点Qの軌跡の放物線と折り目 n がQ以外に共有点をもつと仮定して，矛盾することを示す。

解答 点Qの軌跡の放物線と折り目 n がQ以外に共有点Q′をもつと仮定する。

折り目 n は線分FPの垂直二等分線であり，Q′はその直線上の点であるから，

$FQ'=PQ'$ ……①

また，Q′は点Qの軌跡の放物線上の点であるから，Q′から直線BCに垂線Q′Hを引くと，

$FQ'=HQ'$ ……②

①，②より，$PQ'=HQ'$

一方で，Q′はQ以外の点であるから，直角三角形PHQ′が存在する。

この直角三角形の3辺のうち，PQ′は直角の対辺であるから最も長く，$PQ'>HQ'$ となる。

これは，$PQ'=HQ'$ と矛盾する。

よって，点Qの軌跡の放物線と折り目 n はQ以外に共有点をもたない。

Q 3 折り目 n 上の点Q以外の点はQの軌跡の放物線の外部にあることを示し，**Q 1** で現れた図形が放物線であることを説明してみよう。

教科書 p.142

ガイド 折り目 n 上の点Q以外の点は点Qの軌跡の放物線の内部にあると仮定して，矛盾することを示す。

解答 折り目 n 上の点Q以外の点Q′は点Qの軌跡の放物線の内部にあると仮定する。

Q′は折り目 n 上の点であるから，　$FQ'=PQ'$

また，Q′はQ以外の点であるから，　$PQ'>HQ'$

よって，　$FQ'>HQ'$

一方で，Q′は点Qの軌跡の放物線の内部にあるから，　$FQ'<HQ'$

これは，$FQ'>HQ'$ と矛盾する。

したがって，折り目 n 上の点Q以外の点はQの軌跡の放物線の外部にある。

すなわち，折り目 n は点Qの軌跡の放物線の内部を通らないから，**Q 1** で現れた図形は，点Qの軌跡，すなわち，放物線である。

第4章 数学的な表現の工夫

第1節 統計グラフの活用

1 統計グラフの利用(1)

問1 右の表は，那覇市の2019年の月ごとの降水量のデータである。このデータについて，次の問いに答えよ。

教科書 p.145

(1) 那覇市の月ごとの降水量の変化を説明するために，データを統計グラフに表すとき，次のア～ウのうちどれが最も適しているか。

那覇市の2019年の降水量

月	降水量(mm)
1月	55.0
2月	156.5
3月	183.5
4月	128.0
5月	208.5
6月	595.5
7月	284.0
8月	208.0
9月	477.5
10月	104.5
11月	136.0
12月	100.5
合計	2637.5

ア

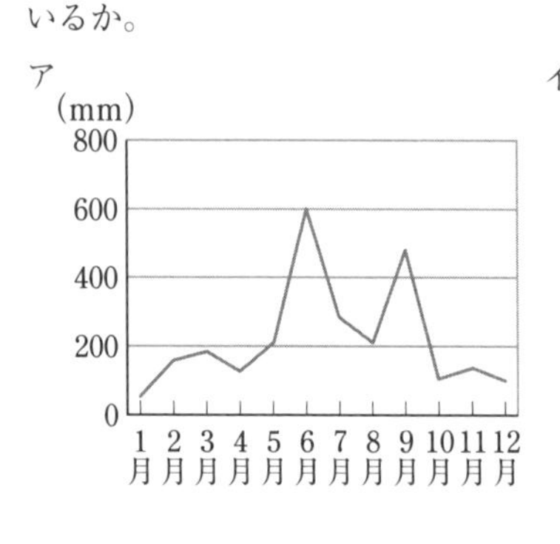

イ

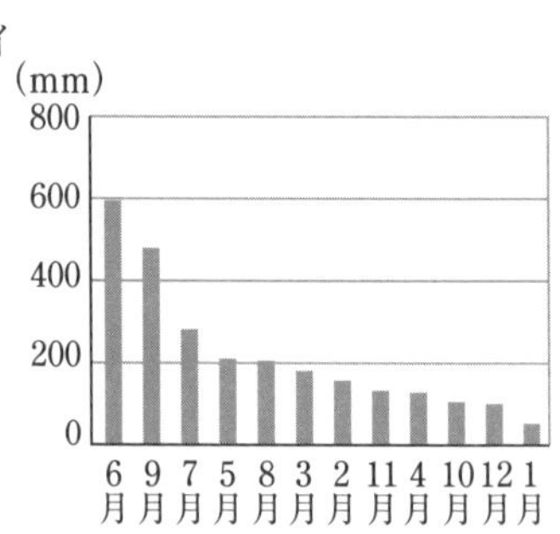

ウ

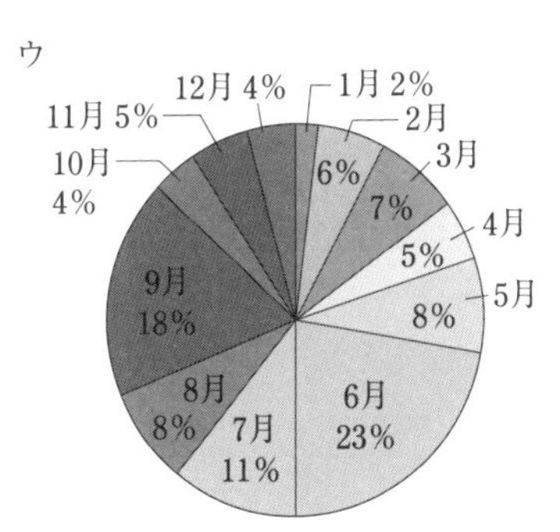

(2)　那覇市の2019年の月ごとの降水量の箱ひげ図を作成し，その図から読み取れることを答えよ。

ガイド　統計グラフは，データの傾向や特徴を見やすくするための道具である。

棒グラフ	数量の大小を比較するときに用いる。
円グラフ 帯グラフ	数量の全体に対する割合を表すときに用いる。
折れ線グラフ	数量の時間的な変化を表すときに用いる。
ヒストグラム 箱ひげ図	データの分布の様子や特徴をとらえるときに用いる。
散布図	2種類のデータの相関を見るときに用いる。

(2)　(1)のイのグラフを利用する。

解答　(1)　アは折れ線グラフ，イは棒グラフ，ウは円グラフであり，月ごとの降水量の変化を説明するために適しているのは**ア**である。

(2)　表と(1)のイのグラフより，

最小値 55.0，第1四分位数 116.25，中央値 170.0，

第3四分位数 246.25，最大値 595.5

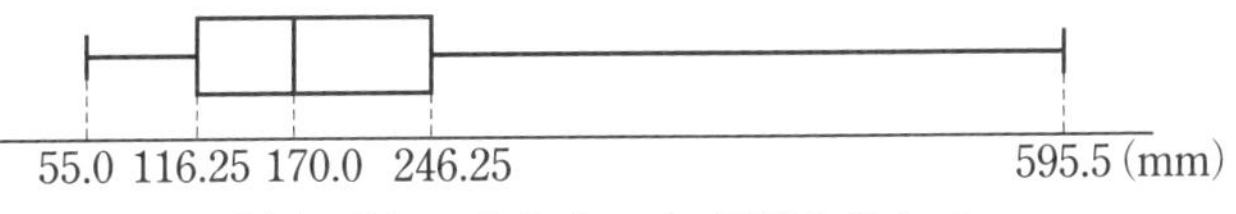

この図から例えば次のようなことが読み取れる。

(例)　降水量が集中している月がある。

問 2 教科書 p.146 の例 2 の種目において，残りのすべての組み合わせの散布図を作成し，それらの図から読み取れることを答えよ。

教科書 p.146

ガイド 散布図を作成することにより，2 種類のデータの相関を見ることができる。

解答 残りのすべての散布図を作成すると次のようになる。

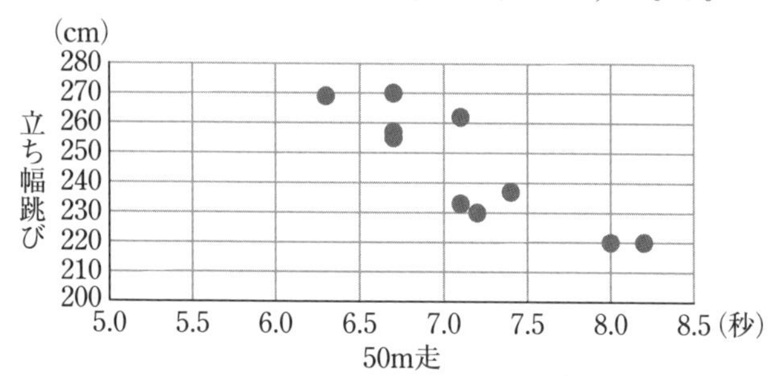

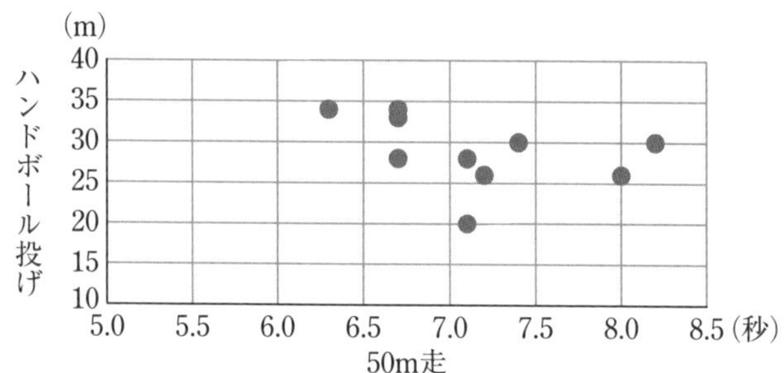

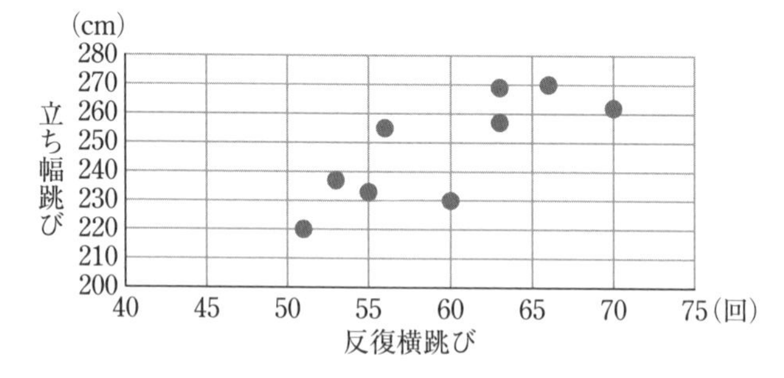

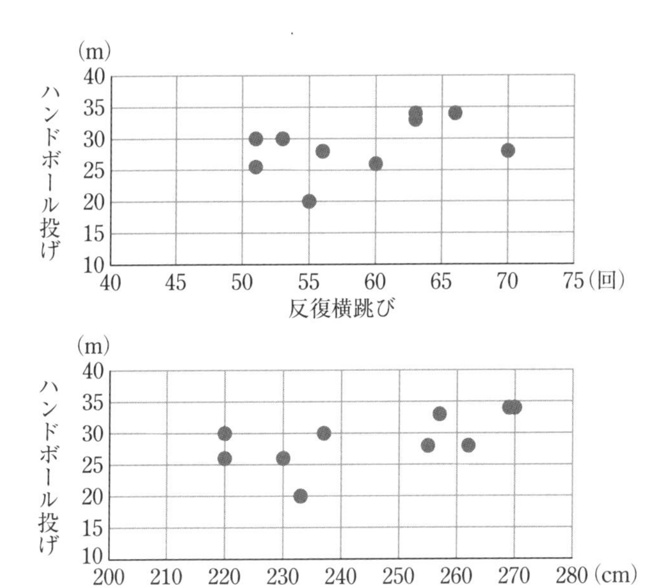

これらの図から例えば次のようなことが読み取れる。

(例)　立ち幅跳びは，50 m 走，反復横跳びと相関が強い。

問 3　次の表は，ある歌のコンテストにおいて，8 人の出場者を，3 人の審査員 A，B，C がそれぞれ 100 点満点で評価した結果である。この結果について，次の問いに答えよ。

教科書 p.147

審査員＼出場者	1	2	3	4	5	6	7	8
A	90	93	95	82	97	90	92	97
B	92	92	92	84	96	88	94	94
C	85	88	94	91	90	95	90	85
合計	267	273	281	257	283	273	276	276

⑴　次の散布図は，それぞれ審査員の誰と誰の評価の散布図か。

①
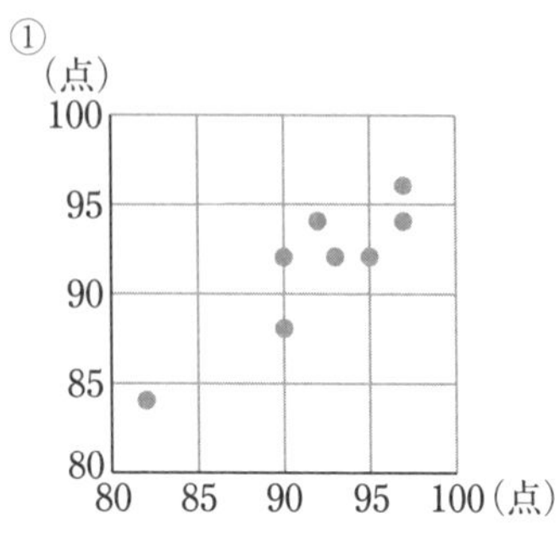

②
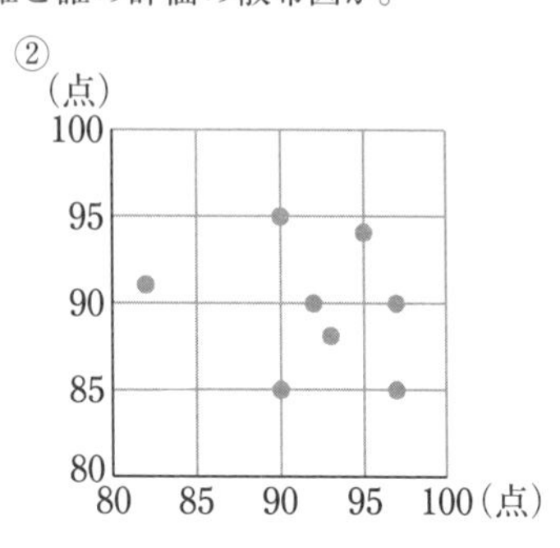

③
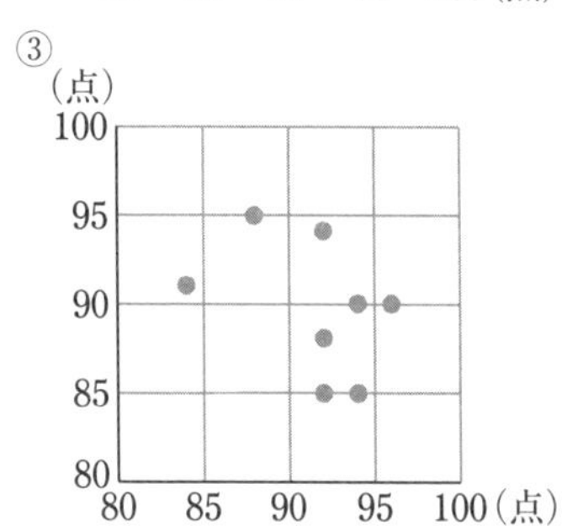

⑵　次の①〜③について，それぞれ正しいかどうかを答えよ。

①　AとBの評価の相関は，AとCの評価の相関より強い。

②　各出場者の合計点と1番相関が強いのはCである。

③　Bの評価がすべて10点ずつ低くなっても，BとCの評価の相関の強さは変わらない。

ガイド　⑵　評価の相関は⑴の散布図の散らばり具合を見て判断する。

解答　⑴　表と散布図を比較すると，**①はAとB**，**②はAとC**，**③はBとCの評価の散布図**であるとわかる。

⑵　①　⑴の①と②の散布図を比較すると，②の方が点の散らばりが大きい。よって，**正しい**。

②　各出場者の合計点とそれぞれの審査員の散布図を作成すると，1番相関が弱いのがCであるとわかる。よって，**正しくない**。

③　すべての評価が10点ずつ低くなっても散らばり具合は変わらない。よって，**正しい**。

2 統計グラフの利用(2)

問 4 ある洋菓子屋で，充実してほしい菓子の種類について，来店者 200 人にアンケートを行ったところ，結果は右の表のようになった。この表からパレート図を作成せよ。そして，その図をもとに，どのように商品の充実を図ればよいかを答えよ。

教科書 p.149

充実してほしい菓子の種類

種類	人数(人)
ゼリー	14
ケーキ	69
マカロン	5
プリン	39
ドーナツ	9
アイス	54
その他	10

ガイド 度数に着目してデータを大きい順に並べた棒グラフとその累積相対度数を表す折れ線グラフを組み合わせた複合グラフを**パレート図**という。パレート図は，製造業において問題点の占める割合を見定め，改善に生かしたり，企業において経営方針を決めたりするときに用いられることが多い。

解答 相対度数，累積相対度数を調べ，充実してほしいと答えた人数が多い順にデータを並べると，右の表のようになる。

この表をもとにパレート図を作成すると，次ページの図のようになる。

種　類	人数(人)	相対度数	累積相対度数
ケーキ	69	0.345	0.345
アイス	54	0.270	0.615
プリン	39	0.195	0.810
ゼリー	14	0.070	0.880
ドーナツ	9	0.045	0.925
マカロン	5	0.025	0.950
その他	10	0.050	1.000
計	200	1.000	

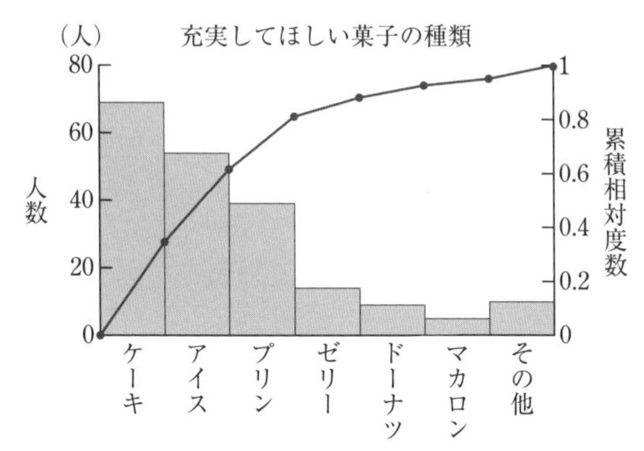

この図から例えば次のようなことが読み取れる。

（例） ケーキ，アイス，プリンの充実を図ることが，全体の売り上げ増加につながると予想できる。

参考 **解答** にあるような表で，「その他」の項目については，複数の要因を合わせたものであるから，最後に並べる。

問 5 教科書 p.150 の例 3 のデータについて，横軸に国語の平均点，縦軸に英語の平均点，円の大きさで受験者数を表すバブルチャートをかけ。

教科書 **p.151**

ガイド 3 つの量的な項目のデータの分布を表すときに用いられる統計グラフとして，**バブルチャート**がある。バブルチャートとは，1 つ目のデータを横軸，2 つ目のデータを縦軸にとり，3 つ目のデータをそれに比例する円（バブル）の大きさ（面積）で表したものである。

解答 次の図のようになる。

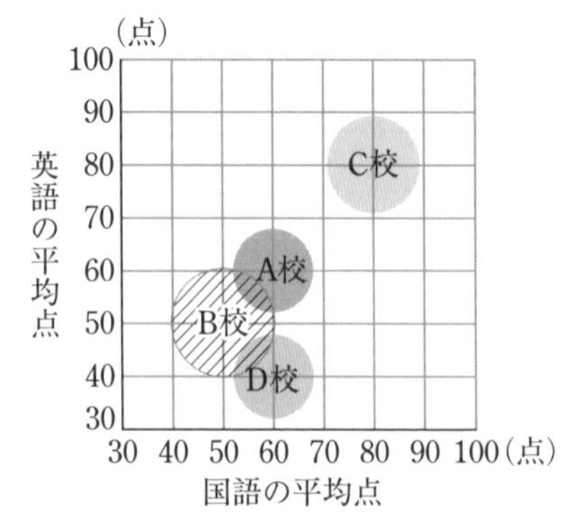

問 6 ある会社では，利益率が高く，平均在庫日数（仕入れてから売れるまでの平均日数）が少ない商品が，販売効率がよく，よい商品と判断される。そこで，「商品A」から「商品F」の6つの商品について，横軸に各商品の利益率，縦軸に平均在庫日数，円の大きさで売り上げ高を表すバブルチャートを作成すると，次の図のようになった。この図からわかることを次の①～③の中からすべて選べ。

教科書 p.151

① 「商品C」は，売り上げ高は少ないが最も販売効率がよい。

② 「商品D」は，売り上げ高は多くないが，余分な在庫が少なく，利益が大きい。

③ 「商品F」は，販売数量は少ないが価格の高い高級商品である。

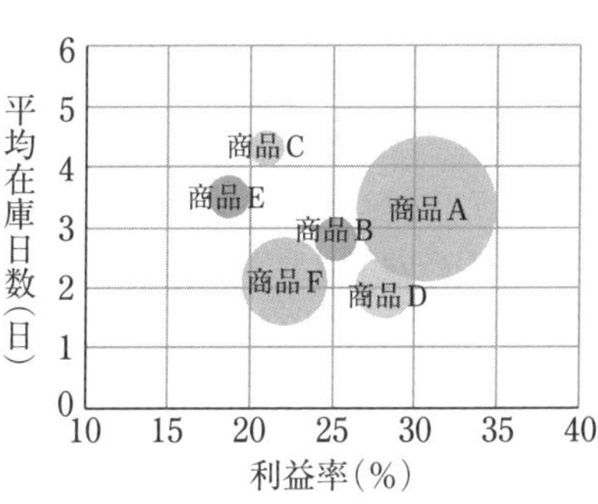

ガイド バブルチャートは，企業の経営戦略を練るためによく用いられている。

解答 「商品C」は，利益率が低く，平均在庫日数も多く，販売効率がよくないことがわかるから，①は正しくない。

「商品D」は，円の大きさから売り上げ高は多くないことがわかる。また，平均在庫日数が少なく，利益率が高いことがわかるから，②は正しい。

③はこの図からはわからない。

よって，この図からわかることは，　**②**

問 7 ある新製品の菓子のデザインA～Dについて，どれがよいと思うか無作為にアンケートを行い，それを年代別にまとめると，次の表のようになった。

教科書 p.153

各デザインを選んだ人数

年代(以上，未満)	デザインA	デザインB	デザインC	デザインD	合計
20～40 歳	40	120	30	60	250
40～60 歳	20	40	50	40	150
60 歳以上	60	10	10	20	100
合計	120	170	90	120	500

この表からモザイク図を作成し，その図から読み取れることを答えよ。

ガイド データから各層を縦に積み上げた帯グラフとして表し，横幅を各層の度数の合計に比例させたグラフが**モザイク図**である。面積ですべての層の割合をとらえることができる。

解答 モザイク図は帯グラフの幅を人数の割合に合わせ，次の図のようになる。

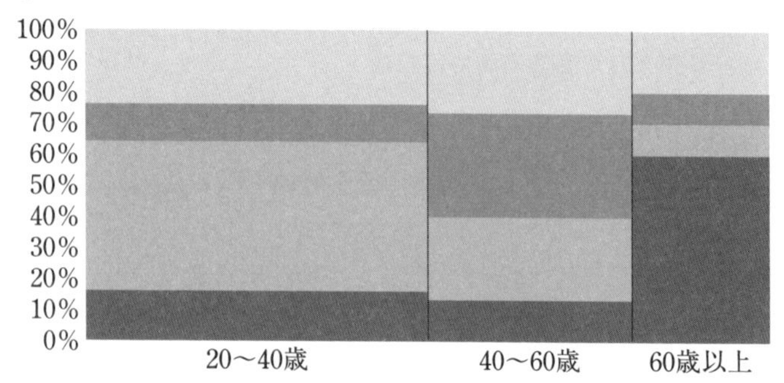

この図から例えば次のようなことが読み取れる。

(例) 1種類だけを選ぶなら，60 歳までの年代に多く支持されているデザインBを選べばよいが，もし2種類作ることができるならば，デザインAも採用し，60 歳以上の来店者の多い店で販売するとよい。

問8 次の場合に作成するとよい統計グラフを，パレート図，バブルチャート，モザイク図の中から1つ答えよ。

教科書 p.153

(1) 販売店別に，来客者数，売り上げ高，従業員数を比較したい。

(2) ある店において，売れ行きの悪い商品を整理し，売れ行きのよい商品を数多く置きたい。

ガイド パレート図は棒グラフと折れ線グラフを組み合わせたグラフ，バブルチャートは3つのデータを横軸，縦軸，円の大きさで表したグラフ，モザイク図はデータから各層を縦に積み上げた帯グラフとして表し，横幅を各層の度数の合計に比例させたグラフである。

解答 (1) 3つの量的な項目のデータの分布を表すことができるグラフを作成するとよい。

よって，　**バブルチャート**

(2) 売れ行きの悪い商品の占める割合を見定め，改善に生かすことができるグラフを作成するとよい。

よって，　**パレート図**

適したグラフで
表さないと，
必要な情報が
読み取れないよ。

第2節 行列の活用

1 行 列

問 1 $A=\begin{pmatrix} 2 & 1 & 3 \\ -1 & 4 & 2 \end{pmatrix}$, $B=\begin{pmatrix} 1 & -3 & 4 \\ 2 & 5 & -1 \end{pmatrix}$ のとき，$A+B$, $A-B$ を，それぞれ計算せよ。

教科書 p.155

ガイド 数値を右のように表したものを**行列**といい，横の並びを**行**，縦の並びを**列**という。そして，行列の1つ1つの数を**成分**という。

第1列 第2列 第3列

第1行→ $\begin{pmatrix} a & b & c \\ d & e & f \end{pmatrix}$ ←第2行

m 行 n 列の行列を $\boldsymbol{m\times n}$ **行列**，または，$\boldsymbol{m\times n}$ **型の行列**という。

2つの行列 A, B がともに $m\times n$ 行列であり，対応する各成分がすべて等しいとき，A と B は**等しい**といい，$\boldsymbol{A=B}$ と表す。

行列の足し算，引き算は，同じ $(i,\ j)$ 成分どうしの足し算，引き算をする。

$A=\begin{pmatrix} a & b & c \\ d & e & f \end{pmatrix}$, $B=\begin{pmatrix} p & q & r \\ s & t & u \end{pmatrix}$ のとき，

$$\boldsymbol{A+B=\begin{pmatrix} a+p & b+q & c+r \\ d+s & e+t & f+u \end{pmatrix},\ A-B=\begin{pmatrix} a-p & b-q & c-r \\ d-s & e-t & f-u \end{pmatrix}}$$

すなわち，行列の足し算，引き算は，同じ型どうしでしか計算できない。

解答 $\boldsymbol{A+B}=\begin{pmatrix} 2 & 1 & 3 \\ -1 & 4 & 2 \end{pmatrix}+\begin{pmatrix} 1 & -3 & 4 \\ 2 & 5 & -1 \end{pmatrix}=\boldsymbol{\begin{pmatrix} 3 & -2 & 7 \\ 1 & 9 & 1 \end{pmatrix}}$

$\boldsymbol{A-B}=\begin{pmatrix} 2 & 1 & 3 \\ -1 & 4 & 2 \end{pmatrix}-\begin{pmatrix} 1 & -3 & 4 \\ 2 & 5 & -1 \end{pmatrix}=\boldsymbol{\begin{pmatrix} 1 & 4 & -1 \\ -3 & -1 & 3 \end{pmatrix}}$

問 2　$A=\begin{pmatrix} 2 & 1 & 3 \\ -1 & 4 & 2 \end{pmatrix}$ のとき，$3A$，$-2A$ を，それぞれ計算せよ。

教科書 p.155

ガイド　一般に，実数 k に対して，行列の k 倍は，各成分を k 倍する。すなわち，

$$A=\begin{pmatrix} a & b & c \\ d & e & f \end{pmatrix} \text{ のとき，} \quad \boldsymbol{kA}=\begin{pmatrix} \boldsymbol{ka} & \boldsymbol{kb} & \boldsymbol{kc} \\ \boldsymbol{kd} & \boldsymbol{ke} & \boldsymbol{kf} \end{pmatrix}$$

ただし，k は実数

解答　$3A=\begin{pmatrix} 3\cdot2 & 3\cdot1 & 3\cdot3 \\ 3\cdot(-1) & 3\cdot4 & 3\cdot2 \end{pmatrix}=\begin{pmatrix} \boldsymbol{6} & \boldsymbol{3} & \boldsymbol{9} \\ \boldsymbol{-3} & \boldsymbol{12} & \boldsymbol{6} \end{pmatrix}$

$-2A=\begin{pmatrix} -2\cdot2 & -2\cdot1 & -2\cdot3 \\ -2\cdot(-1) & -2\cdot4 & -2\cdot2 \end{pmatrix}=\begin{pmatrix} \boldsymbol{-4} & \boldsymbol{-2} & \boldsymbol{-6} \\ \boldsymbol{2} & \boldsymbol{-8} & \boldsymbol{-4} \end{pmatrix}$

問 3　$2\begin{pmatrix} 1 & 2 \\ 5 & 0 \end{pmatrix}-\begin{pmatrix} -4 & 0 \\ 2 & 1 \end{pmatrix}$ を計算せよ。

教科書 p.155

ガイド　まず，$2\begin{pmatrix} 1 & 2 \\ 5 & 0 \end{pmatrix}$ を計算する。

解答　$2\begin{pmatrix} 1 & 2 \\ 5 & 0 \end{pmatrix}-\begin{pmatrix} -4 & 0 \\ 2 & 1 \end{pmatrix}=\begin{pmatrix} 2 & 4 \\ 10 & 0 \end{pmatrix}-\begin{pmatrix} -4 & 0 \\ 2 & 1 \end{pmatrix}=\begin{pmatrix} \boldsymbol{6} & \boldsymbol{4} \\ \boldsymbol{8} & \boldsymbol{-1} \end{pmatrix}$

問 4　次の計算をせよ。

教科書 p.157

(1) $\begin{pmatrix} 1 & 3 \\ -2 & 1 \end{pmatrix}\begin{pmatrix} 2 \\ 4 \end{pmatrix}$　(2) $\begin{pmatrix} 2 & 4 \\ 1 & 3 \end{pmatrix}\begin{pmatrix} -1 & 5 \\ 2 & 1 \end{pmatrix}$　(3) $\begin{pmatrix} -1 & 5 \\ 2 & 1 \end{pmatrix}\begin{pmatrix} 2 & 4 \\ 1 & 3 \end{pmatrix}$

ガイド　行を表す $(a \quad b)$ と列を表す $\begin{pmatrix} p \\ q \end{pmatrix}$ に対して，その積を次のように定める。

$$(\boldsymbol{a} \quad \boldsymbol{b})\begin{pmatrix} \boldsymbol{p} \\ \boldsymbol{q} \end{pmatrix}=\boldsymbol{ap}+\boldsymbol{bq}$$

さらに，2×2 行列と 2×1 行列の積を次のように定義する。

$$\begin{pmatrix} \boldsymbol{a} & \boldsymbol{b} \\ \boldsymbol{c} & \boldsymbol{d} \end{pmatrix}\begin{pmatrix} \boldsymbol{p} \\ \boldsymbol{q} \end{pmatrix}=\begin{pmatrix} \boldsymbol{ap}+\boldsymbol{bq} \\ \boldsymbol{cp}+\boldsymbol{dq} \end{pmatrix}$$

以上のことから，2つの行列 $A=\begin{pmatrix} a & b \\ c & d \end{pmatrix}$，$B=\begin{pmatrix} p & q \\ r & s \end{pmatrix}$ の積 AB を，

$$AB=\begin{pmatrix} \boldsymbol{a} & \boldsymbol{b} \\ \boldsymbol{c} & \boldsymbol{d} \end{pmatrix}\begin{pmatrix} \boldsymbol{p} & \boldsymbol{q} \\ \boldsymbol{r} & \boldsymbol{s} \end{pmatrix}=\begin{pmatrix} \boldsymbol{ap+br} & \boldsymbol{aq+bs} \\ \boldsymbol{cp+dr} & \boldsymbol{cq+ds} \end{pmatrix}$$

と定義する。

解答 (1) $\begin{pmatrix} 1 & 3 \\ -2 & 1 \end{pmatrix}\begin{pmatrix} 2 \\ 4 \end{pmatrix}=\begin{pmatrix} 1\cdot2+3\cdot4 \\ -2\cdot2+1\cdot4 \end{pmatrix}=\begin{pmatrix} \mathbf{14} \\ \mathbf{0} \end{pmatrix}$

(2) $\begin{pmatrix} 2 & 4 \\ 1 & 3 \end{pmatrix}\begin{pmatrix} -1 & 5 \\ 2 & 1 \end{pmatrix}=\begin{pmatrix} 2\cdot(-1)+4\cdot2 & 2\cdot5+4\cdot1 \\ 1\cdot(-1)+3\cdot2 & 1\cdot5+3\cdot1 \end{pmatrix}=\begin{pmatrix} \mathbf{6} & \mathbf{14} \\ \mathbf{5} & \mathbf{8} \end{pmatrix}$

(3) $\begin{pmatrix} -1 & 5 \\ 2 & 1 \end{pmatrix}\begin{pmatrix} 2 & 4 \\ 1 & 3 \end{pmatrix}=\begin{pmatrix} -1\cdot2+5\cdot1 & -1\cdot4+5\cdot3 \\ 2\cdot2+1\cdot1 & 2\cdot4+1\cdot3 \end{pmatrix}=\begin{pmatrix} \mathbf{3} & \mathbf{11} \\ \mathbf{5} & \mathbf{11} \end{pmatrix}$

問 5　教科書 p.157

$\begin{pmatrix} 3 & 1 & -2 \\ 1 & 4 & 2 \end{pmatrix}\begin{pmatrix} -1 & 2 \\ 1 & 3 \\ 4 & -2 \end{pmatrix}$ を計算せよ。

ガイド　一般に，列の数が m の行列 A と行の数が m の行列 B の積 AB も **問 4** の **ガイド** と同様に定める。すなわち，行列 A の第 i 行と行列 B の第 j 列の成分を順に掛けて加えたものが積 AB の $(i,\ j)$ 成分である。行列 A の列の数と行列 B の行の数が異なる場合には，積 AB を定義しない。

解答 $\begin{pmatrix} 3 & 1 & -2 \\ 1 & 4 & 2 \end{pmatrix}\begin{pmatrix} -1 & 2 \\ 1 & 3 \\ 4 & -2 \end{pmatrix}$

$=\begin{pmatrix} 3\cdot(-1)+1\cdot1+(-2)\cdot4 & 3\cdot2+1\cdot3+(-2)\cdot(-2) \\ 1\cdot(-1)+4\cdot1+2\cdot4 & 1\cdot2+4\cdot3+2\cdot(-2) \end{pmatrix}=\begin{pmatrix} \mathbf{-10} & \mathbf{13} \\ \mathbf{11} & \mathbf{10} \end{pmatrix}$

2 行列と離散グラフ

問 6 　P島の港からQ島の港を経由してR島の港へ行きたい。経路は次の図のようになっている。このとき，P島の各港からQ島の各港，Q島の各港からR島の各港への経路の数を表す行列を，教科書 p.158 にならってそれぞれ求めよ。また，P島の各港からQ島の各港を経由してR島の各港へ行く経路の数を表す行列を，行列の積を用いて求めよ。

教科書 p.159

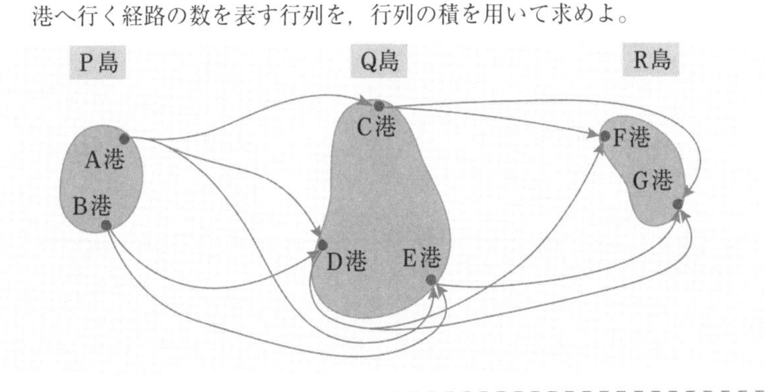

ガイド 　P島の各港からR島の各港への経路の数を表す行列は，P島の各港からQ島の各港への経路の数を表す行列と，Q島の各港からR島の各港への経路の数を表す行列の積になる。

解答 　P島の各港からQ島の各港への経路，Q島の各港からR島の各港への経路について，経路があるときは1，ないときは0を成分とする行列を用いてそれぞれを表すことにすると，次のようになる。

P島の各港からQ島の各港 　$\begin{array}{c} \\ \mathrm{A} \\ \mathrm{B} \end{array}\!\!\begin{array}{c} \quad \mathrm{C} \quad \mathrm{D} \quad \mathrm{E} \\ \begin{pmatrix} \mathbf{1} & \mathbf{1} & \mathbf{1} \\ \mathbf{0} & \mathbf{1} & \mathbf{1} \end{pmatrix} \end{array}$

Q島の各港からR島の各港 　$\begin{array}{c} \\ \mathrm{C} \\ \mathrm{D} \\ \mathrm{E} \end{array}\!\!\begin{array}{c} \quad \mathrm{F} \quad \mathrm{G} \\ \begin{pmatrix} \mathbf{1} & \mathbf{1} \\ \mathbf{1} & \mathbf{1} \\ \mathbf{0} & \mathbf{1} \end{pmatrix} \end{array}$

Ｐ島の各港からＱ島の各港を経由してＲ島の各港へ行く経路の数を表す行列は，Ｐ島の各港からＱ島の各港への経路の数を表す行列と，Ｑ島の各港からＲ島の各港への経路の数を表す行列の積になるから，**Ｐ島の各港からＲ島の各港**への経路の数を表す行列は，

$$\begin{pmatrix}1&1&1\\0&1&1\end{pmatrix}\begin{pmatrix}1&1\\1&1\\0&1\end{pmatrix}$$

$$=\begin{pmatrix}1\cdot1+1\cdot1+1\cdot0 & 1\cdot1+1\cdot1+1\cdot1\\0\cdot1+1\cdot1+1\cdot0 & 0\cdot1+1\cdot1+1\cdot1\end{pmatrix}=\begin{pmatrix}2&3\\1&2\end{pmatrix}$$

より，
$$\begin{array}{c|cc} & \mathrm{F} & \mathrm{G}\\ \hline \mathrm{A} & \mathbf{2} & \mathbf{3}\\ \mathrm{B} & \mathbf{1} & \mathbf{2}\end{array}$$

☐ **問 7** 右の離散グラフにおいて，①から⑤は世界の都市を表し，直通便のある都市を辺で結んでいる。③を出発し，ちょうど３本の便を乗り継いでまた③へ戻る方法は何通りあるか。

教科書 **p.161**

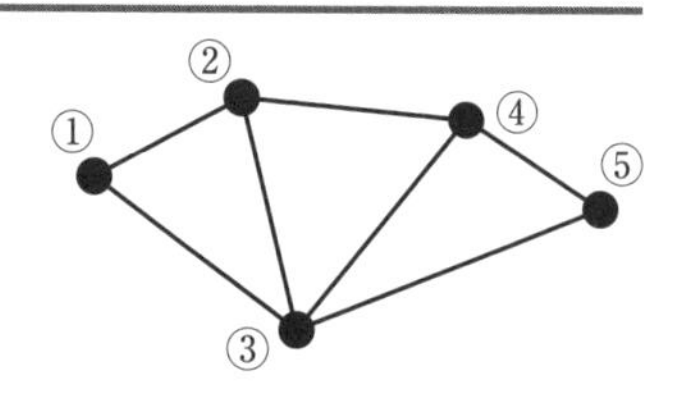

ガイド 右の図のように，点を線で結んだ図を**離散グラフ**といい，点を**頂点**，線を**辺**と呼ぶ。

また，行の数と列の数が等しい行列を**正方行列**という。正方行列Aの積AAをA^2と表し，Aをn回掛け合わせた積を$\boldsymbol{A^n}$で表す。

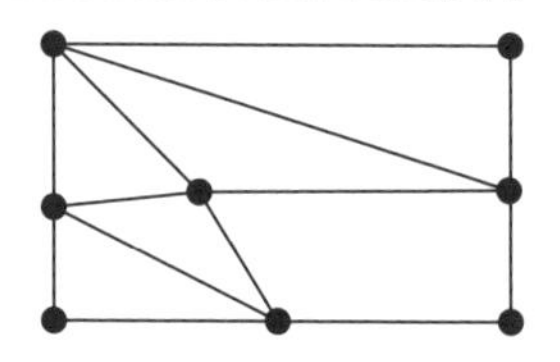

３本の便であるから，離散グラフを表す行列を求め，その３乗を計算すればよい。

解答 離散グラフを表す行列をAとし，A^2，A^3を計算すると，

$$A=\begin{pmatrix}0&1&1&0&0\\1&0&1&1&0\\1&1&0&1&1\\0&1&1&0&1\\0&0&1&1&0\end{pmatrix}$$

$$A^2=\begin{pmatrix}0&1&1&0&0\\1&0&1&1&0\\1&1&0&1&1\\0&1&1&0&1\\0&0&1&1&0\end{pmatrix}\begin{pmatrix}0&1&1&0&0\\1&0&1&1&0\\1&1&0&1&1\\0&1&1&0&1\\0&0&1&1&0\end{pmatrix}=\begin{pmatrix}2&1&1&2&1\\1&3&2&1&2\\1&2&4&2&1\\2&1&2&3&1\\1&2&1&1&2\end{pmatrix}$$

$$A^3=\begin{pmatrix}2&1&1&2&1\\1&3&2&1&2\\1&2&4&2&1\\2&1&2&3&1\\1&2&1&1&2\end{pmatrix}\begin{pmatrix}0&1&1&0&0\\1&0&1&1&0\\1&1&0&1&1\\0&1&1&0&1\\0&0&1&1&0\end{pmatrix}=\begin{pmatrix}2&5&6&3&3\\5&4&7&7&3\\6&7&6&7&6\\3&7&7&4&5\\3&3&6&5&2\end{pmatrix}$$

A^3の$(3,\ 3)$成分は6であるから，**6通り**ある。

巻末広場

思考力をみがく　ベクトルを用いて表す

Q 1　次の表1のように，変量xについてのデータx_1，x_2，x_3と，変量yについてのデータy_1，y_2，y_3があり，偏差を計算して表にしたものが表2である。

教科書 p. 165

表1

x	x_1	x_2	x_3
y	y_1	y_2	y_3

表2

x	s_1	s_2	s_3
y	t_1	t_2	t_3

xの平均が$\overline{x}$のとき，$\overline{x}$を用いて，$(x_1,\ x_2,\ x_3)-(s_1,\ s_2,\ s_3)$を表してみよう。

ガイド　各値と平均値との差が偏差である。

解答　$x_i-\overline{x}=s_i\ (i=1,\ 2,\ 3)$ であるから，　$\overline{x}=x_i-s_i$

よって，

$$\begin{aligned}(x_1,\ x_2,\ x_3)-(s_1,\ s_2,\ s_3)&=(x_1-s_1,\ x_2-s_2,\ x_3-s_3)\\&=(\overline{x},\ \overline{x},\ \overline{x})\\&=\boldsymbol{\overline{x}(1,\ 1,\ 1)}\end{aligned}$$

Q 2　Q1において，$\vec{v}=(s_1,\ s_2,\ s_3)$，$\vec{w}=(t_1,\ t_2,\ t_3)$ とし，$\vec{v}$と$\vec{w}$のなす角を$\theta\,(0\leqq\theta\leqq\pi)$とする。ただし，$\vec{v}\neq\vec{0}$，$\vec{w}\neq\vec{0}$ とする。xとyの相関係数が1，0，-1のときのθを求めてみよう。

教科書 p. 165

ガイド　相関係数は偏差を表す2つのベクトルのなす角θの余弦に等しい。

解答　xとyの相関係数は偏差を表す2つのベクトル$\vec{v}$，$\vec{w}$のなす角θの余弦に等しいから，

相関係数が 1 のときの θ は,

　$\cos\theta=1$ より,　$\boldsymbol{\theta=0}$

相関係数が 0 のときの θ は,

　$\cos\theta=0$ より,　$\boldsymbol{\theta=\frac{\pi}{2}}$

相関係数が -1 のときの θ は,

　$\cos\theta=-1$ より,　$\boldsymbol{\theta=\pi}$

Q 3　Q 2 において, θ が増加するとき, 相関係数はどのように変化するかを考えてみよう。

教科書 p.165

ガイド　$0\leqq\theta\leqq\pi$ の範囲で, θ が増加するとき, $\cos\theta$ がどのように変化するかを考えるとよい。

解答　x と y の相関係数は $\cos\theta$ に等しい。

θ が $0\leqq\theta\leqq\pi$ の範囲で増加するとき, $\cos\theta$ の値は減少する。

よって, Q 2 において, θ が増加するとき, 相関係数は**減少する**。

思考力をみがく　曲線の回転と複素数平面　発展

☐ **Q 1** 教科書 p.167

直線 $y=\sqrt{3}(x-1)$ を原点Oを中心として $-\dfrac{\pi}{6}$ だけ回転した直線の方程式を求めてみよう。

ガイド 教科書 p.166 の式 $\begin{cases} x=x'\cos\theta+y'\sin\theta \\ y=-x'\sin\theta+y'\cos\theta \end{cases}$ ……① に $\theta=-\dfrac{\pi}{6}$ を代入する。

解答 回転後の図形上の点をB$(x',\ y')$，その点に対応する回転前の点をA$(x,\ y)$とする。

①において，$\theta=-\dfrac{\pi}{6}$ とすると，$\begin{cases} x=\dfrac{\sqrt{3}}{2}x'-\dfrac{1}{2}y' \\ y=\dfrac{1}{2}x'+\dfrac{\sqrt{3}}{2}y' \end{cases}$

点Aは直線 $y=\sqrt{3}(x-1)$ 上にあるから，これを $y=\sqrt{3}(x-1)$ に代入すると，

$$\frac{1}{2}x'+\frac{\sqrt{3}}{2}y'=\sqrt{3}\left(\frac{\sqrt{3}}{2}x'-\frac{1}{2}y'-1\right)$$

$$\frac{1}{2}x'+\frac{\sqrt{3}}{2}y'=\frac{3}{2}x'-\frac{\sqrt{3}}{2}y'-\sqrt{3}$$

$$\sqrt{3}\,y'=x'-\sqrt{3}$$

$$y'=\frac{\sqrt{3}}{3}x'-1$$

よって，求める直線の方程式は，$\boldsymbol{y=\dfrac{\sqrt{3}}{3}x-1}$ となる。

□**Q 2**　楕円 $\dfrac{x^2}{4}+y^2=1$ を原点Oを中心として $\dfrac{\pi}{4}$ だけ回転した図形の方程式を求めてみよう。

教科書 p.167

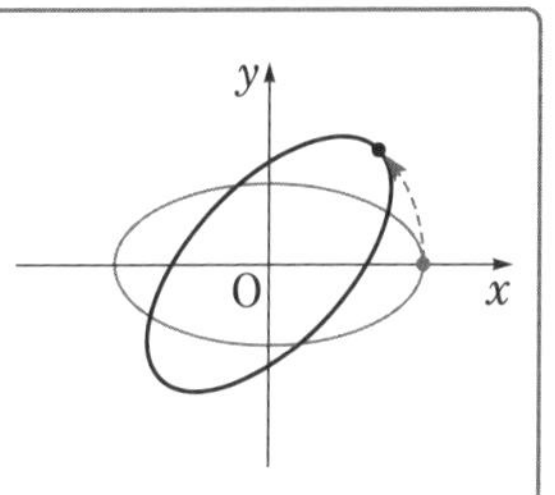

ガイド　**Q 1** と同様に①を利用する。

解答　回転後の図形上の点をB$(x',\ y')$，その点に対応する回転前の点をA$(x,\ y)$とする。

①において，$\theta=\dfrac{\pi}{4}$ とすると，$\begin{cases} x=\dfrac{1}{\sqrt{2}}x'+\dfrac{1}{\sqrt{2}}y' \\ y=-\dfrac{1}{\sqrt{2}}x'+\dfrac{1}{\sqrt{2}}y' \end{cases}$

点Aは楕円 $\dfrac{x^2}{4}+y^2=1$ 上にあるから，これを $\dfrac{x^2}{4}+y^2=1$ に代入すると，

$$\frac{1}{4}\left(\frac{1}{\sqrt{2}}x'+\frac{1}{\sqrt{2}}y'\right)^2+\left(-\frac{1}{\sqrt{2}}x'+\frac{1}{\sqrt{2}}y'\right)^2=1$$

$$\frac{1}{4}\left\{\frac{1}{2}(x')^2+x'y'+\frac{1}{2}(y')^2\right\}+\frac{1}{2}(x')^2-x'y'+\frac{1}{2}(y')^2=1$$

$$(x')^2+2x'y'+(y')^2+4(x')^2-8x'y'+4(y')^2=8$$

$$5(x')^2-6x'y'+5(y')^2=8$$

よって，求める図形の方程式は，$\boldsymbol{5x^2-6xy+5y^2=8}$ となる。

巻末広場

◆ 重要事項・公式

ベクトル

▶ベクトルの計算法則

■$\vec{a}+\vec{b}=\vec{b}+\vec{a}$, $(\vec{a}+\vec{b})+\vec{c}=\vec{a}+(\vec{b}+\vec{c})$

■k, ℓ を実数とするとき,

$k(\ell\vec{a})=(k\ell)\vec{a}$, $(k+\ell)\vec{a}=k\vec{a}+\ell\vec{a}$

$k(\vec{a}+\vec{b})=k\vec{a}+k\vec{b}$

▶ベクトルの平行

$\vec{a}\neq\vec{0}$, $\vec{b}\neq\vec{0}$ のとき,

$\vec{a}\parallel\vec{b} \iff \vec{b}=k\vec{a}$ となる実数kがある

▶ベクトルの内積

■$\vec{a}\cdot\vec{b}=|\vec{a}||\vec{b}|\cos\theta$

$\vec{a}\cdot\vec{a}=|\vec{a}|^2$

■$\vec{a}\neq\vec{0}$, $\vec{b}\neq\vec{0}$ のとき,

$\vec{a}\perp\vec{b} \iff \vec{a}\cdot\vec{b}=0$

■$\vec{a}\cdot\vec{b}=\vec{b}\cdot\vec{a}$

$\vec{a}\cdot(\vec{b}+\vec{c})=\vec{a}\cdot\vec{b}+\vec{a}\cdot\vec{c}$

$(k\vec{a})\cdot\vec{b}=\vec{a}\cdot(k\vec{b})=k(\vec{a}\cdot\vec{b})$ （k は実数）

▶位置ベクトル

A$(\vec{a})$, B$(\vec{b})$, C$(\vec{c})$ とする。

■$\overrightarrow{\mathrm{AB}}=\vec{b}-\vec{a}$

■線分 AB を $m:n$ に内分する点 P$(\vec{p})$, 外分する点 Q$(\vec{q})$

$$\vec{p}=\frac{n\vec{a}+m\vec{b}}{m+n},\quad \vec{q}=\frac{-n\vec{a}+m\vec{b}}{m-n}$$

■△ABC の重心 G$(\vec{g})$　$\vec{g}=\dfrac{\vec{a}+\vec{b}+\vec{c}}{3}$

▶三角形の面積

$\overrightarrow{\mathrm{OA}}=\vec{a}=(a_1,\ a_2)$, $\overrightarrow{\mathrm{OB}}=\vec{b}=(b_1,\ b_2)$ のとき, △OAB の面積Sは,

$$S=\frac{1}{2}\sqrt{|\vec{a}|^2|\vec{b}|^2-(\vec{a}\cdot\vec{b})^2}$$

$$=\frac{1}{2}|a_1b_2-a_2b_1|$$

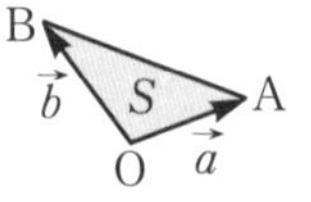

▶ベクトル方程式

■点 A$(\vec{a})$ を通り, $\vec{d}$ に平行な直線

$\vec{p}=\vec{a}+t\vec{d}$

■異なる 2 点 A$(\vec{a})$, B$(\vec{b})$ を通る直線

$\vec{p}=(1-t)\vec{a}+t\vec{b}=s\vec{a}+t\vec{b}$　$(s+t=1)$

■点 A$(\vec{a})$ を通り, $\vec{n}$ に垂直な直線

$\vec{n}\cdot(\vec{p}-\vec{a})=0$

■（平面）　点 C$(\vec{c})$ を中心とする半径 r の円

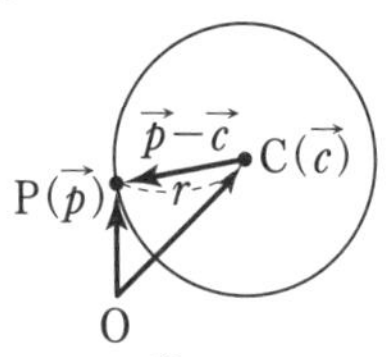

（空間）　点 C$(\vec{c})$ を中心とする半径 r の球面

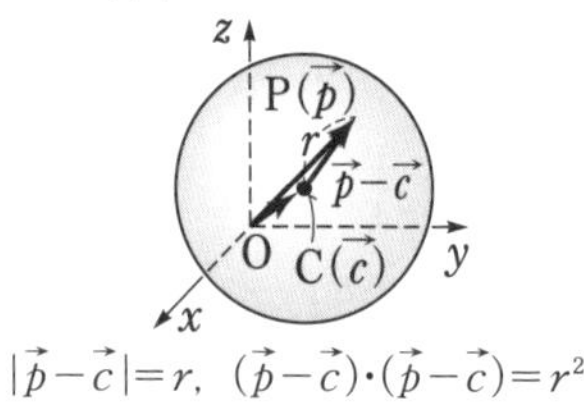

$|\vec{p}-\vec{c}|=r$, $(\vec{p}-\vec{c})\cdot(\vec{p}-\vec{c})=r^2$

▶内積と成分（平面）

$\vec{a}=(a_1,\ a_2)$, $\vec{b}=(b_1,\ b_2)$ とする。

■$\vec{a}=\vec{b} \iff a_1=b_1,\ a_2=b_2$

■$|\vec{a}|=\sqrt{a_1^2+a_2^2}$

■$\vec{a}+\vec{b}=(a_1+b_1,\ a_2+b_2)$

■$k\vec{a}=(ka_1,\ ka_2)$ （k は実数）

■$\vec{a}\cdot\vec{b}=a_1b_1+a_2b_2$

■$\vec{a}\neq\vec{0}$, $\vec{b}\neq\vec{0}$ のとき,

$$\cos\theta=\frac{\vec{a}\cdot\vec{b}}{|\vec{a}||\vec{b}|}=\frac{a_1b_1+a_2b_2}{\sqrt{a_1^2+a_2^2}\sqrt{b_1^2+b_2^2}}$$

■$\vec{a}\perp\vec{b} \iff a_1b_1+a_2b_2=0$

▶内積と成分（空間）

$\vec{a}=(a_1,\ a_2,\ a_3)$, $\vec{b}=(b_1,\ b_2,\ b_3)$ とする。

- $\vec{a}=\vec{b} \iff a_1=b_1,\ a_2=b_2,\ a_3=b_3$
- $|\vec{a}|=\sqrt{a_1{}^2+a_2{}^2+a_3{}^2}$
- $\vec{a}+\vec{b}=(a_1+b_1,\ a_2+b_2,\ a_3+b_3)$
- $k\vec{a}=(ka_1,\ ka_2,\ ka_3)$ （k は実数）
- $\vec{a}\cdot\vec{b}=a_1b_1+a_2b_2+a_3b_3$
- $\vec{a}\neq\vec{0}$, $\vec{b}\neq\vec{0}$ のとき,

$$\cos\theta=\frac{\vec{a}\cdot\vec{b}}{|\vec{a}||\vec{b}|}=\frac{a_1b_1+a_2b_2+a_3b_3}{\sqrt{a_1{}^2+a_2{}^2+a_3{}^2}\sqrt{b_1{}^2+b_2{}^2+b_3{}^2}}$$

- $\vec{a}\perp\vec{b} \iff a_1b_1+a_2b_2+a_3b_3=0$

▶同じ平面上にある4点

一直線上にない3点 $\mathrm{A}(\vec{a})$, $\mathrm{B}(\vec{b})$, $\mathrm{C}(\vec{c})$ を通る平面を α とすると,
点 $\mathrm{P}(\vec{p})$ が平面 α 上にある
$\iff \overrightarrow{\mathrm{AP}}=s\overrightarrow{\mathrm{AB}}+t\overrightarrow{\mathrm{AC}}$ となる実数 s, t がある

▶3点を通る平面上の点　発展

一直線上にない3点 $\mathrm{A}(\vec{a})$, $\mathrm{B}(\vec{b})$, $\mathrm{C}(\vec{c})$ を通る平面を α とすると,
点 $\mathrm{P}(\vec{p})$ が平面 α 上にある
$\iff \vec{p}=r\vec{a}+s\vec{b}+t\vec{c}$
ただし, $r+s+t=1$

複素数平面

▶共役な複素数の性質

- z が実数 $\iff \bar{z}=z$
- z が純虚数 $\iff \bar{z}=-z$, $z\neq0$
- $\overline{\alpha+\beta}=\bar{\alpha}+\bar{\beta}$　■ $\overline{\alpha-\beta}=\bar{\alpha}-\bar{\beta}$
- $\overline{\alpha\beta}=\bar{\alpha}\,\bar{\beta}$
- $\overline{\left(\frac{\alpha}{\beta}\right)}=\frac{\bar{\alpha}}{\bar{\beta}}$　ただし, $\beta\neq0$

▶絶対値の性質

$|z|^2=z\bar{z}$

▶2点間の距離

2点 α, β 間の距離は, $|\beta-\alpha|$

▶複素数の極形式

$z\neq0$ のとき,
$z=a+bi=r(\cos\theta+i\sin\theta)$
ただし, $r=|z|=\sqrt{a^2+b^2}$

$$\cos\theta=\frac{a}{r},\quad \sin\theta=\frac{b}{r}$$

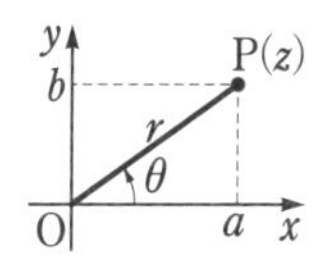

▶極形式における積と商

$z_1=r_1(\cos\theta_1+i\sin\theta_1)$,
$z_2=r_2(\cos\theta_2+i\sin\theta_2)$ のとき,

$z_1z_2=r_1r_2\{\cos(\theta_1+\theta_2)+i\sin(\theta_1+\theta_2)\}$

$|z_1z_2|=|z_1||z_2|$

$\arg z_1z_2=\arg z_1+\arg z_2$

$\frac{z_1}{z_2}=\frac{r_1}{r_2}\{\cos(\theta_1-\theta_2)+i\sin(\theta_1-\theta_2)\}$

$\left|\frac{z_1}{z_2}\right|=\frac{|z_1|}{|z_2|}$

$\arg\frac{z_1}{z_2}=\arg z_1-\arg z_2$

▶ド・モアブルの定理

n が整数のとき,
$(\cos\theta+i\sin\theta)^n=\cos n\theta+i\sin n\theta$

▶点 α を中心とする回転

点 β を点 α を中心として角 θ だけ回転した点を γ とすると,
$\gamma-\alpha=(\cos\theta+i\sin\theta)(\beta-\alpha)$

▶複素数と角

異なる3点 $\mathrm{A}(\alpha)$, $\mathrm{B}(\beta)$, $\mathrm{C}(\gamma)$ に対して, 半直線 AB から半直線 AC までの回転角 θ は,

$$\theta=\arg\frac{\gamma-\alpha}{\beta-\alpha}$$

平面上の曲線

▶**放物線 $y^2=4px$**

■焦点は点 F$(p,\ 0)$，準線は直線 $x=-p$

■焦点からの距離 PF と，準線からの距離 PH が等しい点 P の軌跡

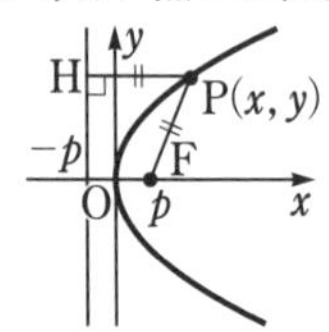

▶**楕円 $\dfrac{x^2}{a^2}+\dfrac{y^2}{b^2}=1\quad(a>b>0)$**

■焦点は 2 点

F$(\sqrt{a^2-b^2},\ 0)$，F′$(-\sqrt{a^2-b^2},\ 0)$

■長軸の長さは $2a$，短軸の長さは $2b$

■ 2 つの焦点からの距離の和が $2a$ である点 P の軌跡

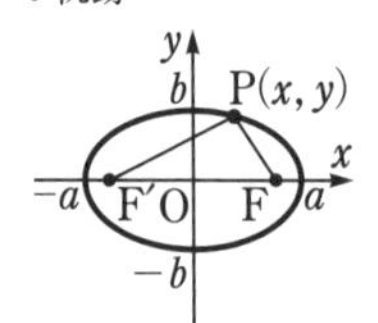

▶**双曲線 $\dfrac{x^2}{a^2}-\dfrac{y^2}{b^2}=1\quad(a>0,\ b>0)$**

■焦点は 2 点

F$(\sqrt{a^2+b^2},\ 0)$，F′$(-\sqrt{a^2+b^2},\ 0)$

■漸近線は 2 直線 $y=\dfrac{b}{a}x,\ y=-\dfrac{b}{a}x$

■ 2 つの焦点からの距離の差が $2a$ である点 P の軌跡

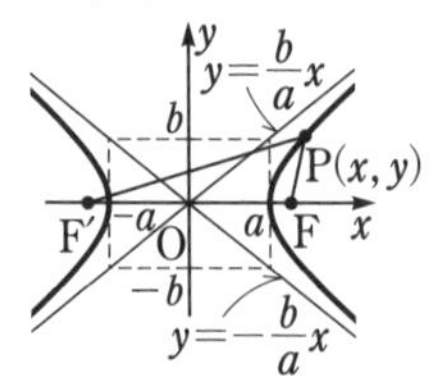

▶**曲線の平行移動**

曲線 $F(x,\ y)=0$ を，x 軸方向に p，y 軸方向に q だけ平行移動した曲線の方程式は，　$F(x-p,\ y-q)=0$

▶**曲線の媒介変数表示**

■円　$x^2+y^2=a^2$

……$x=a\cos\theta,\ y=a\sin\theta$

■楕円　$\dfrac{x^2}{a^2}+\dfrac{y^2}{b^2}=1$

……$x=a\cos\theta,\ y=b\sin\theta$

■双曲線　$\dfrac{x^2}{a^2}-\dfrac{y^2}{b^2}=1$

……$x=\dfrac{a}{\cos\theta},\ y=b\tan\theta$

■サイクロイド

……$x=a(\theta-\sin\theta),\ y=a(1-\cos\theta)$

▶**極座標**

直交座標が $(x,\ y)$ の点 P の極座標を $(r,\ \theta)$ とすると，

$x=r\cos\theta,\ y=r\sin\theta,\ r=\sqrt{x^2+y^2}$

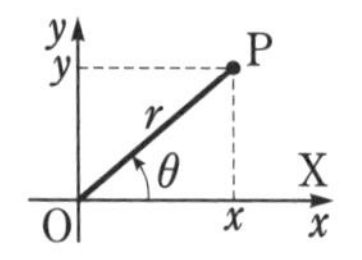

数学的な表現の工夫

▶**行列の和**

$$\begin{pmatrix} a & b \\ c & d \end{pmatrix}+\begin{pmatrix} p & q \\ r & s \end{pmatrix}=\begin{pmatrix} a+p & b+q \\ c+r & d+s \end{pmatrix}$$

▶**行列の積**

$$\begin{pmatrix} a & b \\ c & d \end{pmatrix}\begin{pmatrix} p & q \\ r & s \end{pmatrix}=\begin{pmatrix} ap+br & aq+bs \\ cp+dr & cq+ds \end{pmatrix}$$

※行列では，積の交換法則は一般には成り立たない。